Medizinische Informatik und Statistik

Herausgeber: S. Koller, P. L. Reichertz und K. Überla

7

Langzeitstudien über Nebenwirkungen der Kontrazeption – Stand und Planung

Symposion der Studiengruppe „Nebenwirkungen oraler Kontrazeptiva – Entwicklungsphase"

München, 27. – 29. September 1977

Herausgegeben von Ursula Kellhammer

Springer-Verlag
Berlin · Heidelberg · New York 1978

Reihenherausgeber
S. Koller, P. L. Reichertz, K. Überla

Mitherausgeber
J. Anderson, G. Goos, F. Gremy, H.-J. Jesdinsky, H.-J. Lange,
B. Schneider, G. Segmüller, G. Wagner

Autor
Ursula Kellhammer
Institut für Medizinische Informations-
verarbeitung, Statistik und Biomathematik
Ludwig-Maximilians-Universität
Marchioninistr. 15
8000 München 70

ISBN-13: 978-3-540-08855-4 e-ISBN-13: 978-3-642-81255-2
DOI: 10.1007/978-3-642-81255-2

2141/3140-5 4 3 2 1 0

VORWORT

Verhandlungsberichte wissenschaftlicher Symposien sind nicht in allen Fällen eine Publikation wert. Daß wir uns im vorliegenden Fall für eine Publikation entschieden haben, hat eine Reihe gewichtiger Gründe.

Die Frage nach mehr oder weniger gravierenden Nebenwirkungen der oralen Kontrazeption ist immens wichtig für alle Frauen. Wenn sich die wissenschaftliche Gynäkologie in der Beurteilung dieser Fragen irrt, wird sie einen starken Vertrauensschwund hinnehmen müssen. Auch der Staat, der die Bürger nicht hinreichend orientiert und schützt, ist bei einer so weitreichenden Frage der Volksgesundheit zumindest indirekt betroffen.

Nebenwirkungen treten erst im fortgeschrittenen Alter mit einer Verzögerung von mehr als einem Jahrzehnt auf. Die deutsche weibliche Bevölkerung wächst in den nächsten 10 Jahren in diese Risikosituation voll hinein. Bisher sind noch ca. 40% der weiblichen Bevölkerung ab 35 Jahre ohne Erfahrung mit der Pille. In 10 Jahren werden nahezu alle Frauen die Pille mehr oder weniger lange genommen haben. Wenn gravierende Langzeit-Nebenwirkungen vorhanden sind, muß das Netz der Untersuchungen, um sie möglichst rechtzeitig zu erkennen, jetzt gespannt werden.

Großstudien lassen sich nicht sofort aus dem Boden stampfen. Sie erfordern eine mehr oder weniger lange Entwicklungsphase. Die Entwicklungsphase zu einer deutschen Langzeitstudie, über die hier berichtet werden soll, dauert nunmehr drei Jahre. Die Erfahrungen einer Entwicklungsphase sind für andere derartige Projekte sicher wertvoll.

Teil der Strategie von Entwicklungsphasen für Großstudien auf epidemiologischem Sektor ist die Einbeziehung internationaler Erfahrungen. Das Symposion hatte daher das Ziel, von Arbeitsgruppen, die an ähnlichen Problemen arbeiten, zu lernen. Es hatte auch das Ziel, die Erfahrungen der wichtigsten laufenden Studien in die Planung eines deutschen Forschungsprogramms einzubeziehen.

Medizinische Statistik und Informatik sind zusammen mit der Epidemiologie die wichtigsten Instrumente einer Forschung auf diesem Sektor. Methodenfragen stehen in der derzeitigen Phase im Vordergrund. Es liegt daher nahe, die Verhandlungen in einer methodischen Reihe zu publizieren.

Die Arbeitsgruppe "Nebenwirkungen oraler Kontrazeptiva - Entwicklungsphase" ist dankbar für die Förderung, die ihre Arbeit durch das Bundesministerium für Forschung und Technologie (unter MT 0268) gefunden hat. Um die Feinheiten der jeweils ursprünglichen Fassung in allen Fällen zu erhalten, wird das Symposion auch in englisch veröffentlicht. Die englische Fassung wird demnächst in der Reihe 'Lecture Notes in Medical Informatics' des Springer-Verlags erscheinen.

München, im März 1978 Karl Überla

INHALTSVERZEICHNIS

1. ERFAHRUNGEN AUS STUDIEN VERSCHIEDENER LÄNDER

VORSITZ: KARL ÜBERLA

EINFÜHRUNG IN DAS DEUTSCHE PROJEKT UND ZIELE DES SYMPOSIONS

Karl Überla

Die Ziele des Symposions bestehen darin, eine Beurteilung unserer bisherigen Arbeit von außen zu erhalten und die Meinung der anwesenden Experten über eine deutsche Langzeitstudie der Nebenwirkungen der Kontrazeption einzuholen; erste Ideen für das Modell einer solchen Studie sollen hier entwickelt und diskutiert werden.

Wir sind dem Bundesministerium für Forschung und Technologie für die Finanzierung dieser Konferenz zu großem Dank verbunden. Wir wissen die Unterstützung des Ministeriums, die diesen internationalen Gedankenaustausch ermöglicht, zu schätzen und heißen unsere Gäste zu dem Symposion "Langzeitstudien über Nebenwirkungen der Kontrazeption" willkommen.

Lassen Sie mich kurz unsere Pilot-Studien schildern und die deutsche Situation bezüglich solcher Studien beschreiben. Unser Projekttitel lautet "Nebenwirkungen oraler Kontrazeptiva - Entwicklungsphase". Sie können diesen Titel fast als Kurzcharakterisierung der deutschen Situation ansehen, denn der Wissensstand über Nebenwirkungen der oralen Kontrazeption hat sich in den letzten Jahren kaum geändert. Lassen Sie mich ein Editorial des Lancet von 1976 zitieren: "The long-term consequences on the health of the user are unknown and may become apparent in later life. For this reason alone it is to be hoped, that ... studies ... continue." (Lancet, Nr.2 1976, 942-943)

Die vorhandenen Studien reichen nicht aus, um mit Sicherheit zu behaupten, daß es in der Zukunft keine ernstzunehmenden Nebenwirkungen geben wird. Die weibliche Bevölkerung in Deutschland war dem Risiko nur für wenige Jahre ausgesetzt, das Auftreten der Langzeit-Wirkungen ist, falls es sie gibt, in den nächsten 5-10 Jahren zu erwarten.

Vor ungefähr 10 Jahren wurden in Deutschland die ersten Vorschläge für eine Langzeitstudie gemacht. Schwierigkeiten bei der Mittelbeschaffung verschoben den Beginn der Planungsphase auf 1974.

Die Ziele dieser Planungsphase sind:

- methodische Probleme der Erhebung und der Auswertung zu klären,
- die Durchführbarkeit einer Langzeitstudie in dem gegebenen Umfeld mittels Feldstudien zu überprüfen,
- Daten über die Organisation einer Studie empirisch zu sammeln,
- Fragebogen für Patientinnen und Dokumentationsbogen für Ärzte zu entwickeln,
- die Instrumente der Datenverarbeitung für eine derartige Studie zu entwickeln.

Aussagen über bestimmte Nebenwirkungen sind nicht Ziel der Planungsphase. Wir haben uns vielmehr zum Ziel gesetzt, die Instrumente der Aussage-Findung zu entwickeln. Wir sind dem Bundesministerium für Forschung und Technologie und seiner Expertengruppe für die Finanzierung der Planungsphase (Förderungsnummer MT 0268) dankbar. Eine ausführliche Vorbereitung ist für eine erfolgreiche Langzeit-Studie unabdingbar, da sowohl die methodischen wie auch die praktischen Probleme gewaltig sind. Dieses Symposion ist ein Teil unserer Strategie sorgfältiger Vorbereitung. Die Pilot-Studien, die wir zur Erreichung der oben aufgeführten Ziele angesetzt haben, überlappen sich zeitlich (Abb. 1).

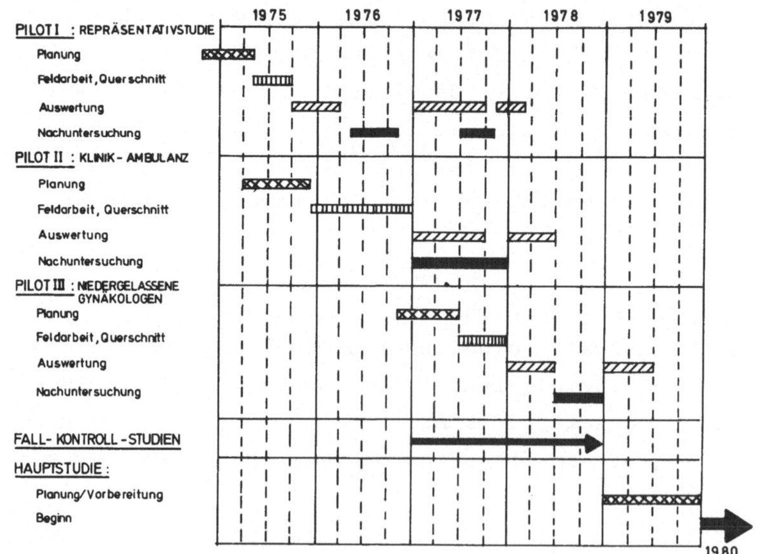

ABB.1 : MEILENSTEINPLAN (10.1.1977)

Wir haben 3 Pilot-Studien. Jede Studie beginnt mit einer halbjährigen Planungsphase. Darauf folgt die Erhebung im Feld mit einer Dauer von ca. 6 Monaten und die Periode der statistischen Auswertung mit weiteren 6 Monaten. 1 Jahr nach der Ersterhebung finden die Wiederholungserhebung und die endgültige Auswertung statt. Jede Pilot-Studie dauert entsprechend diesem Schema mindestens $2\frac{1}{2}$ Jahre.

In Pilot I, der "Repräsentativ"-Studie, haben wir den Plan um eine zusätzliche Befragung und Auswertungsperiode erweitert. In Pilot II, der Ambulanz-Studie, dauerte die Feldarbeit länger, die Erfassung von Frauen über die Ambulanz eines Universitäts-Krankenhauses war nicht in der Halbjahres-Periode durchführbar. Aber im wesentlichen ist die Struktur in den 3 Pilots gleich.

Die 3 Pilot-Studien begannen zu verschiedenen Zeitpunkten, derart, daß die Erfahrung aus der vorausgehenden Studie für die nachfolgende Studie genutzt werden konnte. Bei Pilot III, dem Projekt "niedergelassene Gynäkologen", handelt es sich in Wirklichkeit um 2 getrennte Pilot-Studien. Außerdem laufen seit Beginn des Jahres einige Fall-Kontroll-Studien. Wir haben vor, mit der Hauptstudie Anfang 1980 zu beginnen.

Bei <u>Pilot I</u> begann die Feldarbeit 1975. Pilot I hatte folgende Ziele:

- für Vergleichszwecke und zur Beschreibung der Situation in der Bevölkerung eine repräsentative Stichprobe der weiblichen Bevölkerung im Alter von 12 - 45 Jahren zu bekommen
- eine ausführliche Beschreibung von Pillen-Nehmerinnen und Nicht-Nehmerinnen zu erhalten, insbesondere bezüglich soziodemografischer Variabler, um matching-Kriterien zwischen den Gruppen zu finden
- unsere Erhebungstechniken sowie die Zusammenarbeit mit niedergelassenen Ärzten und einer Universitäts-Frauenklinik zu erproben
- Datenverarbeitungs- und Auswertungsverfahren zu entwickeln.

Die 3 wichtigsten praktischen Fragen in dieser Studie waren:

- Wieviele Frauen aus einer Zufallsstichprobe können zu einem Besuch beim Gynäkologen motiviert werden?
- Wie verteilen sich die Besuche auf die drei angebotenen Untersuchungsalternativen "eigener Gynäkologe", "Gynäkologe von einer

Liste" und "Universitäts-Frauenklinik"?
- Wieviele Frauen können für 1 Jahr in der Beobachtung gehalten werden?

Wir haben eine Stichprobe der Frauen aus Haushalten mit mindestens einer Zielperson (Umfang n=639) in 2 Altersschichten gezogen: Eine Schicht bestand aus 133 Mädchen von 12 - 19 Jahren, die andere Schicht aus 506 Frauen von 20 - 45 Jahren. Außerdem war die Stichprobe nach Stadt/Land geschichtet mit 429 Fällen im Stadtkreis München und 210 Fällen auf dem Land. Die Studie begann mit einem Interview von ca. 45 Minuten Dauer. Es wurden nur weibliche Interviewer eingesetzt. Der Fragebogen enthielt 132 Fragen zu folgenden Themenbereichen: Gesundheitsbewußtsein, Eigenanamnese, Einstellung gegenüber Arztbesuchen, Pillenkonsum und Kontrazeptionsanamnese, zwei kurze psychologische Tests (Freiburger Persönlichkeits-Inventar, Kurzfassung, und Gießen-Test), soziale Schicht und andere soziodemografische Kriterien.

64,5% dieser Zufallsstichprobe unterzogen sich einer gynäkologischen Untersuchung. 70,8% der Frauen ab dem Alter von 20 Jahren gingen zum Gynäkologen, während es bei den Mädchen unter 15 Jahren nur 44% waren. Pillennehmerinnen suchten den Gynäkologen zu einem größeren Anteil auf als Nie-Nehmerinnen (71.4 % gegen 47.1 %). Wir meinen, daß diese Beteiligung einen Erfolg bedeutet, besonders wenn man sie mit der Beteiligung in unserem staatlichen Krebs-Früherkennungsprogramm (30 - 40% der Frauen ab 30 Jahren) vergleicht.

Es erscheint möglich, eine Langzeit-Studie in der Art von Pilot I zu beginnen: Auf eine haushalts-repräsentative Stichprobe folgt eine gynäkologische Untersuchung, die in einem gewissen Umfang als Selektion gegenüber der Ausgangsstichprobe wirkt. Bezüglich der Untersuchungsalternativen entschieden sich 27% der Untersuchten für die Universitäts-Frauenklinik, 31% gingen zu ihrem eigenen Gynäkologen und 41% wählten einen Gynäkologen aus der vom Gynäkologenverband zur Verfügung gestellten Liste.

Das beteiligte Universitätskrankenhaus war die II. Universitäts-Frauenklinik, Direktor: Prof. Dr. Kurt Richter. Dr. Ingolf Schmid-Tannwald führte alle Untersuchungen in der Klinik durch. Das Untersuchungsprogramm der Klinik war ausführlicher als das der niedergelassenen Gynäkologen. In der Klinik wurde zusätzlich kolposkopiert, es wurden Hautfalten gemessen und die üblichen Serum-Tests durchgeführt. Die Zusammenarbeit zwischen der II.Universitäts-Frauenklinik und der Studiengruppe war ausgezeichnet.

Wie der Pillenkonsum in Pilot I in den Altersgruppen verteilt ist, ist aus Abb. 2 zu ersehen.

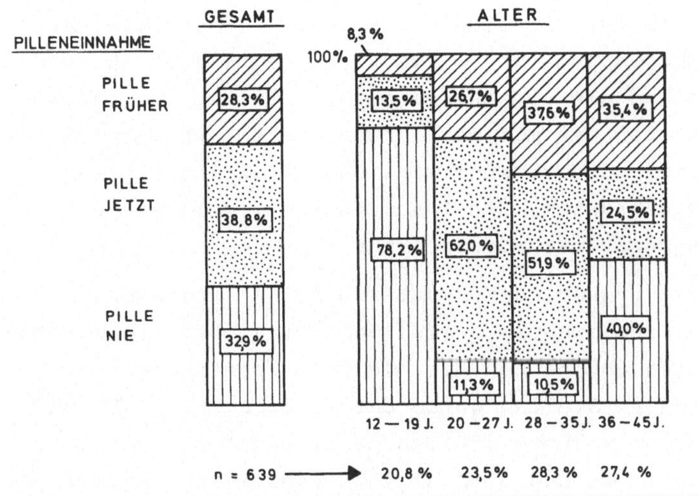

ABB. 2 : PILLENEINNAHME UND ALTER

Etwa 90% der Frauen zwischen 20 und 35 Jahren haben Erfahrung mit der Pille. Ca. 30% aller Frauen haben die Pille abgesetzt. Ein großer Anteil der Frauen über 35 Jahre (40%) hat keine Pillenerfahrung. Die hauptsächlichen Nebenwirkungen treten in dieser Altersgruppe auf. Wenn die dem Risiko ausgesetzte weibliche Bevölkerung dieses Alter erreicht und die Dauer der Pilleneinnahme wächst, könnten sich schwerwiegende Nebenwirkungen entwickeln. Falls es schwere Nebenwirkungen der Pille gibt, werden wir sie in Deutschland in 5 bis 10 Jahren zu sehen bekommen.

Die Querschnittsauswertung von Pilot I steht von seiten der Studiengruppe zur Verfügung. Die Variablen des Fragebogens sind für Gesamt und für 11 Untergruppen tabelliert. Die Untergruppen sind: 4 Altersgruppen, 3 Gruppen des Pillenstatus, 2 Klassen des Wohnorts (Stadt und Land) und 2 Klassen der Teilnahme an der gynäkologischen Untersuchung (ja/nein). Die Variablen der medizinischen Untersuchung sind tabelliert für Gesamt (= Untersuchte) und für die Untergruppen von Alter und Pillenstatus sowie für Klinikpatientinnen gegen Patientinnen niedergelassener Gynäkologen. Es wurden χ^2 und die 2I-Statistik berechnet und eine Alters-Standardisierung angewendet. Die Daten stehen auch als Datenbank in dem interaktiven Auswertungssystem SAVOD zur Verfügung.

<u>Pilot II</u> begann Ende 1975. Die Frauen wurden aus der Ambulanz eines Universitätskrankenhauses für die Studie rekrutiert. Unser Ziel bestand darin, diesen Erhebungsweg zu untersuchen, seine Probleme und Vorzüge kennenzulernen und die Ergebnisse mit Pilot I zu vergleichen. In dieser Studie arbeiteten wir mit der I. Universitäts-Frauenklinik, Direktor: Prof. Dr. Josef Zander, zusammen. Dr. Christina Sattler führte alle Untersuchungen durch, die Zusammenarbeit zwischen der Klinik und der Studiengruppe war ausgezeichnet.

Die Frauen wurden zuerst gynäkologisch untersucht, anschließend wurde ihnen der Fragebogen zum zuhause Ausfüllen überreicht. Dieser Fragebogen enthält im großen und ganzen die gleichen Fragen wie der Bogen von Pilot I; an einigen Stellen wurde der Fragebogen von Pilot II leicht modifiziert, um das Selbstausfüllen zu erleichtern. Bei der medizinischen Untersuchung wurden auch einige Lebertests, endokrinologische und Koagulationstests durchgeführt.
330 Frauen wurden im Laufe von 1976 in diese Pilot-Studie aufgenommen. Die Rekrutierungsphase dauerte länger als in Pilot I, da nur 2-4 Frauen pro Arbeitstag untersucht werden konnten. Als eine weitere Gruppe wurden 138 Wöchnerinnen der Klinik in das Projekt aufgenommen, um die Ansprechbarkeit der Frauen auf Kontrazeptionsprobleme während des Wochenbetts zu erforschen. Die Nachuntersuchung nach einem Jahr ist zur Zeit im Gange und wird Ende 1977 abgeschlossen sein. Deshalb können wir momentan nicht genau angeben, wieviele Frauen wir für 1 Jahr in der Studie halten konnten. Aber soweit es sich jetzt schon abschätzen läßt, werden diese Raten in der gleichen Größenordnung wie bei Pilot I liegen.

<u>Pilot III</u> begann Mitte 1977. Das Hauptziel dieses Pilotprojekts besteht darin, die Rekrutierung von Frauen über niedergelassene Gynäkologen zu erproben. Pilot III zerfällt - genau genommen - in 2 Pilots: Einen randomisierten Versuch zwischen Pille IUD und eine Feldstudie, in die niedergelassene Gynäkologen Patientinnenpaare einbringen. Ein Paar besteht jeweils aus einer Pillennehmerin und einer Nicht-Nehmerin.

Beim randomisierten Versuch wollen wir herausfinden, welche Grenzen es für statistische Experimente im Bereich Kontrazeptionsforschung in unserem Land gibt. Vielleicht überschreiten wir diese Grenzen etwas, wenn wir Pille und IUD randomisieren bei Frauen, die gegen keine der beiden Methoden Kontraindikationen aufweisen. Aber wir meinen, daß dies der einzige Weg sei, um die Grenzen herauszufinden, die uns in der Hauptstudie gesteckt sein werden. Dieser Versuch wird in München durchgeführt, wir arbeiten hier mit einer kleinen Gruppe niedergelassener Gynäkologen zusammen.

Die Feldstudie mit Patientinnenpaaren aus den Praxen niedergelassener Gynäkologen hat gerade erst begonnen. Wir haben dazu eine geschichtete Zufallsstichprobe aus allen Gynäkologen mit Kassenzulassung in Bayern gezogen. Die ausgewählten Ärzte wurden zur Mitarbeit an der Studie eingeladen. Es wird über die Studienanlage und über den derzeitigen Stand des Rücklaufs der Ärztestichprobe heute berichtet werden.

Mit unseren Pilotstudien erproben wir eine Reihe von Erhebungsansätzen für eine Longitudinalstudie: Wir haben eine Stichprobe, mit der wir Bevölkerungs-Repräsentativität angestrebt haben; wir haben eine Stichprobe aus der Ambulanz eines Universitätskrankenhauses; wir haben eine Stichprobe niedergelassener Gynäkologen. Der Fragebogen ist vom Inhalt her in allen Studien im wesentlichen gleich, aber wir haben mit wachsender Erfahrung Modifikationen vorgenommen und den Bogen im erforderlichen Umfang an die jeweilige Erhebungstechnik angepaßt. Der Dokumentationsbogen für die medizinische Untersuchung war auch gewissen Änderungen unterworfen, insbesondere im Anamneseteil (Medikamente-Konsum, Operationen).

Ich möchte nun auf einige methodische Probleme eingehen und unsere Lösungsansätze dieser Probleme kurz beschreiben.

Die Reliabilität der Fragen muß vor Beginn einer Großstudie bekannt sein. Zu diesem Zweck haben wir eine Zufallsstichprobe erwachsener Frauen gezogen und diese Frauen zweimal mit dem Fragebogen von Pilot I interviewt. Von etwa 200 Frauen erhielten wir je zwei Interviews. In einer Hälfte der Stichprobe waren beide Interviews von derselben Interviewerin durchgeführt worden, in der anderen Hälfte wechselte die Interviewerin zwischen Erst- und Zweitinterview.

<u>Die Generalisierbarkeit</u> der Ergebnisse stellte ein weiteres Problem dar. Es bestanden zum Teil schwere Bedenken gegen die Begrenzung der Pilot-Studien auf Bayern, da es in anderen Bundesländern ganz andere Bedingungen geben könnte. Bayern werden in unserem Land etwa so eingestuft wie Texaner in den USA. Wir haben deshalb eine bundesweite Studie in Ballungsgebieten angesetzt und dazu den Fragebogen von Pilot I benutzt. Die regionalen Unterschiede waren kleiner als man hätte erwarten können.

<u>Ausfälle</u> sind ein wichtiges Problem jeder Langzeit-Studie. Während der Pilotphase soll man versuchen festzustellen, welche Faktoren die Ausfall-Raten beeinflussen. Wir haben dazu eine Reihe von Experimenten durchgeführt, u.a. haben wir auch Geld für das Ausfüllen eines Fragebogens angeboten. Über Einzelheiten zu diesem Thema wird später berichtet. Wir haben viel aus diesen Experimenten gelernt, und die Ergebnisse erscheinen uns nicht allzu schlecht.

<u>Fall-Kontroll-Studien</u> sind billiger als Feldstudien und erfordern weniger Zeit, deshalb wollen wir diesen Studientyp auch erproben. Es laufen 2 Fall-Kontroll-Studien, in denen die Assoziation zwischen Herzinfarkt und Pilleneinnahme untersucht wird. Beide haben dieses Jahr begonnen, dementsprechend haben wir hier noch keine Ergebnisse. Eine der Studien wird in Zusammenarbeit mit Prof. Dr. Egbert Nüssel (Klinisches Institut für Herzinfarktforschung an der Medizinischen Universitätsklinik Heidelberg) durchgeführt, die andere mit Prof.Dr. Dr. Uwe Stocksmeier (Institut für sozialmedizinische Präventions- und Rehabilitationsforschung e.V.) in Tutzing bei München. Beide Studien gehen von Frauen bis zum Alter von 55 Jahren mit gesichertem Herzinfarkt aus. Das Problem liegt darin, daß die Pille noch nicht lange genug verfügbar ist, um ein gebräuchliches Kontrazeptivum für Frauen gewesen zu sein, die in den letzten 5 Jahren einen Herzinfarkt hatten. Wir hoffen, etwa 70 - 100 Frauen mit gesichertem Herzinfarkt sowie die entsprechenden Kontrollpersonen in jeder der beiden Studien zu bekommen. Diese Fälle werden nach einem eigenen medizinischen Programm untersucht, unser Fragebogen wird (soweit anwendbar) vorgelegt.

Die Entwicklung eines <u>standardisierten statistischen Auswertungsschemas</u> ist eines der Hauptziele einer Planungsphase. Für die Querschnittsauswertung haben wir ein Standardvorgehen mit folgenden Schritten entwickelt:

- fallweise Aufdeckung und Korrektur von Fehlern über Plausibilitäts-Kontrollen
- Tabellierung aller Variabler nach einigen Basisvariablen mit einem Standard-output (einschließlich Fragetext und Variablennamen)
- Einsatz spezieller statistischer Analysen nach der Basisauswertung.

Als Standardvorgehen für qualitative Variable wenden wir zuerst eine Kontingenztafelanalyse mit χ^2-Test oder 2I-Statistik an, dann führen wir die erforderlichen Standardisierungen durch. Bei quantitativen Variablen fangen wir mit beschreibender Statistik an, Vergleiche werden mittels der Varianzanalyse oder des t-Tests getätigt. Andere statistische Methoden und Verfahren (z.B. Faktorenanalyse, parameterfreie Tests) werden je nach Bedarf eingesetzt. Wir haben ein breites Spektrum an statistischen Instrumenten implementiert und zur Verfügung.

<u>Die Längsschnittauswertung</u> bei 2 oder mehr Beobachtungen ist schwieriger, als es auf den ersten Blick den Anschein hat. Einige Beispiele unseres Vorgehens werden für Pilot I vorgestellt werden. Ganz allgemein stand für uns im Bereich der statistischen Auswertung die Deskription im Vordergrund. Unsere Interessen liegen vor allem im Finden von Hypothesen für die Hauptstudie und nicht in der Durchführung statistischer Tests mit korrekten Irrtumswahrscheinlichkeiten. Wir benutzen Irrtumswahrscheinlichkeiten trotz der im Material bestehenden Abhängigkeiten als Hinweise auf für die Hauptstudie relevante Hypothesen.

Während einer Planungsphase stößt man auf eine Reihe mehr oder minder <u>technischer Probleme</u>.
Ich möchte hiervon nur zwei erwähnen, und zwar die Entwicklung der Datenverarbeitungstechnik und das Umgehen mit der Literatur.

Was die <u>Datenverarbeitung</u> anbelangt, haben wir einen guten Zugang zum Rechner Siemens 4004/151 des medizinischen Fachbereichs; die Maschine steht hier in diesem Gebäude. Dem Projekt stehen 2 Terminals zur Verfügung, an denen gearbeitet werden kann, solange der Rechner in Betrieb ist. Wir haben Sonderprogramme zur Fehlerprüfung und für komplizierte statistische Analysen. Die Hauptarbeit wird über das System SAVOD abgewickelt. SAVOD ist ein interaktives Auswertungssystem für die statistische Analyse großer Datenbestände. Die invertierte Speicherung der qualitativen Variablen in diesem System erbringt relativ kurze Antwortzeiten.

Die gute Verfügbarkeit von Einrichtungen der Datenverarbeitung ist für ein großes Projekt entscheidend. Andernfalls erhält man die Analysen nicht rasch genug. Das Datenverarbeitungssystem SAVOD wurde von Privatdozent Dr. Hans-Konrad Selbmann (am Institut für medizinische Informationsverarbeitung, Statistik und Biomathematik) entwikkelt und eingerichtet.

Die Literatur des Projekts besteht aus 3300 Arbeiten über Kontrazeption, hauptsächlich orale Kontrazeption und deren Nebenwirkungen. Kopien dieser Arbeiten stehen den Projektmitgliedern zur Verfügung. Außerdem gibt es eine Datenbank, in die alle Arbeiten aufgenommen sind, und zu der man über das interaktive System MINDIUS Zugang hat. MINDIUS wurde von Dr. Dieter Hölzel (am Institut für medizinische Informationsverarbeitung, Statistik und Biomathematik) entwickelt und eingerichtet. Man kann Suchanfragen bezüglich Autor, Titel, Quelle und Schlagwörtern stellen. Wir entwickelten einen eigenen Schlagwortkatalog mit ca. 700 Begriffen. Die 3300 Arbeiten sind nach diesem Katalog verschlagwortet, Literatursuche kann damit durchgeführt werden und sortierte Computer-Listen stehen auf Anfrage zur Verfügung.

Die organisatorischen Probleme einer Planungsphase sind vielfältig. Ich möchte allen Mitgliedern der Studiengruppe für ihre Mitarbeit, ihren Einsatz und ihr Interesse danken. Ebenso möchte ich die ausgezeichnete Zusammenarbeit und das bereitwillige Entgegenkommen von seiten der Ärzteschaft und ihren verschiedenen Organisationen nicht unerwähnt lassen.

Lassen Sie mich nun auf die Ziele des Symposions zurückkommen.

Wir befinden uns in einer entscheidenden Phase der Planung einer Langzeit-Studie über die Nebenwirkungen der oralen Kontrazeption in Deutschland. Nahezu 3 Jahre der Pilotphase sind vergangen, 2 weitere Jahre liegen noch vor uns. Die Ergebnisse stehen zum Teil zur Verfügung. Die Hauptmasse an Information werden wir aber nicht vor dem nächsten Jahr greifbar haben.

In dieser entscheidenden Phase, in der die Langzeit-Studie in unseren Augen Gestalt anzunehmen beginnt, haben wir Sie zu diesem Symposion eingeladen. Wir hoffen, daß es möglich sein wird,

- einen Überblick über die Erfahrungen aus Studien verschiedener Länder zu gewinnen;
- den Stand unserer Pilotstudien vorzustellen.

Wir hoffen außerdem, daß die anwesenden Experten

- unsere Pilot-Studien aus der Sicht ihrer Erfahrung kritisieren werden;
- uns ihren Standpunkt bezüglich der Notwendigkeit und Durchführbarkeit einer deutschen Langzeit-Studie auf diesem Gebiet wissen lassen
- und uns gegebenenfalls mit ihren Planungshinweisen und ihrer Hilfe beim Gestalten einer solchen Studie unterstützen.

DAS KOORDINIERTE PROGRAMM DES NIH ZUR BEWERTUNG DER NEBENWIRKUNGEN VON KONTRAZEPTIONSMETHODEN: ERFAHRUNGEN UND PROBLEME

Heinz W. Berendes

Der Großteil der Bevölkerungsforschung der Regierung der USA ist bei dem 'Center for Population Research of the National Institutes of Child Health and Human Development' angesiedelt. In dieser Institution findet die Koordination eines umfassenden, über Forschungsaufträge ('contracts') und Zuschüsse ('grants') abgewickelten Programms statt. Wir haben dabei folgende Aufgabengebiete:

1) Medizinische Grundlagenforschung der Fortpflanzungsprozesse.

2) Studien zu wichtigen Bevölkerungs-Problemen des generativen Verhaltens wie z.B. Risikoschwangerschaften, besonders bei Minderjährigen, und die Beziehung zwischen Ernährung und Fortpflanzung.

3) Die Entwicklung neuer besserer Methoden der Fertilitätskontrolle.

4) Die Bewertung der existierenden Kontrazeptionsmethoden unter den Gesichtspunkten "medizinische Unbedenklichkeit" und "Zuverlässigkeit".

5) Verhaltens- und Sozialforschung bezüglich der Einstellung von Einzelpersonen zu Nachwuchs und bezüglich der Ursachen und Folgen von Bevölkerungsänderungen.

Die Bewertung der medizinischen Unbedenklichkeit bestehender Kontrazeptionsmethoden ist Aufgabe des 'Contraceptive Evaluation Branch'. Diese Studien werden ausschließlich über Aufträge ('contracts') abgewickelt.

Zweck und Ziele

Das Globalziel dieser Forschungsarbeit besteht in der Verhütung von mit verschiedenen Kontrazeptionsmethoden verbundenen Gesundheitsrisiken.

Die Ziele des Programms sind im einzelnen:

a) Die Risiken genau zu bestimmen, die mit der Anwendung von Kontrazeptionsmethoden und von Maßnahmen der Fertilitätskontrolle verbunden sind.

b) Untergruppen zu erkennen, die bezüglich einzelner Methoden besonders gefährdet sind.

c) Die Mechanismen verstehen zu lernen, wie medizinische Nebenwirkungen auftreten.

Derzeit laufen Projekte über die gesundheitlichen Risiken der Steroid-Kontrazeption, über schwerwiegende Komplikationen bei der IUD-Benutzung, über Langzeitfolgen der Vasektomie und über die Auswirkung von Schwangerschaftsabbrüchen auf die spätere Reproduktion. Das Programm besteht aus retrospektiven und prospektiven epidemiologischen Studien, aus kleineren klinischen Studien, klinischen Versuchen und aus Untersuchungen anhand bestimmter Tiermodelle.

Nebenwirkungen der empfängnisverhütenden Steroide

Die Forschung im Bereich der Steroid-Kontrazeptiva bildet einen wichtigen Teil unseres Programms. Bei der Forschungsarbeit bezüglich der medizinischen Unbedenklichkeit von Steroid-Kontrazeptiva untersuchen wir Krebs und andere Neubildungen, Herzkrankheiten, Hypertonie, thromboembolische Krankheiten, Stoffwechsel- und Ernährungsstörungen und Geburtsfehler. Ferner suchen wir nach neuen gesundheitlichen Risiken und versuchen die Mechanismen zu verstehen, die bei den Benutzern empfängnisverhütender Steroide Nebenwirkungen auftreten lassen.

Krebs und andere Neubildungen

Bis jetzt ist nicht bekannt, ob die Benutzung von Steroid-Kontrazeptiva mit einem erhöhten Krebsrisiko verbunden ist. Daher wird unser Programm weiterhin einen Schwerpunkt in Studien zu diesem Problem enthalten. Zwei Fall-Kontroll-Studien über das relative Risiko von Brustkrebs bei Benutzung oraler Steroid-Kontrazeptiva sind abgeschlossen. Beide Studien zeigten kein insgesamt erhöhtes Brustkrebs-Risiko aufgrund von Steroid-Kontrazeptiva. Aber in einer der Studien wurden mehrere Untergruppen mit gesteigertem Risiko entdeckt, zwei dieser Untergruppen waren: Frauen mit gutartigen Brustkrankheiten, die mehrere Jahre Steroid-Kontrazeptiva bekommen hatten, und junge Frauen, die orale Kontrazeptiva vor der ersten Schwangerschaft genommen hatten. In einer anderen Arbeit werden die Daten aus 3 unabhängig voneinander durchgeführten Fall-Kontroll-Studien zu Pille und Brustkrebs zusammengelegt. Die Studien sind in der Anlage ähnlich genug für eine gemeinsame Analye, und die Information über viele Schlüsselvariable ist ausreichend vergleichbar. Ein solches Zusammenlegen der Daten hat den ins Auge springenden Vorzug einer Erhöhung der Fallzahl, eine differenziertere Auswertung in bestimmten Untergruppen wird dadurch möglich.

Der Zusammenhang zwischen Mammakarzinom, Zervixkarzinom, anderen Karzinomen und Steroid-Kontrazeptiva wird auch in einer prospektiven Studie bei ca. 18.000 Frauen untersucht. In einem anderen, kürzlich abgeschlossenen Projekt wurden Frauen mit leichter Zervixdysplasie über mehrere Jahre beobachtet, um festzustellen, ob das Fortschreiten der Zervixdysplasie von oralen Kontrazeptiva beeinflußt wird. Bei Pillennehmerinnen wurde im Vergleich zu Trägerinnen von IUDs eine ganz leicht gesteigerte Progressionsrate gefunden. Eine Zwischenauswertung der Daten einer prospektiven Langzeitstudie in Kalifornien ergab, daß nach Langzeitkonsum von Steroid-Kontrazeptiva trendmäßig ein gesteigertes Risiko für maligne Melanome besteht. Dieses Ergebnis ist möglicherweise auf ein Confounding zurückzuführen. Deshalb erwägen wir augenblicklich, eine oder mehrere Fall-Kontroll-Studien über das relative Risiko der Pillennehmerinnen für maligne Melanome anzusetzen. Eine Fall-Kontroll-Studie über Leberadenome, in der ein entsprechendes Register des Armed Forces Institute of Pathology verwendet wurde, nähert sich ihrem Abschluß. Die Ergebnisse zeigen eine deutliche Steigerung des Risikos für Leberadenome bei Frauen, die Steroid-Kontrazeptiva benutzen. Es besteht eine klare Abhängigkeit von der Benutzungsdauer. Wir sind dabei, Fall-Kontroll-Studien über das relative Risiko von Benutzerinnen der Steroid-Kontrazeptiva für Hypophysenadenome zu entwickeln. Solche Tumoren wurden in den letzten Jahren zunehmend bei jungen Frauen mit sekundärer Amenorrhoe erkannt. Ein Teil dieser Steigerung beruht sicherlich auf einer verbesserten Diagnostik. Diese Tumoren können bei bestimmten Versuchstieren unter Steroid-Kontrazeptiva leicht produziert werden.

Forschungsreihen über das Auftreten von Brustschäden nach Gabe bestimmter Steroide bei Beagle-Hündinnen haben Hinweise darauf gegeben, daß diese Schäden völlig verschieden sind von präkanzerösen Veränderungen menschlichen Brustgewebes. Aber kürzlich festgestellte Brustschäden bei Affen, die für einige Jahre bestimmte Steroide erhielten, erscheinen den menschlichen präkanzerösen Veränderungen recht ähnlich. Bei Beagle-Hunden, die Medroxyprogesteron-Azetat erhalten hatten, fand man Leberadenome.

Herzkrankheiten, Hypertonie und thromboembolische Krankheiten

Es laufen 2 Fall-Kontroll-Studien über das Herzinfarktrisiko bei Frauen unter Steroid-Kontrazeption. Das eine Projekt beschäftigt sich hauptsächlich mit dem nicht-tödlichen Herzinfarkt bei Frauen unter 50 Jahren. Die andere Fall-Kontroll-Studie behandelt Todesfälle durch Herzinfarkt bei Frauen unter 50 Jahren und enthält Fälle, die vor der Veröffentlichung der britischen Studien im Mai 1975 auftraten. Diese beiden Projekte untersuchen auch Wechselwirkungen zwischen oralen Kontrazeptiva und anderen, aus früheren Studien bekannten Risikofaktoren des Herzinfarkts.

Fall-Kontroll-Studien über das relative Risiko der Benutzer von Steroid-Kontrazeptiva für Thromboembolien und Schlaganfall wurden in den vergangenen Jahren abgeschlossen. Zur Zeit läuft eine kleine Studie über das Risiko thromboembolischer Krankheiten bei Benutzern von Steroid-Kontrazeptiva. Damit soll die Bedeutung der Fibrinolyse-Spiegel geklärt werden.

Die Hypertonie wurde für eine der weitverbreitetsten Komplikationen der Steroid-Kontrazeption gehalten. Zur Zeit laufen Studien über das Risiko einer Hypertonie bei Benutzerinnen von Steroid-Kontrazeptiva. Das Verlaufsbild der Hypertonie und das Ansprechen auf die Therapie werden erfaßt. Eine vorläufige Analyse läßt vermuten, daß das Risiko einer Hypertonie für Benutzerinnen oraler Kontrazeptiva etwas niedriger (- als von früheren Studien zu erwarten -) ist. Der Grund dafür liegt möglicherweise im veränderten Alter der unter Risiko stehenden Gruppe. Benutzerinnen oraler Kontrazeptiva sind derzeit Frauen Anfang bis Mitte zwanzig.

Stoffwechsel- und Ernährungsstörungen

Wechselwirkungen zwischen Steroid-Kontrazeptiva und Nährstoffaufnahme wurden in einer Reihe klinischer Studien ausführlich untersucht. Unter anderem fand man erhöhtes Serum-Kupfer, Vitamin A und Karotin sowie gesenkte Werte von Zink, Folsäure und Vitaminen B_6 und C. Die klinische Bedeutung dieser Ergebnisse ist noch weitgehend unbekannt. Es wurde ein Zusammenhang zwischen gestörtem Folsäure-Stoffwechsel und dem zytologischen Zervixbefund bei Nehmerinnen oraler Kontrazeptiva behauptet. Ein klinischer Versuch zur Überprüfung dieser Hypothese ist im Gange.

Es gibt einige Hinweise auf einen Zusammenhang zwischen einem gestörten Vitamin-B_6-Stoffwechsel bei Nehmerinnen oraler Kontrazeptiva und den in dieser Gruppe häufig beobachteten Stimmungsschwankungen und depressiven Reaktionen. Dies sind vielleicht die häufigsten Gründe für das Absetzen der Pille. Wir erwägen eine kontrollierte klinische Studie zur Überprüfung dieser Hypothese.

Die Entdeckung neuer Risiken

1968 begann in Walnut Creek, Kalifornien, eine prospektive Langzeitstudie von Frauen im gebärfähigen Alter mit dem Ziel, die mit Steroid-Kontrazeptiva verbundenen Risiken zu bestimmen. Die Frauen in diesem Projekt sind Mitglieder bei einer Krankenversicherung mit medizinischem Untersuchungsprogramm in dieser Vorstadt von San Francisco. Ca. 18.000 Frauen wurden zwischen 1968 und 1972 in die Studie aufgenommen. Etwa ein Drittel von ihnen waren Pillennehmerinnen, ein weiteres Drittel bestand aus früheren Nehmerinnen und der Rest hatte nie die Pille genommen. In der Anfangsphase der Longitudinaluntersuchung dieser Kohorte wurde etwa alle 3 Jahre regelmäßig der Gesundheitsstatus bestimmt und zwar mit einer medizinischen Untersuchung, einer aktualisierten Kontrazeptionsanamnese und einer Reihe von Labortests. Da die Kasse für ambulante und stationäre Versorgung zuständig ist, konnten auch die jeweiligen Krankengeschichten zur Erkennung vorübergehender und chronischer Krankheiten in dieser Gesamtheit benutzt werden. Gegenwärtig sind die Nachuntersuchungen auf ein jährliches Aktualisieren der Kontrazeptionsanamnese und der Eigenanamnese beschränkt. Diese Daten werden zusammen mit den Krankenblättern und Krankengeschichten zur Kontrolle der mit Pillenkonsum zusammenhängenden Morbidität und Mortalität benutzt.

Geburtsfehler

Es laufen einige Studien, in denen das Risiko angeborener Mißbildungen und anderer Folgen einer gestörten Schwangerschaft in Beziehung zur Benutzung von Steroid-Kontrazeptiva um die Zeit der Empfängnis oder in der Frühschwangerschaft untersucht werden. Daten aus Fall-Kontroll-Studien lassen vermuten, daß Steroid-Kontrazeptiva in der Frühschwangerschaft das Risiko angeborener Herzkrankheiten und das der Mißbildung der Extremitäten geringfügig aber signifikant erhöhen. Diese Studien haben ferner gezeigt, daß diese Steroid-Hormone ganz überwiegend aus hormonalen Schwangerschaftstests stammten und weniger vom versehentlichen Konsum oraler Kontrazeptiva herrührten. Eine prospektive Studie mit ca. 35.000 Schwangerschaften ist noch im Gange. In dieser Studie wird die Assoziation zwischen dem Risiko für Mißbildungen, perinatale Mortalität, sowie niedrigem Geburtsgewicht und der vorausgehenden Benutzung oraler Kontrazeptiva untersucht.

Mechanismen der Pathogenese

Eine Reihe schwerer Komplikationen sind im Zusammenhang mit der Benutzung von Steroid-Kontrazeptiva bekannt geworden. Trotzdem nehmen Millionen Frauen die "Pille", und es ist unwahrscheinlich, daß sicherere Kontrazeptionsmethoden bald verfügbar sein werden, wenn man bedenkt, wie lange die Entwicklung eines neuen Medikaments dauert und wie lange jedes Medikament in Gebrauch sein muß, ehe relativ seltene Nebenwirkungen erkannt werden. Der Versuch, die medizinische Sicherheit der vorhandenen Steroid-Kontrazeptiva zu verbessern, hat deshalb erstrangige Bedeutung. Für die Erreichung dieses Ziels ist es entscheidend, daß wir die Entwicklungsmechanismen der einzelnen Nebenwirkungen der Steroid-Kontrazeptiva kennen. Davon ausgehend könnte man dann das jeweilige Steroid auf mehrere Arten ändern oder Untergruppen von Frauen identifizieren, die andere Kontrazeptionsmethoden anwenden oder eine vorbeugende Behandlung bekommen sollten.

Stoffwechsel-Studien der empfängnisverhütenden Steroide haben gezeigt, daß die Steroide rasch aus dem Kreislauf verschwinden. Aber mit fortgesetzter Anwendung sammeln sich die dauerhaften Stoffwechselprodukte in steigender Menge an. Man kann sich gut vorstellen, daß es im Aufbau der Metaboliten oder der Empfindlichkeit gegenüber deren Wirkung individuelle Unterschiede gibt, die wiederum mit unterschiedlicher Anfälligkeit gegenüber anderen Komplikationen korreliert sein können. Bei Pillennehmerinnen mit Hypertonie wurden erhöhte Serumspiegel der kontrazeptiven Steroide beobachtet. Falls sich das bestätigt, könnte sich daraus ein weiterer Ansatz zur Verbesserung der Sicherheit der empfängnisverhütenden Steroide ergeben. Tierstudien haben gezeigt, daß das Steigen der Triglyceride nach Steroidgabe mit der Wirkung auf ein bestimmtes Apoenzym aus dem Fettstoffwechsel zusammenhängt. Man muß untersuchen, ob bei Frauen ein ähnlicher Mechanismus existiert. Das ist nur eine kleine Auswahl der Wege, die wir beschreiten werden, um zu einem besseren Verständnis der Mechanismen zu gelangen, die zum Auftreten von Nebenwirkungen bei Pillennehmerinnen führen. Andere wichtige Teile der Forschungsprogramme sind die Untersuchung der medizinischen Unbedenklichkeit der Sterilisation, der IUDs und der Schwangerschaftsabbrüche. Im folgenden wird ein kurzer Überblick über diese 3 Bereiche gegeben.

Die Langzeitwirkungen der Sterilisation auf die Gesundheit

Die freiwillige Sterilisation erfreut sich steigender Beliebtheit als irreversible Kontrazeptionsmethode; sie wird inzwischen von 25% der amerikanischen, verheirateten Paare im Alter von über 30 Jahren gewählt. In kleinen klinischen Studien wurden bei 50 und mehr Prozent der vasektomierten Männer wenige Monate nach der Operation Sperma-Antikörper gefunden. Änderungen der endokrinen Funktion wurden nicht festgestellt. Sperma-Antikörper nach Vasektomie können auch in verschiedenen Tiermodellen einschließlich Kaninchen und Primaten gezeigt werden. Abgesehen von einigen Fallberichten gibt es keinen Verdacht auf Langzeit-Nebenwirkungen der Vasektomie des Mannes. In einer von uns koordinierten Studie wurden Krankheiten des Immunkomplexes der Hoden und der Nieren bei vasektomierten Kaninchen mit hohen Antikörpertitern beobachtet. Ein ähnlicher pathologischer Befund wurde bei vasektomierten Meerschweinchen und - als vorläufiges Ergebnis - bei Affen gefunden. Es hat eine große retrospektive Kohortenstudie begonnen, in der die Anamnese und der Gesundheitsstatus von Männern erfaßt werden sollen, die vor 2 bis vor 10 Jahren vasektomiert wurden.

Gegenwärtig gibt es keine Projekte zu Nebenwirkungen der Sterilisation der Frau, aber wir planen solche Studien während des nächsten Jahres zu veranlassen. Es ist vermutet worden, daß bei manchen Frauen 1 Jahr oder mehrere Jahre nach einer Tubenligatur schwere Blutungen oder Dysmenorrhoen auftreten können, und daß das Risiko dafür mit dem angewandten Sterilisationsverfahren variiert. Außerdem ist ein nennenswertes Risiko für ektopische Schwangerschaften bei sterilisierten Frauen behauptet worden. Diesen Fragen wird man nachgehen müssen.

Schwerwiegende Risiken in Verbindung mit dem IUD

Es hat ein multizentrisches Projekt begonnen, in dem die Risiken für entzündliche Krankheiten des kleinen Beckens, für Spontanaborte (mit und ohne Sepsis), für schwere Vaginalblutungen, für Uterusperforation, für ektopische Schwangerschaft, für placenta praevia und für ablatio placentae bei Frauen mit IUD-Erfahrung geschätzt werden sollen. Die Risiken der Fälle in dieser Fall-Kontroll-Studie werden mit den Risiken von Frauen ohne IUD-Erfahrung verglichen. Ein weiteres Ziel der Studie besteht darin, das Risiko für einzelne, derzeit in diesem Land gebräuchliche IUDs zu bestimmen. Dies ist das erste Projekt, das den Versuch unternimmt, schwere Gesundheitsrisiken verschiedener IUDs einander gegenüberzustellen.

Die Wirkung von Schwangerschaftsabbrüchen auf nachfolgende Schwangerschaften

Veröffentlichte Erfahrungsberichte anderer Länder lassen vermuten, daß Schwangerschaftsabbrüche das Risiko für spätere Spontanaborte, für Frühgeburten, für ektopische Schwangerschaft und für Unfruchtbarkeit steigern können. Bis vor kurzem wurden keine derartigen Studien auf der Basis von Erfahrungen in den Vereinigten Staaten veröffentlicht. Um diese Information zu liefern, wurden 3 Projekte angesetzt. Zwei davon sind Projekte der Datenverknüpfung, in denen die Ergebnisse von Schwangerschaften bei Frauen mit und ohne vorausgehenden Schwangerschaftsabbruch verglichen werden. Diese 'record linkage'-Studien verwenden die Schwangerschaftsabbruch-Register, die es in zwei Gebieten der Vereinigten Staaten gibt. Beim dritten Projekt handelt es sich um eine klinische Kohortenstudie von Frauen mit einer einzigen früheren Schwangerschaft. Bei der Fallgruppe endete diese Schwangerschaft in einer interruptio. Diese Studie folgt dem von der WHO in einer internationalen, fast abgeschlossenen Studie benutzten Protokoll. Aus diesen Projekten werden bald wesentliche Informationen zur Verfügung stehen.

Dies ist nur ein kurzer Überblick über das Aufgabengebiet und die Möglichkeiten im derzeitigen Programm zur medizinischen Sicherheit der Kontrazeption des Center for Population Research. Bei der Darstellung der Probleme und der Erfahrungen werde ich mich weitgehend auf Beispiele epidemiologischer Studien oraler Kontrazeption beschränken und - entsprechend dem Thema dieses Symposions - Probleme der Strategie und der Methodik besonders hervorheben.

Erfahrungen und Probleme

Die Erfahrungen und Probleme bei der Durchführung dieses Forschungsprogramms sind zum Großteil nicht auf dieses thematische Feld beschränkt, sondern vielmehr Probleme, auf die man bei der Untersuchung seltener Ereignisse allgemein stößt. Sobald die Fragen festliegen, muß man sich für eine geeignete Forschungsstrategie entscheiden. In der epidemiologischen Forschung hat man dabei im wesentlichen 3 Alternativen: den prospektiven Ansatz, den retrospektiven Ansatz und den experimentellen Ansatz (klinischer Versuch). Kontrollierte klinische Versuche der Wirksamkeit und Sicherheit verschiedener Kontrazeptionsmethoden im Vergleich sind ethisch nicht vertretbar und deshalb nicht Teil unserer Strategie. Der Grund für die ethische Problematik liegt auf der Hand. Verschiedene Kontrazeptionsmethoden haben verschiedene Risiko-Nutzen-Relationen. Für ein Individuum kann nahezu 100%ige Wirksamkeit wichtiger sein als eine kleine Änderung in der medizinischen Sicherheit. Da das nun gesagt ist, muß aber auch betont werden, daß kontrollierte klinische Versuche verschiedener Produkte einer bestimmten Kontrazeptionsform, wie z.B. verschiedener IUDs, ethisch zu rechtfertigen und wissenschaftlich notwendig sind. Ich brauche nur an die verschiedenen Annahmen über die größere Wirksamkeit von Kupfer-IUDs erinnern, die vor ein paar Jahren aufgrund prospektiver Studien ohne Zufallszuteilung der zu vergleichenden IUDs gemacht wurden. Nach diesen Daten war die Zwischen-Gruppen-Variation für das gleiche IUD größer als die Variation zwischen den IUDs innerhalb einer Gesamtheit. In einem kürzlich durchgeführten kontrollierten klinischen Versuch mit verschiedenen IUDs konnte gezeigt werden, daß die Kupfer-IUDs sehr wenig zusätzliche Wirksamkeit und/oder kurzfristige medizinische Sicherheit bieten im Vergleich zu anderen, gegenwärtig verbreiteten IUDs.

Wenn man sich für die prospektive Methode entscheidet, muß man die Kosten und den Zeitaufwand einer solchen Longitudinalstudie beachten. Prospektive Studien seltener Ereignisse erfordern riesige Stichproben. Des weiteren gibt es bei Nebenwirkungsstudien der oralen Kontrazeption den Verdacht, daß manche Risiken, die zur Untersuchung anstehen, nur nach Langzeitkonsum und nach einem Latenzintervall von 10 oder mehr Jahren auftreten. Unter diesen Umständen muß eine prospektive Studie langfristig angelegt sein, und dabei hat man dann Ausfälle in der Nachuntersuchung und die Verzerrung, die damit entstehen kann. Die großen bekannten prospektiven Studien zur medizinischen Sicherheit der Kontrazeption sind von der thematischen Zielsetzung her offen und mehr zur Entwicklung von Hinweisen als zur Überprüfung bestimmter Hypothesen angelegt. Zusätzlich liefern diese Studien direkte Risikoschätzungen. Die Berechnung zusammengesetzter Risiken wird auf der Basis der thematischen Vielschichtigkeit leichter möglich.

Die Vorteile retrospektiver Studien liegen in dem begrenzten Stichprobenumfang und den niedrigen Kosten. Retrospektive Studien brauchen im allgemeinen relativ wenig Zeit und sind in verschiedenen Gesamtheiten wiederholbar. Es sprengt den Rahmen dieser Veranstaltung, Vor- und Nachteile prospektiver und retrospektiver Studien im einzelnen zu vergleichen.

Im Forschungsprogramm des Contraceptive Evaluation Branch werden beide Strategien benutzt. Unsere neueren prospektiven Studien sind zum Teil breit angelegte Untersuchungen zur Hypothesengenerierung und zum Teil Studien, in denen bestimmte Hypothesen überprüft werden sollen.

Natürlich gibt es bei solchen Forschungsansätzen viele Schwierigkeiten und diese Studien waren da keine Ausnahme. Ausfälle im zeitlichen Verlauf sind fast immer ein Problem. Eine der Studien hatte einen Verschleiß von über 75% der Ausgangsgesamtheit nach über 5 Jahren, in anderen Studien waren die Verluste niedriger. Es ist im allgemeinen einfacher, eine stabile Mittelschicht-Bevölkerung nachzuverfolgen. Multizentrische Studien müssen Daten so vergleichbar sammeln, daß ein Zusammenlegen der Daten möglich ist. Ergebnisse aus Studien mit Zervix-Abstrichen oder Biopsien sind manchmal schwer zu fassen. Unterschiede in den Berichten verschiedener Laboratorien in einer multizentrischen Studie von Zervix-Präparaten haben uns vor ernsthafte Probleme gestellt.

'Record-linkage'-Studien haben mit Abwanderung, Namenswechsel und fehlender Information über wichtige Risikofaktoren ihre eigenen Probleme. Jede Studie über niedriges Geburtsgewicht muß unbedingt Daten über das Zigaretten-Rauchen enthalten. Da in der 'record-linkage'-Studie der Schwangerschaftsabbrüche auch niedriges Geburtsgewicht untersucht wird, wird die Information über das Rauchen jetzt in einer Unterstichprobe über Direkt-Interviews erfaßt.

Zur Zeit laufen zahlreiche Fall-Kontroll-Studien, in denen einzelne Hypothesen über die medizinische Sicherheit von oralen Kontrazeptiva und von IUDs getestet werden. Die Fall-Kontroll-Studien, die bezüglich der Risiken von Steroid-Kontrazeptiva in den letzten Jahren durchgeführt wurden, noch laufen oder für die nächste Zukunft geplant sind, hatten und haben folgende Themen: Thromboembolie, Schlaganfall, Herzinfarkt, Leberadenome, Hypophysenadenome, Brustkrebs, Uteruskrebs und Krebs der Eierstöcke, angeborene Mißbildungen. Wir haben 2 Fall-Kontroll-Studien bezüglich des relativen Risikos für Brustkrebs bei Pillennehmerinnen abgeschlossen und sind nun dabei, eine neue, umfassende Studie zu diesem Thema zu entwickeln. Bei der Art des Problems können negative Ergebnisse früherer Studien nicht als Sicherheit dafür interpretiert werden, daß man auch bei langer Einnahmedauer und nach einem längeren Zeitintervall kein Risiko finden wird.

Da einige der untersuchten Krankheiten äußerst selten sind, müssen mit einigen hundert Krankenhäusern komplizierte Vereinbarungen getroffen werden und besondere Gelegenheiten ausgekundschaftet werden. Die Fall-Kontroll-Studie des Herzinfarkts war zur Erzielung einer ausreichend großen Fallzahl auf eine verwickelte Organisation mit vielen Krankenhäusern angewiesen. Ein derartiges Vorgehen erfordert organisatorisches Geschick in einem Ausmaß, wie es nur wenige Forschungsgruppen aufzuweisen haben. Die Fall-Kontroll-Studie der Leberadenome benutzte ein Register solcher Fälle, das an einer anderen Institution geführt wurde.

Einige epidemiologische Gesichtspunkte müssen bei der Planung und Durchführung von solchen Studien beachtet werden.

Die Ermittlung der Fälle

Bezüglich des relativen Risikos für Thromboembolien bei Frauen unter Steroid-Kontrazeption hat es über die Ergebnisse von Fall-Kontroll-Studien und prospektiven Studien beachtliche Auseinandersetzungen gegeben. Die Diskussion ging im wesentlichen um die Ermittlung der Fälle. Es besteht Grund zu der Annahme, daß die Kenntnis der Pillenanamnese die Fallidentifikation beeinflußt.

Auswahl der Kontrollpersonen

Es ist wichtig, die Kontrollgruppe gleichzeitig mit der Fallgruppe auszuwählen. Die Prävalenz oraler Kontrazeptiva hat über die Jahre so stark gewechselt und die Zusammensetzung der Kontrazeptiva war (insbesondere hinsichtlich der Östrogenmenge) so starken Veränderungen unterworfen, daß sehr irreführende Ergebnisse herauskommen können und tatsächlich auch herausgekommen sind, sobald man diesen Punkt nicht beachtet(e).

Bei manchen Fragen braucht man Kontrollgruppen, die von mehr als einer Kontrazeptionsmethode stammen. Bei Pillennehmerinnen war eine gesteigerte Prävalenz der Carcinoma in situ der Zervix beobachtet worden. Die Kontrollfälle waren Frauen, die ein Diaphragma benutzten, und es zeigte sich, daß der Unterschied durch eine niedrigere Prävalenz der Carcinoma in situ der Zervix bei dieser Kontrollgruppe zustande kam. Kontrollfälle sollten sexuell aktive Frauen sein, die unter dem Risiko der Kontrazeption stehen. Bei Studien über die medizinische Sicherheit oraler Kontrazeptiva ist es wichtig, aus der Kontrollgruppe alle Frauen auszuschließen, die Kontraindikationen gegen orale Kontrazeptiva aufweisen. Dieses Vorgehen ist wahrscheinlich dem der späteren Berücksichtigung in der Analyse vorzuziehen.

Selbst-Selektion als Verzerrung

Benutzerinnen oraler Kontrazeptiva haben diese Methode meist selbst gewählt. Sie sind gewöhnlich gesünder, jünger, wiegen weniger und sind eventuell eher Raucherinnen. Einige Studien haben deutlich gezeigt, daß Benutzerinnen oraler Kontrazeptiva vielleicht risikofreudiger sind.

Risikoanamnese

Man muß die Risikoanamnese möglichst unverzerrt erfassen. Ein wichtiger Gesichtspunkt ist auch die Vollständigkeit der Berichterstattung, besonders bei Kontrazeptionsanamnesen, die über eine Reihe von Jahren zurückreichen. Wo möglich, sollten die Aufzeichnungen über Kontrazeption in Ambulanzen und bei niedergelassenen Ärzten herangezogen werden.

Ergebnisse

Besonders lästig sind die ungenauen Aussagen, die man in Studien über die Wirkung oraler Kontrazeptiva auf den Zervix-Befund vorfindet. Es ist gezeigt worden, daß es beachtliche Differenzen zwischen Pathologen bei der Diagnostizierung der Carcinoma in situ gibt. Auch die Beziehung zwischen Zervixdysplasie und Carcinoma in situ sowie invasiven Zervixkarzinomen ist keineswegs klar. Ich möchte deshalb davor warnen, in die Untersuchung des relativen Risikos für Zervixdysplasien bei Frauen mit Steroid-Kontrazeptiva beträchtliche Mittel zu investieren.

Änderungen in der unter Risiko stehenden Gesamtheit

Wir haben in den Vereinigten Staaten in den letzten Jahren eine Verschiebung der Benutzung oraler Kontrazeptiva gesehen. In den späten 60er Jahren, als orale Kontrazeptiva zunehmend beliebt wurden, war ein Großteil der Pillennehmerinnen in den 30er Jahren oder Anfang der 40er Jahre. Heute sind anscheinend die meisten Pillennehmerinnen junge Frauen Anfang bis Mitte Zwanzig. Dies kann schließlich die Ursache für den Rückgang des Hypertonierisikos, den wir kürzlich festgestellt haben, sein.

Confounding und Wechselwirkung

Beim Testen von Hypothesen bezüglich oraler Kontrazeptiva ist die Vertrautheit des Forschers mit der Epidemiologie der in Frage stehenden Krankheit von entscheidender Bedeutung. Bekannte Risikofaktoren dieser Krankheiten müssen in der Studienplanung, bei der Datensammlung und bei der Auswertung berücksichtigt werden. Die veröffentlichten Studien über das relative Risiko der Carcinoma in situ der Zervix bei Pillennehmerinnen haben kaum Merkmale des Sexualverhaltens berücksichtigt, obwohl bekannt ist, daß aus diesem Bereich sehr wichtige Risikofaktoren für den Zervikalkrebs stammen. Auch das erhöhte Risiko für Harnwegsinfektionen, das bei Frauen unter oraler Kontrazeption beobachtet wurde, kann mit Unterschieden in der sexuellen Aktivität in Zusammenhang stehen. Die kürzlich beobachtete Steigerung des Melanomrisikos bei Benutzerinnen oraler Kontrazeptiva ist möglicherweise vermischt mit gesteigerter Sonnenschein-Exposition der Frauen, die diese Kontrazeptionsmethode gewählt haben. Studien über niedriges Geburtsgewicht bei Schwangerschaften nach einem Abbruch sollten den deutlichen Effekt des Rauchens auf ein niedriges Geburtsgewicht und ein mögliches Confounding im Auge behalten.

Themen, die der Klärung bedürfen

Im Bereich der Steroid-Kontrazeptiva gibt es eine Reihe von möglicherweise schwerwiegenden Risiken, die untersucht werden müssen. Unter diesen potentiellen Risiken sind der Brustkrebs, der Krebs der Fortpflanzungsorgane und chronische kardiovaskuläre Krankheiten die wichtigsten. Während auf erstere viel Aufmerksamkeit gerichtet war, wurde für letztere sehr wenig getan. Steroid-Kontrazeptiva haben eine Wirkung auf eine Reihe von Risikofaktoren der chronischen kardiovaskulären Krankheiten. Bekanntlich verursachen Steroid-Kontrazeptiva einen geringfügigen aber signifikanten Anstieg im systolischen und diastolischen Blutdruck. Außerdem haben wir die bei Pillennehmerinnen beobachtete Verschiebung der Glukosetoleranz, den Anstieg an Cholesterol und Triglyzeriden und häufig eine Gewichtszunahme. Die Langzeit-Wirkungen dieser Veränderungen auf das kardiovaskuläre System der Benutzerinnen oraler Kontrazeptiva müssen untersucht werden.

Es genügt nicht, die Risikofaktoren aufzuzählen, die mit Kontrazeptionsmethoden verbunden sind. Wir müssen die Risikofaktoren erkennen, die wir als Indikatoren benutzen können, um Frauen zur Wahl einer anderen Kontrazeptionsmethode zu raten. Einer der bedeutendsten Fortschritte in den letzten Jahren war die Erkenntnis, daß das gesteigerte Risiko für einen Herzinfarkt weitgehend auf die Benutzerinnen oraler Kontrazeptiva beschränkt ist, die stark rauchen. Solche Ergebnisse zeigen die Alternativen klar auf.

Natürlich gibt es noch viele andere Probleme, die man in einer Diskussion der Erfahrungen und Probleme mit Großstudien zur Sicherheit der Kontrazeption abhandeln könnte. Das Arbeiten im Rahmen der Regierungsvorgaben erfordert die Berücksichtigung zahlreicher formaler Bedingungen bei der Ausschreibung von Forschungsaufträgen sowie bei deren Beurteilung und bei der Auftragsvergabe. Das ist zwangsläufig mühsam. Wenn eine solche unter Auftrag laufende Studie Fragebogen enthält, müssen diese kontrolliert und genehmigt werden, und das kann ziemlich zeitaufwendig sein. Die steigende Sorge über Verletzung der Privatsphäre hat den Zugang zu Krankengeschichten schwieriger gemacht. Vielleicht das bedeutendste Hindernis liegt in der Seltenheit neuer Ideen. Deshalb sind Treffen wie dieses hier so wichtig und nützlich. Sie bringen Leute zusammen, die sich gemeinsam um die Lösung der offenen Probleme in diesem Bereich bemühen, und die bereit sind, ihre Ideen auszutauschen.

Diskussion

KELLHAMMER: Sie haben B_6-Mangelerscheinungen und Depressionen unter Pilleneinnahme erwähnt. Haben Sie schon eine Vorstellung, wie Sie Depressionen messen wollen?

BERENDES: Nein, keine genaue. Es gibt einige Skalen zum Selbstausfüllen, so etwas werden wir nehmen.

ÜBERLA: Ich finde die Art, in der das NIH Studien kombiniert, sehr interessant. Gibt es dafür Richtlinien, welche Studien gemacht werden sollen oder entscheidet ein Expertengremium, wie läuft das ab?

BERENDES: Wir haben ein offizielles Gutachtergremium, das etwa 2 mal im Jahr zusammentritt. Das Programm und seine Änderungen werden mit diesem Gremium diskutiert. Außerdem gibt es eine Reihe anderer Einflußfaktoren. Zum Beispiel hat der Staatssekretär für Bevölkerungsfragen (Deputy Assistant Secretary for Population) im Ministerium großes Interesse an diesen Fragen. Wenn - wie vor 2 Jahren - in England Stellungnahmen zum Herzinfarkt erscheinen, fragt er mich zum Beispiel, warum es darüber in den USA keine Studien gibt. Auch die FDA hat Einfluß auf die geplanten Studien. Zum Beispiel war die FDA vor 3 Jahren vor die Frage gestellt, ob das zu dieser Zeit neue und äußerst beliebte Dalkon Shield die Ursache für Todesfälle nach septischen Aborten war. Einige Trägerinnen eines Dalkon Shield waren schwanger geworden und, da das Shield liegenblieb, an Sepsis gestorben. Zu dieser Zeit wurde offensichtlich, daß wir keinerlei Daten über die medizinische Unbedenklichkeit der verschiedenen IUDs in den USA hatten. Deshalb haben wir dazu eine Studie geplant. Und dann bringen wir natürlich auch unsere eigenen Interessenschwerpunkte in das Programm ein. Ich bin jetzt gut 4 Jahre bei diesem Programm. Mein Vorgänger war ein klinischer Pharmakologe und zu seiner Zeit gab es eine Reihe von Studien zu Problemen der klinischen Pharmakologie und sehr viel weniger epidemiologische Studien als heute, wir sind jetzt viel stärker auf epidemiologische Ansätze ausgerichtet als vor 3 oder 4 Jahren.

DIE STUDIE 'ORALE KONTRAZEPTION' DES ROYAL COLLEGE OF GENERAL PRCATITIONERS

Clifford R. Kay

Zusammenfassung+)

Die kontrollierte prospektive Breitenstudie der Gesundheit von Benutzerinnen oraler Kontrazeptiva begann nach zweijähriger Planung im Jahre 1968, 23.000 Pillen-Nehmerinnen und eine ähnliche Anzahl von Kontrollfällen wurden unter Beobachtung gebracht. Die Beobachtung der Patientinnen der Studie erfolgt durch 1.400 über das Vereinigte Königreich verstreute praktische Ärzte. Die Information über jede Patientin wird in einem Halbjahres-Rhythmus, beginnend von dem individuellen Eintritt in die Studie compûter-gesteuert abgerufen. Die vollständige Vertraulichkeit der Daten jeder Patientin wird aufrechterhalten. Auf dem Berichtsblatt der Patientin erscheint nur eine Identifizierungsnummer, die Zuordnung zwischen Name und Nummer der Patientin ist nur ihrem eigenen Arzt möglich. Die Studie wird von einer Zentrale in Manchester aus organisiert. Die Datenverarbeitung erfolgt mit peinlichster Genauigkeit, bis zu 15% der Berichte werden zwecks Klärung an den Arzt zurückgeschickt. Die regionale Organisation findet auf der Basis der regionalen ärztlichen Vereinigungen ('Faculties of the College') statt. Besondere Aufmerksamkeit wurde der effizienten Kommunikation mit allen Teilnehmern an der Studie gewidmet, um eine Identifizierung mit der Gruppe zu erreichen und so Interesse und Genauigkeit aufrechtzuerhalten.

Das Matching zwischen Nehmerinnen und Kontrollen erfolgte nach Alter und Familienstand. Der Pillenkonsum überwog bei den jüngeren Frauen. Nehmerinnen hatten eine höhere Parität als Kontrollfälle. Frauen aus allen sozialen Schichten akzeptierten die Pille mit einer nur wenig niedrigeren Prävalenz in den sozialen Schichten IV und V. Benutzerinnen oraler Kontrazeptiva sind zu einem größeren Anteil Raucherinnen und rauchen mehr als die Kontrollfälle. Es ist eine starke Korrelation zwischen Rauchen und sozialer Schicht vorhanden, und zwar sowohl

---

+) Da die Studie bereits veröffentlicht ist (s.Ende der Zusammenfassung), wird auf den Abdruck des Vortrags hier verzichtet.

bei Nehmerinnen wie bei Kontrollen. Als Ergebnis der Selektion wiesen die Benutzerinnen oraler Kontrazeption eine geringere Wahrscheinlichkeit für eine anamnestisch bekannte, wichtige Krankheit auf als die Nicht-Nehmerinnen. Zum Zeitpunkt der Rekrutierung hatten 80% der Nehmerinnen die Pille schon vorher genommen. Insgesamt waren bei Studienbeginn 25.000 Frauenjahre Pillenerfahrung vorhanden.

Die in der Studie verwendeten Diagnosen basieren auf einer Einschätzung, bei der die Möglichkeiten des National Health Service voll genutzt werden. Wo notwendig, werden die Diagnosen unter Berücksichtigung der dem Hausarzt bekannten Änderungen im Zustand der Patientin verbessert. Wahrscheinlich sind diese Diagnosen ebenso genau wie Diagnosen von klinischen Studien. Morbidität wird über Krankheitsperioden gemessen und zu den Beobachtungsperioden mittels "Tsd. Frauenjahre" in Beziehung gesetzt. In Fällen, in denen man nicht ohne weiteres Perioden unterscheiden kann, wurden Einschätzungen nur aufgrund der Vergleiche von Erstdiagnosen vorgenommen. Alle Ereignisse während einer Schwangerschaft oder während des Wochenbetts wurden, zusammen mit den zugehörigen Beobachtungsperioden, aus den Berechnungen ausgeschlossen. Die Morbiditätsvergleiche zwischen Nehmerinnen, früheren Nehmerinnen und Kontrollfällen sind indirekt standardisiert (auf die Erfahrung der Studiengesamtheit). Ein entsprechender statistischer Test wurde auf diese Vergleiche angewendet. Die Einschätzung der Verzerrung ist ein entscheidender Punkt bei der Interpretation der Ergebnisse. Die Verzerrung führt ganz überwiegend zu einer überhöhten Berichterstattung der Nehmerinnen. Manche Arten von Verzerrung wurden geschätzt. Es wird gezeigt, daß die durchschnittliche Verzerrung etwa 19% beträgt.

Die vollständige Beschreibung der in der Studie eingesetzten Methoden findet sich in

Kay, C.R.: Oral Contraceptives and Health, an Interim Report from the Oral Contraception Study of the Royal College of General Practitioners. Pitman Medical Publishing, London, 1974

Diskussion

DALLENBACH-HELLWEG: Dr. Kay, Sie erwähnten, daß Pillennehmerinnen meist eine günstigere Anamnese haben als Nicht-Nehmerinnen. Das ist unter Berücksichtigung der zahlreichen Kontraindikationen für die Pille auch verständlich. Aber können Sie ausschließen, daß Ihre Kontrollgruppe nicht etwa eine Reihe möglicherweise kranker Personen enthält? Sind Sie sicher, daß Sie mit einer vollständig gesunden Kontrollgruppe angefangen haben?

KAY: Wir wissen, daß das nicht der Fall war. Aber wir haben in beiden Gruppen mit einer ausführlichen Anamnese begonnen. Bei der Auswertung spielt das erste Auftreten einer Krankheit im Studienverlauf eine immer größere Rolle und das bedeutet, daß wir bei bestimmten Diagnosen alle Frauen aus der Analyse ausschließen, die die entsprechende Krankheit schon vor der Studie hatten. Zum Beispiel würden wir bei der Analyse von Krampfadern alle Frauen ausschließen, die vor der Aufnahme in die Studie schon Krampfadern hatten. In anderen Analysen würden wir diese Frauen wieder in der Studie belassen.

DALLENBACH-HELLWEG: Was machen Sie mit Patientinnen, die z.B. nur Kopfschmerzen angeben?

KAY: Unsere Studie ist nicht zur Untersuchung sehr subjektiver Symptome von eher geringer Bedeutung angelegt. Wir befassen uns mehr mit klar abgegrenzten, schweren Krankheiten. Die Depression war das Einzige, worüber wir aus dem Bereich der subjektiven und eher unscharf definierten Krankheiten zuverlässige Informationen hatten, das haben wir analysiert. Aber im übrigen ist eine kleine, kontrollierte klinische Studie für solche Probleme wohl besser geeignet als eine riesige Prospektivstudie.

SHAPIRO: Dr. Kay, Sie wissen, daß ich Ihre Studie schon immer bewundert habe. Ich glaube, daß diese Studie für bestimmte Probleme den einzig möglichen Lösungsweg darstellt. Sie ahnen auch sicher meine Frage: Wie kommen Sie auf die 19-20% Gesamt-Verzerrung in Ihren Daten? Ihre Erklärung für dieses Ausmaß an Verzerrung hat mich nicht überzeugt. Beim Lesen Ihres Berichts habe ich den Eindruck bekommen, daß Sie eine Reihe von Einflußfaktoren erkannt, aber dann als Verzerrung einfach abgetan haben.

KAY: Da ist was dran, sonst hätten Sie diesen Punkt auch nicht so oft angesprochen. Wir glauben, daß die 20% im wesentlichen auf Verzerrung zurückzuführen sind, weil wir ein paar Tausend verschiedene Diagnosen erheben, von denen nur 40-50 auch nur entfernt mit der Pille assoziierbar sind. Selbst wenn diese 40-50 Krankheiten bei Pillennehmerinnen eine 5-bis 6fache Inzidenz haben im Vergleich zu Nicht-Nehmerinnen, so können sie doch nur einen winzigen Anteil der 20% zusätzlicher Berichterstattung der Nehmerinnen erklären. Ich möchte betonen, daß dies natürlich nur für den Durchschnitt gilt, bei einzelnen Krankheiten kann die Verzerrung sehr viel größer oder auch sehr viel kleiner sein. Das ist eine subjektive Beurteilung. Deshalb muß man immer auch auf Hinweise aus fremden Studien achten. Wir versuchen den Dingen auf den Grund zu gehen, d.h. wir suchen z.B. nach Beziehungen zur Östrogen-Dosis oder zur Progesteron-Dosis, zur Konsum-Dauer oder zu Parität und sozialer Schicht, weil die beiden letzteren Variablen bei Nehmerinnen und Nichtnehmerinnen unterschiedlich verteilt sind. Dr. Shapiro's Frage kann nicht für die Studie global beantwortet werden, man muß jede Krankheit für sich anschauen.

KOLLER: Meine Frage zielt in der gleichen Richtung wie die von Dr. Dallenbach-Hellweg. Ich halte es für sehr wichtig, Selektionseffekte der Zugehörigkeit zur Nehmer- bzw. Nichtnehmergruppe zu analysieren. Sie behaupten, Sie hätten keine Selektionsprobleme, weil Sie erst in der Auswertung die Nehmerinnen und die Nichtnehmerinnen je nach Fragestellung matchen. Aber ich glaube doch, daß die Verschreibung oder Nicht-Verschreibung der Pille eine mit der medizinischen Vorgeschichte zusammenhängende Selektion darstellt. Ich sehe nicht, wie Sie diese Verzerrung danach ausschließen wollen.

KAY: Da liegt ein Problem. Unser Lösungsansatz besteht darin, eine möglichst genaue Anamnese in beiden Gruppen zu erheben. Wir beschränken uns dabei nicht auf die Aufnahme in die Studie. Jedesmal, wenn eine chronische Krankheit in unseren Daten erstmalig genannt wird, schreiben wir dem Arzt, ob das auch wirklich die erste Manifestation ist. Wir haben also ein kontinuierliches Validierungsverfahren über die gesamte Studienlaufzeit hinweg.

KOLLER: Das hilft sicher zur Vermeidung mancher Verzerrungen. Aber der hauptsächliche Selektionseffekt über die Pillenverschreibung bleibt bestehen.

SHAPIRO: Verzerrende Selektionseffekte müssen bei dieser Art von Studie kein Nachteil sein, ganz im Gegenteil, Ich denke z.B. an den in einer Reihe von Studien, inklusive Dr. Kay's gezeigten Zusammenhang zwischen Pille und Schlaganfall. Bei Studienaufnahme hatten die Kontrollfälle eine gesteigerte Prävalenz kardiovaskulärer Krankheiten, insbesondere war die Hypertonie in der Kontrollgruppe sehr viel häufiger. Wenn Sie trotzdem bei den Pillennehmerinnen signifikant häufiger Schlaganfälle vorfinden, dann können Sie sicher sein, daß die Verzerrung keine Rolle spielt und Sie schätzen das relative Risiko sogar konservativ.

KELLHAMMER: Dr. Kay, ich glaube Sie sagten, daß Sie 95% der Dokumentationsbogen nach der ersten Mahnung erzielen. Wieviel bekommen Sie ganz ohne Mahnung der Ärzte?

KAY: Das sind die 95%. Das Verfahren läuft so, daß der Arzt an keiner Stelle die Initiative ergreifen muß. Wenn wir das neue Formular versenden, soll uns der Arzt das alte zurückschicken, das sind die 95% Rücklaufrate. Aber wir verlassen uns nicht auf Initiativen des Arztes, wir kontrollieren das alles in der Zentrale und das ist meines Erachtens sehr wichtig.

KELLHAMMER: Wieviel zusätzlichen Rücklauf bekommen Sie durch die Mahnschreiben, die Sie nannten?

KAY: Das wird in drei Stufen abgewickelt. Wir fangen mit der ersten Anfrage an, dann kommt die erste Mahnung und dann als zweite Mahnung ein persönlicher Brief. Der kann natürlich auch erfolglos sein, aber das ist jetzt ganz selten, etwa in 5 oder 6 Fällen pro Woche. In diesen Fällen rufen wir den Arzt an und plagen ihn, bis wir den Bogen haben.

BERENDES: Sid Shapiro hat meine Bemerkung teilweise schon vorweg genommen. Ich glaube alle zur Zeit laufenden großen Prospektivstudien basieren auf selbstselektierten Gruppen. Die Selektion durch die Entscheidung für eine Kontrazeptionsmethode spiegelt die in der Bevölkerung vorhandene Verzerrung wider; alle Frauen mit Kontrazeption sind gesünder als die anderen und trotzdem findet man Nebenwirkungen der Pille. Mit der Art von Verzerrung kann man leben. Über andere Einflußgrößen wie z.B. 'life style' - Unterschiede wissen wir nicht besonders viel. Eine Gruppe untersucht z.B. den Zusammenhang zwischen malignen Melanomen und Pillenkonsum. Vorläufige Ergebnisse zeigen, daß die Pillennehmerinnen viel mehr Zeit im Freien verbringen als die Nichtnehmerinnen und mehr der Sonne ausgesetzt sind und daß das möglicherweise die Ursache für den obigen Zusammenhang ist. Ein weiteres Beispiel: Mehrere Gruppen haben einen Zusammenhang zwischen der Pille und carcinoma in situ der Zervix gefunden. Wir sind der Meinung, der Unterschied beruhe auf höherer sexueller Aktivität der Pillennehmerinnen. Diese Art von Einflußgrößen ist in großen Prospektivstudien schwer faßbar, wenn man sie nicht schon vorher vermutet hat.

HARTMANN: Ich möchte auf den wichtigen Beitrag von Professor Koller zurückkommen. Das Hauptproblem liegt ja nicht so sehr in der Selektion, sondern vielmehr in der willkürlichen Zuteilung der Pille. So erhält man zwei Gruppen, die Nehmerinnen und die Nicht-Nehmerinnen, von denen man nicht weiß, in welchen Faktoren sie sich abgesehen vom Pillenkonsum unterscheiden. Wenn man dann Unterschiede zwischen den Gruppen findet, kann man nicht sicher sein, daß sie auch wirklich der Pille zuzurechnen sind.

KAY: Das stimmt natürlich. Ein großer Vorteil dieser breit angelegten Prospektivstudie ist, daß man so viele Dinge damit machen kann. Zum Teil dient die Studie zum Hypothesentesten. Andere Bereiche wiederum dienen der Hypothesengenerierung. Keine Fall-Kontroll-Studie kann Dinge aufzeigen, für die vorher kein Verdacht bestand. Genau das aber kann eine Prospektivstudie. Was aber die Studie in meinen Augen rechtfertigt, das sind unsere Publikationen und die Analysen von Krankheiten als abgegrenzte Einzelprobleme mit teilweise subjektiver und teilweise statistischer Abschätzung der Verzerrung.

MEDIKAMENTEÜBERWACHUNG MIT FALL-KONTROLL-ANSÄTZEN ALS EIN WEG ZUM ENTDECKEN VON NEBENWIRKUNGEN ORALER KONTRAZEPTIVA

Samuel Shapiro, Dennis Slone, Paul Stolley, Olli S.Miettinen, Lynn Rosenberg, David W. Kaufman

Einleitung

Die Drug-Epidemiology-Unit begann im Juli 1976 ein großangelegtes System von Fall-Kontroll-Überwachung. Dieses System soll die Datenbasis zur Verfügung stellen, um u.a. folgende Ziele zu verfolgen:

1. Die Entdeckung von bis dahin unvermuteten Beziehungen zwischen bestimmten Krankheiten und bestimmten Medikamenten; und
2. die Auswertung bestehender Hypothesen bezüglich Medikament - Krankheit-Beziehungen.

Das zweite Ziel gilt sowohl für Hypothesen, die innerhalb dieser Datenbasis entwickelt werden wie auch für Hypothesen, die aus anderen Quellen stammen.

Die Dualität der Forschungsziele erfordert eine entsprechende Dualität in der Studienanlage (10). Dazu sind Krankenschwestern als Interviewerinnen in einer Reihe geographisch gestreuter Krankenhäuser eingesetzt. Die Krankenhäuser befinden sich überall in den Vereinigten Staaten wie auch in Kanada, Israel und Spanien. Die Krankenschwestern sollen Patienten mit einem möglichst breitgestreuten Spektrum von Krankheiten interviewen. Die Standardinformation über Medikamenteverbrauch (grundsätzlich Langzeit- und regelmäßiger Konsum, da dies die am besten erinnerte Information ist) wird von jedem Patienten entsprechend einer Liste von über 40 Indikationen erhoben. Die Patienten werden z.B. gefragt, ob sie Medikamente etwa gegen Schlaflosigkeit, Angstgefühle oder zur Kontrazeption usw. benutzten, und ob diese Medikamente unmittelbar vor dieser Einweisung oder irgendwann früher genommen wurden. Ebenso werden routinemäßig solche Informationen erfaßt, die einen direkten Bezug zum allgemeinen Problem von Medikamenten als eventueller Ursache von Krankheiten haben, wie z.B. Alter, ethnische Gruppe, anamnestische Angaben. Schließlich werden noch die Diagnosen aus dem Arztbrief erfaßt.

Bei der Verfolgung des ersten Untersuchungsziels wird eine Krankheit nach der anderen überprüft und zwar derart, daß alle Medikamente der Patienten mit der jeweiligen Krankheit erfaßt werden und man dann die Häufigkeit des Medikamente-Konsums in dieser Gruppe mit den entsprechenden Häufigkeiten in der übrigen Untersuchungsgesamtheit vergleicht. Solche Vergleiche können im voraus nach Alter, Geschlecht, ethnischer Gruppe, Region und ähnlichen Faktoren standardisiert werden. Dieser Mechanismus kann als Vorwarnsystem für bisher nicht vermutete Beziehungen eingesetzt werden; die Beziehungen können dann anschließend detaillierter ausgewertet werden. So war z.B. in einer früheren Studie, die analog zur gegenwärtigen aufgebaut war, eine positive Assoziation zwischen oralen Kontrazeptiva und Gallenblasenerkrankungen (1) und eine negative Assoziation zwischen oralen Kontrazeptiva und Ovarialzysten (8) zuerst entdeckt und dann in der gleichen Datenbank genauer analysiert worden.

Die Verfolgung des zweiten Zieles, also des Hypothesentestens, erfordert, daß die Personen, die die momentan zur Untersuchung anstehenden Krankheiten haben, eher interviewt werden als andere Patienten. Dies ist notwendig, um in einem diskutablen Zeitraum ausreichende Stichprobengrößen zu erzielen. Krankheiten, die gegenwärtig auf der Prioritätenliste stehen, sind in der Tabelle 1 aufgeführt.

TABELLE 1: FÜR DAS INTERVIEW ZUR ZEIT VORGEGEBENE DIAGNOSEN IN DER FALL-KONTROLL-ÜBERWACHUNG

1. AKUTER HERZINFARKT, FRAUEN UNTER 50 JAHREN
2. UTERUS - KARZINOME
3. MAMMA - KARZINOME
4. OVARIALKARZINOME
5. BENIGNE UND MALIGNE LEBERTUMOREN
6. EKTOPISCHE SCHWANGERSCHAFTEN
7. (DROHENDE) FEHLGEBURTEN
8. ENTZÜNDLICHE KRANKHEITEN DES KLEINEN BECKENS
9. ALLE ÜBRIGEN KREBSE
10. GRAUER STAR
11. GASTROINTESTINALES ULCUS
12. ANDERE DIAGNOSEN

Eine Reihe von Medikamenten sind in Bezug auf diese Krankheiten unter Verdacht. Praktisch ist das Vorgehen folgendes: Zu Beginn jedes Arbeitstages kontrollieren die Krankenschwestern die Aufnahmebücher, die Operationsbücher und so fort und identifizieren dabei Patienten, die die in Tabelle 1 aufgeführten Krankheiten haben. Dann interviewen die Krankenschwestern diese Patienten zuerst. Während des restlichen Tags werden, wie oben beschrieben, andere Patienten interviewt.

Als Nettoeffekt dieses Vorgehens zeigt sich, daß es möglich ist, verschiedene Fall-Kontroll-Studien (manche bezüglich bestehender Hypothesen und andere bezüglich bisher nicht vermuteter Beziehungen) in der gleichen Datenbank simultan durchzuführen. Die Effizienz wird so erheblich gesteigert.

Ein weiteres Erfordernis bei der Erfüllung des Ziels "Hypothesentesten" ist es, daß zum jeweiligen Thema mehr spezifische Zusatzinformationen gesammelt werden. Wenn das spezifische Problem z.B. darin besteht festzustellen, ob eine Beziehung zwischen oralen Kontrazeptiva und Herzinfarkt besteht, dann ist es von entscheidender Bedeutung festzustellen, ob die Patientin einen Herzinfarkt als Vorgeschichte hat, da das einen schwerwiegenden Risikofaktor darstellen würde. Fernerhin würde ein Herzinfarkt in der Anamnese einen wichtigen Grund für das Nicht-Nehmen oraler Kontrazeptiva abgeben (und damit ein negatives Confounding herbeiführen). Das Versagen der Kontrolle anamnestischer Angaben bezüglich früherer Herzinfarkte durch Ausschluß oder durch irgendeine andere Methode würde in einer Unterschätzung der Stärke der Beziehung zwischen oralen Kontrazeptiva und Herzinfarkt resultieren.

Es ist offensichtlich, daß eine allgemeine Medikamenteüberwachung, die dafür aufgebaut ist, eine Vielzahl von Beziehungen zwischen Krankheiten und Medikamenten aufzudecken, nicht gleichzeitig die Forderung erfüllen kann, alle anderen, mit einer spezifischen Hypothese korrelierenden wichtigen Daten zu messen. Wie dem auch sei, es ist ganz leicht, die allgemeine "Vielzweck"-Datenbank mit zusätzlichen ad hoc-Merkmalen zu versehen (z.B. kann eine bestimmte Frage bezüglich früherer Herzinfarkte routinemäßig mit erhoben werden).

Orale Kontrazeptiva und Herzinfarkt

Selbst wenn ein Mechanismus existieren würde, mittels dessen man bestimmte Patienten vorzugsweise interviewen könnte, so sind doch manche Krankheiten wie z.B. der Herzinfarkt bei jungen Frauen derart selten, daß es immer noch nicht möglich ist, auf diesem Wege ausreichende Fallzahlen zu erhalten:
In den Vereinigten Staaten nimmt ein durchschnittliches 300-Betten-Krankenhaus unserer Erfahrung nach nur ein bis vier solcher Fälle pro Jahr auf. Wir haben geschätzt, daß wir für eine Studie etwa 400 bis 500 Frauen unter 50 Jahren mit einem akuten Herzinfarkt brauchen. Von diesen werden etwa 300 bis 400 noch vor der Menopause stehen und deshalb möglicherweise eine Kontrazeption benötigen. So große Fallzahlen sind erforderlich, weil zwei Sätze von Hypothesen studiert werden:

1. daß orale Kontrazeptiva den Herzinfarkt verursachen, und
2. daß orale Kontrazeptiva in Interaktion stehen mit anderen Risikofaktoren (wie z.B. Rauchen, Diabetes mellitus, Hypertonie, Hypercholesterinämie und Übergewicht), und zwar in einer überadditiven Form. Die Kombination der Risikofaktoren wirkt synergistisch ("Risikosteigerung").

Es handelt sich um ein verwickeltes Problem, da ein Risikofaktor, und zwar das Zigarettenrauchen, positiv mit dem Konsum oraler Kontrazeptiva assoziiert ist (es existiert ein positives Confounding), während die meisten anderen Risikofaktoren,wie z.B. behandelte Hypertonie oder Diabetes, dazu tendieren, gegen den Konsum oraler Kontrazeptiva zu beeinflussen (negatives Confounding). Für eine richtige Schätzung der Assoziation (oder des Fehlens einer Assoziation) müssen beide Arten von Confounding kontrolliert werden. Um die Risikoverstärkung beim gleichzeitigen Vorhandensein negativen Confoundings zu messen, braucht man außerdem sehr viele Kontrollfälle. Nur so ist in dieser Gruppe das für die Durchführbarkeit der Analyse nötige Auftreten von Risikofaktoren in ausreichendem Umfang zu erwarten.

Um die erforderliche Fallzahl von jungen Frauen mit Herzinfarkt zu erhalten, ist es in dieser Studie notwendig, nicht nur selektierte Fälle in den routinemäßig überwachten Krankenhäusern zu erfassen, sondern auch Fälle aus einem viel weiter gespannten Netz von Krankenhäusern heranzuziehen. Derzeit arbeiten wir mit 150 Krankenhäusern an der Ostküste der Vereinigten Staaten zusammen. Jede Einheit zur Behandlung von Kreislaufkrankheiten in diesen Krankenhäusern wird alle 7 - 10 Tage telefonisch kontaktiert, um festzustellen, ob eine Frau unter 50 Jahren aufgenommen wurde. Eine Krankenschwester interviewt dann die Patientin (in der Genesungsphase) sowie 5 - 10 Kontroll-Patientinnen, die etwa im gleichen Alter sind und aus der Operationsabteilung, der orthopädischen Abteilung oder medizinischen Klinik desselben Krankenhauses stammen. Dieser Ansatz ergibt etwa 4 - 6 Herzinfarkt-Fälle pro Woche.

Ende August 1977 waren etwa 150 Fälle mit Herzinfarkt und 1.500 Kontrollfälle interviewt. Im folgenden werden Daten von 131 Fällen und 1.365 Kontrollpatienten vorgestellt, für die die Information bereits im Rechner ist. Frauen mit Herzinfarkt in der Anamnese (14% der Fälle und weniger als 1% der Kontrollpersonen) sowie Frauen unter 25 Jahren wurden ausgeschlossen.

Im Augenblick reichen unsere Daten noch nicht aus, um der Frage nachzugehen, wie orale Kontrazeptiva bezüglich des Herzinfarktrisikos mit anderen Risikofaktoren in Wechselwirkung stehen. Trotzdem ist es aufschlußreich, in diesen vorläufigen Daten Beispiele von 2 Risikofaktoren bezüglich Herzinfarkt und orale Kontrazeptiva anzuschauen, da so einige der oben gemachten allgemeinen Äußerungen veranschaulicht werden. Die Beispiele zeigen auch, welchen Typ von endgültigen Analysen wir nach Abschluß der Studie durchführen werden. Es muß betont werden, daß die Ergebnisse, die hier vorgestellt werden, vorläufig und versuchsweise sind, und daß sie nur zum Zweck der Erläuterung des allgemein Gesagten vorgestellt werden.

Zigarettenrauchen

In Tabelle 2 sind altersstandardisierte Raten des Zigarettenrauchens in der Fallgruppe und der Kontrollgruppe dargestellt. Aus diesen Daten ist klar ersichtlich, daß Zigarettenrauchen ein bedeutender Risikofaktor für Herzinfarkt ist, wobei das relative Risiko mit steigender Anzahl gerauchter Zigaretten steigt. Für Frauen, die mehr als 25 Zigaretten pro Tag rauchen, beträgt das altersangepaßte relative Risiko 5,2, während es bei niedrigerem Konsum 2,3 beträgt. Dieses Ergebnis stimmt mit den aus dem Vereinigten Königreich berichteten Werten überein (6).

TABELLE 2: HERZINFARKT UND ZIGARETTEN - RAUCHEN

ANZAHL ZIGARETTEN	HERZINFARKT n = 131		KONTROLLEN n = 1354*	
	ABS.	%+	ABS.	%+
NICHTRAUCHER, FRÜHERE RAUCHER SEIT MEHR ALS 1 JAHR	30	18,4	633	46,8
UNTER 25/TAG	49	35,1	492	36,4
25/TAG UND MEHR	52	46,6	229	16,9

NACH MANTEL-HAENSZEL ALTERSSTANDARDISIERTE RELATIVE RISIKEN:

UNTER 25 ZIGARETTEN
GEGEN NICHTRAUCHEN = 2,3,
95% KONFIDENZINTERVALL = 1,5-3,7, $P < 0{,}01$

25 ZIG. UND MEHR
GEGEN NICHTRAUCHEN = 5,2,
95% KONFIDENZINTERVALL = 3,3-8,1, $P < 0{,}01$

*11 KONTROLLFÄLLE, BEI DENEN DIE ANZAHL GERAUCHTER ZIGARETTEN UNBEKANNT IST, SIND IN DER TABELLE NICHT ENTHALTEN.

+DIE RATEN SIND MIT DIREKTER STANDARDISIERUNG AN DIE ALTERSVERTEILUNG DER KONTROLLEN ANGEPASST.

In Tabelle 3 sind nur Kontrollfälle vor der Menopause enthalten. Ganz allgemein gilt, daß Raucherinnen zu einem höheren Anteil orale Kontrazeptiva benutzen.

TABELLE 3: ORALE KONTRAZEPTION ZUR ZEIT UND ZIGARETTEN - RAUCHEN BEI 972* KONTROLLEN VOR DER MENOPAUSE IN ALTERSGRUPPEN

	ZIGARETTEN			
	NICHTRAUCHER, FRÜHERE RAUCHER		RAUCHER ZUR ZEIT	
ALTER (JAHRE)	ABS.	%	ABS.	%
25-29	14/63	22,2	17/73	23,3
30-34	10/105	9,5	17/128	13,3
35-39	4/96	4,2	7/112	6,3
40-44	2/98	2,0	4/110	3,6
45-49	4/111	3,6	0/76	-

*9 KONTROLLFÄLLE, BEI DENEN DIE ANZAHL GERAUCHTER ZIGARETTEN UNBEKANNT IST, SIND IN DER TABELLE NICHT ENTHALTEN.

Daraus folgt, daß die Berücksichtigung des Zigarettenrauchens bei der Auswertung einer Kausalhypothese für orale Kontrazeptiva das geschätzte relative Risiko senken wird. Da Zigarettenrauchen ziemlich weitverbreitet ist, wird die Abschätzung der Wechselwirkung zwischen oralen Kontrazeptive und Zigaretten trotzdem relativ problemlos sein.

Diabetes mellitus

TABELLE 4: HERZINFARKT UND DIABETES MELLITUS IN ALTERSGRUPPEN

	DIABETES MELLITUS				
	HERZINFARKT (130*)		KONTROLLEN (1358*)		RELATIVES RISIKO
ALTER(JAHRE)	ABS.	%	ABS.	%	
25-29	1/7	14,3	5/134	3,7	4,3
30-34	3/6	50,0	12/267	4,5	21,3
35-39	1/17	5,9	11/273	4,0	1,5
40-44	4/38	10,5	15/296	5,1	2,2
45-49	10/62	16,1	36/383	9,4	2,8

ALTERSSTANDARDISIERTES (MANTEL-HAENSZEL) RELATIVES RISIKO = 2,4; 95% - KONFIDENZINTERVALL = 1,4 - 4,0; $p < 0{,}01$

*1 HERZINFARKTFALL UND 7 KONTROLLFÄLLE, BEI DENEN DER STATUS BEZÜGLICH DIABETES MELLITUS UNBEKANNT IST, SIND IN DER TABELLE NICHT ENTHALTEN.

Tabelle 4 zeigt die altersspezifischen Häufigkeiten von Diabetes mellitus bei den Fällen und in der Kontrollgruppe. In allen Altersgruppen gibt es einen Überschuß an Diabetes bei den Fällen. Aber bei den kleinen Fallzahlen sind manche Altersschichten nicht stabil. Das globale altersangepaßte relative Risiko beträgt 2,4.

Tabelle 5 zeigt, daß die diabetischen Kontrollfälle vor der Menopause orale Kontrazeptiva weniger häufig benutzten als die nichtdiabetischen Fälle. In der globalen Auswertung einer kausalen Rolle oraler Kontrazeptiva würde die Berücksichtigung von Diabetes das geschätzte relative Risiko erhöhen. Außerdem wird die Abschätzung einer eventuellen Risikoverstärkung schwierig sein, da bei Diabetikerinnen (in der Fall- wie in der Kontrollgruppe) ein unterdurchschnittlicher Anteil der Benutzung oraler Kontrazeptiva zu erwarten ist.

TABELLE 5: ORALE KONTRAZEPTION ZUR ZEIT UND DIABETES MELLITUS BEI 974* KONTROLLFÄLLEN VOR DER MENOPAUSE IN ALTERSGRUPPEN

	DIABETES MELLITUS			
	JA		NEIN	
ALTER (JAHRE)	ABS.	%	ABS.	%
25-29	0/5	-	31/132	23,5
30-34	1/11	9,1	26/220	11,8
35-39	0/9	-	11/201	5,5
40-44	0/11	-	6/197	3,0
45-49	0/17	-	4/171	2,3

*7 KONTROLLFÄLLE, DEREN STATUS BEZÜGLICH DIABETES MELLITUS UNBEKANNT IST, SIND IN DER TABELLE NICHT ENTHALTEN.

Bemerkungen zur epidemiologischen Auswertung von Effekten oraler Kontrazeptiva im allgemeinen

Die Hypothese einer ursächlichen Wirkung oraler Kontrazeptiva auf den Herzinfarkt und einer Wechselwirkung mit anderen Faktoren hat in dieser Darstellung breiten Raum eingenommen, weil sie deutlich macht, daß es nötig ist, eine Vielzahl von Ansätzen zu benutzen, wenn man eine Forschungsstrategie bezüglich oraler Kontrazeptiva entwickeln will. Kohortenstudien haben sehr breite Information über die Wirkung oraler Kontrazeptiva ergeben, die man anders nicht hätte bekommen können (5,12). Dr. Kay hat auf den Wert dieses Ansatzes an anderer Stelle im Symposion hingewiesen, und tatsächlich haben zwei große prospektive Studien nunmehr Hinweise ergeben, die mit der Hypothese, daß orale Kontrazeptiva Herzinfarkt verursachen, auf einer Linie liegen (5,12). Dies ist ein besonders wertvoller Hinweis, weil das Vertrauen in eine kausale Hypothese steigt, wenn verschiedene Ansätze zur selben Schlußfolgerung führen. Aber es wird nicht sinnvoll sein, über Kohortenstudien so viele Fälle mit Herzinfarkt zu sammeln, wie man für die Analyse von Wechselwirkungen benötigt. Zu diesem Zweck ist der Fall-Kontroll-Studien-Ansatz unverzichtbar, und selbst dann werden besondere Vorkehrungen nötig sein, um zu ausreichenden Fallzahlen zu gelangen.

Wenn es sich um extrem seltene Krankheiten handelt, wie die gutartigen Lebertumore, von denen angenommen wird, daß sie durch orale Kontrazeptiva verursacht werden (2), dann sind möglicherweise selbst solche besonderen Ansätze nicht ausreichend. Hier ist der Ansatz einer Fall-Kontroll-Studie zwar der einzig mögliche Weg, aber zusätzlich muß man zur Erzielung ausreichender Fallzahlen auf ein besonderes Datenmaterial, wie zum Beispiel ein Pathologie-Register (9) zurückgreifen können. Ferner sollte man beachten, daß ein systematischer epidemiologischer Ansatz zur Entdeckung von Beziehungen zwischen oralen Kontrazeptiva (oder anderen Medikamenten) und solch seltenen Krankheiten schwer vorstellbar ist. Wir sind immer noch auf die scharfsinnige klinische Beobachtung mit entsprechend angeschlossenen *ad hoc*-Studien angewiesen.

Schließlich ist noch die Frage des Auftretens von Krankheiten nach einem latenten Intervall von mehreren Jahren oder sogar Jahrzehnten zu betrachten. Brust, Uterus und Ovarien sind Zielorgane für das Wirken von weiblichen Hormonen. Betrachten wir einmal Brustkrebs. Während derzeitiger Konsum von oralen Kontrazeptiva, wie er in den meisten Studien untersucht wird, bis jetzt keine Assoziation zu Brustkrebs ergeben hat, gibt es aus dem epidemiologischen Wissen über diese Krankheit eine Reihe von Hinweisen darauf, daß Brustkrebs erst nach einem langen Latenzzeitraum in Erscheinung tritt. Die Frage, ob orale Kontrazeptiva viele Jahre nach dem ersten Konsum Brustkrebs induzieren, ist in epidemiologischen Studien noch nicht explizit gestellt worden, weil von der Situation her jetzt erst allmählich genügend viele Frauen mit einem Konsum oraler Kontrazeptiva über 10 oder mehr Jahre zur Verfügung stehen.

Wenn orale Kontrazeptiva das Risiko von Brustkrebs steigern, was ist die wahrscheinliche Größenordnung dieses Risikos? Wir haben fast keine Information. In einer Studie wird das relative Risiko von Brustkrebs nach der Gabe von konjugierten Östrogenen insgesamt mit 1,2 und nach einer Beobachtungsperiode von 12 Jahren mit 2,0 angegeben (4). In dieser Studie korrelierte die Behandlungsdauer eng mit der Dauer der Beobachtung, so daß getrennte Effekte der Behandlungsdauer und eines eventuellen Latenzintervalls nach Beginn der Behandlung nicht geschätzt werden konnten.

Als eine Annäherung schlagen wir die Aussage vor, daß orale Kontrazeptiva, die für insgesamt 5 oder mehr Jahre benutzt werden, das Risiko des Brustkrebses nach einem Latenzintervall von 12 oder mehr Jahren ab erster Exposition verdoppeln. Um diese Hypothese zu testen, müßte eine prospektive Kohortenstudie umfangreich sein, und es müßte eine hohe Ausschöpfungs-Rate über mehr als 12 Jahre erreicht werden. Diese Warteperiode könnte durch eine retrospektive Kohortenstudie von Nehmerinnen und Nicht-Nehmerinnen oraler Kontrazeptiva verkürzt werden. Aber diese Strategie bietet keinen Vorteil gegenüber dem Fall-Kontroll-Studien-Ansatz, weder in der Genauigkeit, mit der der Risikostatus gemessen werden kann, noch in den Möglichkeiten, ein eventuelles Confounding zu spezifizieren und unter Kontrolle zu bekommen, was ja oft ein ganz erheblicher Vorteil prospektiver Kohortenstudien ist (7). Des weiteren ist der Fall-Kontroll-Studien-Ansatz den retrospektiven Kohortenstudien unter Effizienz- und Kostengesichtspunkten überlegen. Glücklicherweise ist in dem vorliegenden Beispiel ein sonst eventuell schwerwiegender Nachteil von Fall-Kontroll-Studien, nämlich die fehlende Erinnerung mit gleichzeitiger Senkung statistischer Effizienz, nicht in nennenswertem Ausmaß vorhanden. Es gibt nunmehr einige Studien, die zeigen, daß Frauen sich an den Konsum oraler Kontrazeptiva, auch wenn er weit zurückliegt, recht gut erinnern (3,11).

In dem hier vorgestellten Überwachungssystem mittels Fall-Kontroll-Studien werden Brustkrebs, Krebs des Uterus und der Eierstöcke gezielt untersucht, und wir bemühen uns, Patientinnen mit diesen Krankheiten so rasch wie möglich zu sammeln. In einigen Jahren wird es möglich sein, das allgemeine Problem des Auftretens dieser Krankheiten nach einem langen Latenzintervall zu überprüfen. Mit jedem darauf folgenden Jahr der Überwachung wird man dann längere Latenzintervalle kontrollieren können. Was immer das Ergebnis dieser laufenden Auswertung sein wird, ob positiv oder negativ, diese Frage ist unserer Meinung nach eines der wichtigsten Probleme der öffentlichen Gesundheit im Zusammenhang mit oralen Kontrazeptiva.

Literatur

1. Boston Collaborative Drug Surveillance Program: Oral contraceptives and venous thromboembolic disease, surgically confirmed gallbladder disease, and breast tumors. Lancet i: 1399, 1973.

2. Edmondson, H.A.; Henderson, B.; Benton, B.: Liver cell adenomas associated with use of oral contraceptives. New Engl. J. Med. 294: 470-472.

3. Glass, R.; Johnson, B.; Vessey, M.P.: Accuracy of recall of histories of oral contraceptive use. Brit. J. Prev. Soc. Med.28: 273-275, 1974.

4. Hoover, R.; Gray, L.A.; Cole, P. et al.: Menopausal estrogens and breast cancer. New Engl. J. Med. 295: 401-405, 1976.

5. Kay, C.R.: Oral contraceptives and health: an interim report from the oral contraception study at the Royal College of General Practitioners. Pitman, New York and London, 1974.

6. Mann, J.I.; Thorogood, M., Vessey, M.P. et al.: Risk factors for myocardial infarction in young women. Bret. J. Prev. Soc. Med. 30: 94-100, 1975.

7. Miettinen, O.S.; Slone, D.; Shapiro, S.: Current problems in drug-related epidemiologic research. In: Epidemiological Evaluation of Drugs. Elsevier North-Holland Biomedical Press, Amsterdam, 1977, 295-303.

8. Ory, H.W.:Functional ovarian cysts and use of oral contraceptives: Negative association confirmed surgically. JAMA 228: 68, 1974.

9. Ory, H.W.; Rooks, J.P.: Oral contraceptive use and benign tumors, a review. In: Epidemiological Evaluation of Drugs. Elsevier North-Holland Biomedical Press. Amsterdam, 1977, 193-200.

10. Slone, D.; Shapiro, S., Miettinen, O.S.: Case-control surveillance of serious illnesses attributable to ambulatory drug use. In: Epidemiological Evaluation of Drugs. Elsevier North-Holland Biomedical Press, Amsterdam 1977, 59-70.

11. Stolley, P.D.; Tonascia, J.A., Tockman, M.J. et al.: Thrombosis with low-estrogen oral contraceptives. Amer. J. Epidemiol. 102, 197-208, 1975.

12. Vessey, M.P.; Doll, R.; Peto, R. et al.: A long-term follow-up study of women using different methods of contraception - an interim report. J. Biosoc. Sci.1: 371-424, 1976.

Diskussion

KAY: Haben Sie die Hyperlipidämie berücksichtigt?

SHAPIRO: Nein, wir wollen Serum-Lipide jetzt untersuchen. Aber wir müssen warten. Es handelt sich um eine Inzidenzstudie, um eine prospektive Fall-Kontroll-Studie. Wir nehmen gerade aufgetretene Herzinfarkte in die Studie auf und interviewen die Frauen noch im Krankenhaus, bis auf ein paar Ausnahmen, die wir - wenn wir sie verfehlt haben - zuhause aufsuchen und dort interviewen. Wir müssen mit der Untersuchung der Serum-Lipide mindestens 6 Monate warten, weil der Herzinfarkt die Werte angeblich verändert. Wir werden dann auch Persönlichkeitsprofile dieser Frauen untersuchen und körperliche Aktivität vor dem Infarkt erheben. Außerdem wollen wir feststellen, ob sie Blutgruppe A, B, AB oder O haben. Das wird wahrscheinlich weitere Wechselwirkungen zwischen Risikofaktoren ergeben.

KOLLER: Nur eine kurze Frage. Ihre Kontrollfälle stammen aus den gleichen Kliniken wie die Herzinfarkt-Fälle?

SHAPIRO: Ja.

DER AUFBAU EINES FLEXIBLEN PROGRAMMS ZUR WIRKUNGSBEURTEILUNG VON MASSNAHMEN DER FERTILITÄTSKONTROLLE

Howard W. Ory, Carl W. Tyler, Jr., Roger W. Rochat, Willard Cates,Jr.

In den Vereinigten Staaten waren 1973 ein Fünftel aller Geburten (13,9 Mill.) von Müttern im Alter von 15 - 44 Jahren unerwünscht zum Zeitpunkt der Empfängnis (22). Es überrascht deshalb nicht, daß 18,5 Mill. verheiratete amerikanische Frauen eine der reversiblen oder irreversiblen Kontrazeptionsmethoden anwenden (23), und daß eine zusätzliche Million Frauen legale Schwangerschaftsunterbrechungen zur Verhinderung einer unerwünschten Geburt vornehmen lassen (7). Die Family Planning Evaluation Division (FPED) des United States Center for Disease Control (CDC) ist bestrebt, die Wirkung von Familienplanungsprogrammen zu evaluieren, die Effektivität von Techniken zur Geburtenkontrolle einzuschätzen und die Sicherheit (Nebenwirkungsfreiheit) dieser Maßnahmen der Fertilitätskontrolle zu bestimmen. Deshalb entfaltet das CDC Aktivitäten im öffentlichen Gesundheitswesen unter folgender Zielsetzung:

1. Es soll sichergestellt werden, daß jede Schwangerschaft zur Geburt eines erwünschten Kindes führt
2. Tod als Folge von Schwangerschaftsunterbrechung soll verhindert und Morbidität als Folge von Schwangerschaftsunterbrechung soll unter Kontrolle gehalten werden
3. Tod als Folge von Kontrazeption oder Sterilisation soll verhindert und Morbidität aus diesen Ursachen soll kontrolliert werden.

Wir werden unser Wachstum beschreiben, unsere Organisationsstruktur und die Art, wie wir neues Personal ausbilden. Wir wollen dann unsere Ansätze epidemiologischer Forschung kategorisieren und etwas breiter diskutieren und uns darüber unterhalten, welchen Nutzen wir aus unserem flexiblen Programm ziehen. Wir beschreiben die Tätigkeiten, die wir am nützlichsten finden, damit andere, die unsere Ziele teilen, sie beim Aufbau ihrer eigenen Programme einplanen können.

Die FPED hat drei organisatorische Einheiten, deren Funktionen den eben genannten Zielen entsprechen. Eine vierte Einheit gewährt den drei anderen statistische Unterstützung. Das Büro des Abteilungs-Direktors ist für die Führung und für die Koordination der vier Einheiten zuständig. Diese Organisation hat sich in den letzten 10 Jahren entwickelt. Das CDC begann 1967 sich mit Familienplanung zu beschäftigen. Seitdem ist die Abteilung auf ihre derzeitige Größe von 46 Personen angewachsen. Es finden sich darunter 15 Ärzte/Epidemiologen, 6 Statistiker und 8 Personen mit Diplomen in 'Public Health', 1 staatlich anerkannte Krankenschwester/Hebamme, 1 Demograph, 1 Bibliothekar und 15 Angestellte für Sekretariatsaufgaben und auf Sachbearbeiter-Niveau. Der Großteil von ihnen ist in der Zentrale in Atlanta, Georgia stationiert, 5 allerdings sind auf Krankenhäuser oder staatliche Gesundheitsministerien in den Vereinigten Staaten verstreut.

Da unsere Arbeit hochgradig spezialisiert ist, haben wir unser eigenes Trainingsprogramm entwickelt. Epidemiologen erhalten zu Anfang ihrer Tätigkeit am CDC einen drei bis vier Wochen dauernden Intensivkurs in Epidemiologie und Statistik, der vom Bureau of Epidemiology entwickelt worden ist. Danach erhalten die Epidemiologen ein eine Woche dauerndes on-the-job-training, das auf ihre spezifischen Aufgaben abgestellt ist. Dieser Ausbildungsteil beginnt mit der Aufgabe, eine detaillierte Beschreibung des Problems zu entwickeln, an dem sie arbeiten werden. (Die speziellen Probleme, die hier erarbeitet werden sollen, sind vorab durch die Chefs der Einheiten und den Abteilungs-Direktor festgelegt.) Die neuen Kandidaten stellen dann Ziele auf und geben an, welchen Beitrag die Problemlösung zur Veränderung der Situation leisten wird. Schließlich entwickeln sie dann einen Plan zur Erfüllung dieser Ziele. Dieser Ansatz fördert eine problemlösungsorientierte Arbeitsweise der neuen Epidemiologen und bringt sie dazu, Management by Objectives zu lernen, ein Verhalten, das uns im CDC besonders wichtig ist. Die Personen, die sich mit Programm-Evaluierung beschäftigen sollen, erhalten ein zusätzliches Zwei-Wochen-Ausbildungsprogramm in den Auswertungs-Techniken auf dem Gebiet der Familienplanung. Dieser Kurs ist kriterienorientiert und lehrt die Studenten, wie Gesundheitsamtstatistiken zu benutzen sind, um festzustellen, ob Familienplanungsprogramme ihre Ziele erfüllen. FPED fördert außerdem wöchentliche Seminare über die Arbeit, die gerade im Gange ist, oder über ausgewählte Interessengebiete. Schließlich unterstützt das CDC Personen, die in einem Konkurrenzprozeß für ein Fortgeschrittenen-Training für ihr jeweiliges Interessengebiet ausgewählt wurden. Interessengebiete dieser Art können sein: Epidemiologie, Öffentliches Gesundheitswesen oder Gesundheitspolitik/Öffentliche Verwaltung im Gesundheitswesen.

Wir haben sechs Hauptgebiete der Arbeit, in denen wir die Sicherheit von Fertilitätskontrollmethoden beurteilen:

1. Epidemiologische Forschung im Krankenhaus
2. Sammlung und Verarbeitung epidemiologischer Daten auf nationaler Ebene
3. Epidemiologische Forschung, die von Gastepidemiologen durchgeführt wird
4. Epidemiologische Forschung über Todesfälle, die einen Bezug zur Fertilitätskontrolle haben
5. Rasch aufgebaute Überwachung von Ereignissen, die unmittelbare Bedeutung im öffentlichen Gesundheitswesen haben
6. Datenverbreitung zur Beeinflussung der öffentlichen Versorgungspolitik.

Wir werden jeden dieser Ansätze im einzelnen diskutieren.

FPED hat immer schon medizinische Epidemiologen an großen Universitätskrankenhäusern eingesetzt. Diese Beamten führen epidemiologische Studien und kleinere klinische Prüfungen bezüglich Sicherheit und Wirksamkeit der Fertilitätskontrolle durch. Zum Beispiel zeigte eine epidemiologische Studie, die wir 1968 publizierten (34), daß bei Frauen, die Intrauterin-Pessare (IUDs) benutzen, akute Entzündungen von Organen im kleinen Becken viermal so wahrscheinlich sind wie bei Frauen, die andere Methoden der Kontrazeption benutzen. Dies war die erste Studie, die diesen Zusammenhang dokumentiert hat. In einer Folgestudie, die wir auch durchführten, wurde diese Assoziation bestätigt (9). Ein anderer medizinischer Epidemiologe berichtete 1972 eine deutliche Beziehung zwischen ektopischen Schwangerschaften und dem Tragen von IUDs (30).

Zwei voneinander getrennte Studien in Krankenhäusern analysierten den Effekt der Legalisierung der Schwangerschaftsunterbrechung auf die Morbidität als Folge von strafbaren Schwangerschaftsunterbrechungen (16,31). Sie zeigten, daß mit steigender Häufigkeit der legalen Schwangerschaftsunterbrechungen die Morbidität als Folge illegaler Schwangerschaftsunterbrechungen dramatisch absank.

Eine zweite Art von Studien, die wir in Krankenhäusern durchgeführt haben, sind die klinischen Prüfungen mit niedriger Fallzahl, wie z.B. diejenigen zur Untersuchung der Sicherheit und Wirksamkeit von Interruptiones im zweiten Trimester mit intramuskulärer Injektion von 15-Methyl-Prostaglandin F2 alpha (32), dem Kupfer-7 IUD (3) und Chlormadinonazetat als oralem Kontrazeptivum (4).

Epidemiologen, die Krankenhäusern zugeordnet sind, waren erfolgreich im Erkennen und Analysieren von den weniger gut bewiesenen akuten schädlichen und nützlichen Wirkungen der Fertilitätskontrolle. Viele dieser Nebenwirkungen werden jetzt systematisch in prospektiven Langzeitstudien wie z.B. in den Studien von Kay (21) und Vessey (35) untersucht. Immer dann, wenn neue Methoden der Fertilitätskontrolle populär werden, haben diese Krankenhäusern zugeordneten Epidemiologen eine bedeutende Funktion in der Frühbeurteilung von Komplikationen.

Das nächste größere Arbeitsgebiet ist die Datensammlung auf nationaler Ebene. Das am weitesten entwickelte Beispiel für diese Arbeit ist unser Gemeinsames Programm zur Untersuchung der Schwangerschaftsunterbrechung (Joint Program for the Study of Abortion). In dieser prospektiven Kohortenstudie sind jetzt Daten von über 80.000 Schwangerschaftsunterbrechungen in den Vereinigten Staaten gesammelt. Das bedeutendste Ergebnis dieser Studie ist, daß Schwangerschaftsunterbrechungen im zweiten Schwangerschaftstrimester, die mit Dehnung und Ausräumung ausgeführt werden, nur ein Drittel der Komplikationen von Schwangerschaftsunterbrechungen im zweiten Trimester aufweisen, die durch Infusionsprozeduren - entweder mit Kochsalzlösung oder mit Prostaglandin (12,13) - durchgeführt werden. Mehr als alles andere zeigt dieses Ergebnis den Wert systematisch wiederholter Betrachtung des nicht fundierten "Allgemeinwissens". Als geburtshilfliche Lehrmeinung galt lange Zeit, daß man im Uterus nach der 12. Schwangerschaftswoche keine Instrumente benutzen sollte. Unsere Studie läßt stark vermuten, daß eine Modifikation dieser Lehrmeinung in einer beträchtlichen Senkung der mit Schwangerschaftsunterbrechung zusammenhängenden Morbidität resultieren könnte.

Derzeit bringen wir eine ähnliche Studie in Gang, in der die verschiedenen Methoden der weiblichen operativen Sterilisation untersucht werden sollen. Wir haben die Pilotphase zu dieser Studie abgeschlossen. Die volle multizentrische Untersuchung dazu wird um den 1.Januar 1978 beginnen. In dieser Studie wird dann

1. die Sicherheit verschiedener Methoden der operativen Sterilisation verglichen; es wird
2. das sicherste Zeitintervall zur Durchführung von Sterilisierungsoperationen festgelegt, d.h. zwischenzeitlich oder postpartum oder nach einer Schwangerschaftsunterbrechung;
3. es werden Frauen nachverfolgt, die laparoskopisch sterilisiert worden sind, um festzustellen, ob diese tubenkoagulierenden Ver-

fahren die Funktion der Ovarien verändern.

Eine weitere Form von Studien auf nationaler Ebene, die wir durchführen, sind die Fall-Kontroll-Studien. Wir haben kürzlich eine Untersuchung über den Zusammenhang zwischen gutartigen Lebertumoren und oralen Kontrazeptiva abgeschlossen (15). Diese Studie erforderte, daß wir ca. 300 Interviews in den Wohnungen der Befragten durchführten und zwar verteilt über die ganzen Vereinigten Staaten. Dazu waren wir in der Lage, weil wir als ein Teil des CDC dessen Stab von ca.80 Epidemiologen, die über das ganze Land verstreut sind, zur Verfügung hatten. In dieser Studie wurde herausgefunden, daß das Risiko für diesen gutartigen Tumor mit der Einnahmedauer oraler Kontrazeptiva wächst. Die Ergebnisse zeigten fernerhin, daß Frauen, die orale Kontrazeptiva mit niedriger hormonaler Potenz benutzen, und Frauen unter 27 Jahren im Vergleich zu den Nicht-Nehmerinnen wenig zusätzliches Risiko für diesen Tumor aufweisen. Der Hauptanteil des zusätzlichen Risikos fällt auf die älteren Langzeitverbraucher oraler Kontrazeptiva mit höherer hormonaler Potenz.

Ein weiteres Beispiel für die breit angelegte Evaluierung des Zusammenhangs zwischen Fertilitätskontrolle und Morbidität ist unsere 1973 durchgeführte Erhebung bei allen US-Ärzten, von denen anzunehmen ist, daß sie IUDs legen (17-20). Das beachtlichste Ergebnis dieser Studie war, daß Frauen, die ein Dalkon-Schild trugen, ein zweifaches Risiko der Einweisung ins Krankenhaus wegen Sepsis aufwiesen gegenüber den Trägerinnen jedes anderen Typs von IUD (20). Fernerhin erlaubte uns die Studie abzuschätzen, daß IUD-Benutzer eine Todesrate von etwa 3 pro Million haben und ein Risiko der Krankenhauseinweisung von etwa 1 auf 200 Frauenjahre der Benutzung (17-19).

Insgesamt zeigt sich bei allen diesen Arbeiten das Bedürfnis nach einer Organisation, die flexibel genug ist, daß man verschiedene Arten von Arbeit mit ihr durchführen kann. Nationale Erhebungen mit einem postalischen Fragebogen haben einen anderen logistischen Bedarf als Interviews in Haushalten oder als die Kontrolle von Schwangerschaftsunterbrechungen und Sterilisationen in einigen Dutzend Krankenhäusern. Die Ansammlung von Personal, das in der Lage ist, diese Arten von Studien durchzuführen an einer Stelle, ist ein kostensparendes Verfahren. Sobald eine Studie richtig läuft, kann eine andere begonnen werden, mehrere Studien können zur gleichen Zeit durchgeführt werden. Zusätzlich kann eine Methode, sobald sie einmal getestet ist, etwa in der Art, in der wir Schwangerschaftsunterbrechungen ausgewertet haben, so modifiziert werden, daß sie zur Überwachung einer anderen Art von Operation, wie z.B. der Sterilisation geeignet ist. Schwächen einer Studie können in der nächsten vermindert werden. Nun kann natürlich nicht jedes Problem mit dem gleichen Studiendesign gelöst werden. Zum Beispiel sind die breit angelegten Kohortenstudien von Kay und Vessey (21,35) nicht effektiv, wenn es sich darum dreht, Informationen über einen äußerst seltenen Tumor, wie den gutartigen Lebertumor, zu sammeln. Deshalb ist man gut beraten, wenn man bei dem Aufbau eines Programms zur Untersuchung von Nebenwirkungen der Kontrazeption flexibel bleibt und ein vielseitiges Programm aufbaut.

Manchmal verbringen CDC-Epidemiologen mehrere Monate oder sogar noch länger an einem Stück als Gäste in der Zusammenarbeit mit anderen Epidemiologen an deren Arbeitsplatz. Zu Beginn unserer Arbeit, als ein Teil unserer Studien noch in der Datensammlungsphase war, konnten wir unsere Epidemiologen an Stellen schicken, wo solche Studien bereits in der Datenanalysierungsphase waren. Unsere Epidemiologen konnten anderen nützlich sein, indem sie halfen, die Daten in einer zeitgerechten Weise zu analysieren, und gleichzeitig konnten sie in den analytischen Techniken Erfahrung gewinnen zum Einsatz bei unseren eigenen Daten. Einer unserer Epidemiologen arbeitete an der Initialstudie in Amerika über orale Kontrazeptiva und die venöse Thromboembolie(29). Dieser gleiche Epidemiologe berichtete anschließend ein vierfach gesteigertes Risiko von Thromboembolien nach chirurgischen Eingriffen, Trauma oder Infektion bei Frauen, die mit der Einnahme von oralen Kontrazeptiva während ihres Krankenhausaufenthaltes fortfuhren (10). Ähnlich ging ein anderer Epidemiologe vor, der beim Boston Collaborative Drug Surveillance Program arbeitete. Von dieser Arbeit stammt der erste Bericht einer Assoziation zwischen oralen Kontrazeptiva und Gallenblasenerkrankung (11) und eine Dokumentation des reduzierten Risikos von Ovarialzysten bei den Pillennehmerinnen (24). Ein Epidemiologe der FPED war beteiligt an der Bestätigung der These, daß die Nehmerinnen von oralen Kontrazeptiva ein deutlich reduziertes Risiko von fibrozystischen Brusterkrankungen haben (25).

Fernerhin haben wir kürzlich begonnen, Wissenschaftler an das CDC zur Mitarbeit einzuladen. Einer von ihnen hat mit Sterbetafeltechniken eine faszinierende Analyse der Sterilisationsmißerfolge in Singapur durchgeführt (8), wobei er als Ergebnis fand, daß manche Sterilisationstechniken, wie z.B. die bei Kuldoskopie, eher Mißerfolge bringen als andere. Wir würden wärmstens empfehlen, daß bei einem Programm in der Entwicklung ein bestimmter Anteil an Rotation der eigenen Leute durch fremde Programme und umgekehrt eingeplant wird. Alle haben einen Vorteil von derartiger Flexibilität.

Ein Großteil unserer Ziele hat zu tun mit der Eliminierung von Mortalität als Folge von Schwangerschaftsunterbrechung, Kontrazeption und Sterilisation. Deshalb besteht unsere Arbeit zu einem größeren Anteil aus der Überwachung von Todesfällen, die mit diesen Dingen in Beziehung stehen. Bei den Schwangerschaftsunterbrechungen hat sich die Überwachung als relativ einfach herausgestellt. Schwangerschaftsunterbrechung hat ihre eigenen ICDA-Schlüssel, und wenn die Schwangerschaftsunterbrechung bei einem Todesfall mit eine Rolle spielt, wird sie gewöhnlicherweise auf dem Totenschein mitgecodet. Seit 1972 haben wir schätzungsweise über 90% der Todesfälle wegen Schwangerschaftsunterbrechung identifizieren können. In Fällen, in denen eine Schwangerschaftsunterbrechung mit dem Tod in Beziehung gesetzt wird, erhalten wir eine Kopie des Totenscheins auf dem Routineweg, und nach der sich anschließenden epidemiologischen Untersuchung formulieren wir eine Kurzdarstellung der Ereigniskette, die zum Tod der Frau geführt hat.

Diese Daten werden gewöhnlich auf einem von 4 Wegen analysiert. Wenn es so aussieht, als ob ungewöhnliche Umstände bei dem Tod vorhanden waren, führen wir eine Felduntersuchung durch. Eine solche Untersuchung behandelte einen Todesfall, der in Arkansas stattfand und führte uns zurück zu einem Krankenhaus in New York City, wo die Schwangerschaftsunterbrechung durchgeführt worden war (1). Die Untersuchung führte ferne zu einem Cluster von Infektionen bei Frauen, die Schwangerschaftsunterbrechungen mit Kochsalzlösung in einem bestimmten Krankenhaus bekommen hatten. Unsere Untersuchung deckte auf, daß dieses Cluster von Infektion und Tod daraus resultierte, daß der Chirurg den Standard aseptischer Technik nicht einhalten konnte. Diese Fehler in der Technik wurden korrigiert und die Epidemie hörte auf.

Als einen zweiten Ansatz verfolgen wir nun diese Todesfälle mit Experten von verschiedenen klinischen Fachrichtungen und schauen dabei systematisch nach vermeidbaren Faktoren.

Zusätzlich analysieren wir periodisch bestimmte Gesichtspunkte, die mit diesen Todesfällen verknüpft sind. Zum Beispiel haben wir herausgefunden, daß Frauen, die Schwangerschaftsunterbrechungen im zweiten Trimester nach der Methode der Dilatation und Ausräumung haben, nur etwa die halbe Todesrate aufweisen im Vergleich zu Frauen, die Schwangerschaftsunterbrechungen nach Instillationsverfahren haben (10 gegen 20 auf 100.000) (5). Dies bestätigte ein früheres Ergebnis des Gemeinsamen Programms zur Studie von Schwangerschaftsunterbrechungen, daß Frauen, die Schwangerschaftsunterbrechungen nach der Dilatations- und Ausräumungsmethode haben, weniger Morbidität aufweisen als solche, die nach der Instillationsmethode behandelt wurden (12). Durch die Analyse von Todesfällen nach septischen Spontan-Aborten, die wir ebenso kontrollieren, waren wir in der Lage, unsere früheren Ergebnisse bezüglich des Dalkon-Shields zu bestätigen; nämlich daß Frauen, die ein solches Shield tragen, eine größere Wahrscheinlichkeit haben, an septischen Spontan-Aborten zu sterben als Frauen, die andere Arten von IUDs tragen (6). Des weiteren haben wir die falsche Anwendung von Lokalanästhetika für die Parazervikalblockade - überwiegend eine größere als die empfohlene Dosis - als eine vermeidbare Todesursache identifiziert (14).

Die von Jahr zu Jahr fortgesetzte Überwachung machte es uns schließlich möglich, Trends der mit Schwangerschaftsunterbrechungen in Bezug stehenden Todesfälle zu analysieren. Dies ist ein nützlicher Ansatz zur Beurteilung der Auswirkungen unserer Forschungsarbeit. Wir haben gesehen, daß mit dem Steigen legaler Schwangerschaftsunterbrechungen die Anzahl der Todesfälle von illegalen Schwangerschaftsunterbrechungen zurückging und die Todesraten von legalen Schwangerschaftsunterbrechungen sanken. Schließlich hat uns die Überwachung der Todesfälle ermöglicht, die außerordentlich gefährlichen Verfahrensweisen wie z.B. die "Superspirale" (2) zu erkennen und die Daten zu sammeln, die notwendig sind, um die weitverbreitete Anwendung solcher Verfahren zu verhindern oder zumindest zu reduzieren.

Wir empfehlen wärmstens, in ein Programm, das sich mit der Überwachung der Fertilitätskontrolle beschäftigen will, auch die Überwachung von Todesfällen aufzunehmen. Wir hatten große Schwierigkeiten bei der Einrichtung der Überwachung von Todesfällen im Bezug zu IUDs, zu oralen Kontrazeptiva und zu operativen Sterilisationen, da diese Methoden der Fertilitätskontrolle im allgemeinen auf dem Totenschein nicht dokumentiert werden. Vielleicht ist in anderen Ländern eine solche Überwachung leichter.

Heutzutage erlaubt uns unsere relativ große Kapazität und unsere stabile Personalsituation ein beachtliches Maß an Flexibilität im raschen Erstellen von Überwachungssystemen mit schnellem Durchsatz. Mit solchen Überwachungssystemen kann man Veränderungen in der medizinischen Praxis oder die Sicherheit von Verfahren verfolgen, wie sie sich als Ergebnis eines Wechsels in der Bundes-Gesetzgebung entwickeln. Zur Zeit beschäftigen wir uns damit zu verfolgen, welche Wirkung die Entscheidung der Regierung der Vereinigten Staaten hatte, die Finanzierung von Schwangerschaftsunterbrechungen über Medicaid zu beenden. Innerhalb eines Zeitraumes von zwei Monaten haben wir ein System zur Überwachung von Morbidität und Mortalität der Schwangerschaftsunterbrechung in 18 größeren Krankenhauszentren in den Vereinigten Staaten installiert. Wir werden diese Daten so rasch auswerten, daß wir Trends der Morbidität der Schwangerschaftsunterbrechung auf Wochenbasis erstellen können.

Außerdem sind wir überzeugt davon, daß wir als verantwortliche Wissenschaftler eine Verpflichtung haben, unsere Ergebnisse so rasch wie möglich an die bedeutendsten Entscheidungsträger auf dem Gebiet der Familienplanung heranzutragen. Zum Beispiel nehmen Leute aus unserem Seniorstab teil an der WHO Task Force on Hormonal Contraception, an dem International Planned Parenthood Federation Central Medical Committee, am National Medical Committee of Planned Parenthood in the United States, an der National Abortion Federation und am Obstetrics and Gynecology Advisory Committee of the Bureau of Drugs of the Food and Drug Administration. Über diese und andere Kontakte sind wir in der Lage, unsere Ergebnisse rasch unter die Leute zu bringen. Außerdem können wir dadurch, und das ist vielleicht noch wichtiger, unserer Organisation die hauptsächlichen Anliegen dieser wichtigen Gruppen nahebringen und so zur Entscheidung darüber beitragen, welche Probleme weitere Forschungsarbeit erfordern.

Durch unsere Größe und Flexibilität gewinnen die erfahrenen Leute von uns Zeit zur Analyse der wichtigsten Probleme auf dem Gebiet der Fertilitätskontrolle. Wir haben 2 Ansätze verwendet: Literaturübersichten und Computer-Modellrechnungen. Wir haben kürzlich Übersichtsarbeiten fertiggestellt über IUD und entzündliche Krankheiten der Organe im kleinen Becken (26), über die Auswirkung der Schwangerschaftsunterbrechung auf die Gesundheit von Frauen in den Vereinigten Staaten (33), über Brustkrankheiten und orale Kontrazeption (27) und über Herzinfarkt und orale Kontrazeption (28). Diese Übersichtsarbeiten liefern dem Kliniker die neueste Information über Fertilitätskontrolle in einer kurzen und präzisen Form. Wenn man die Zeit betrachtet, die nötig ist zur Literatursuche und zum Vergleichen der verschiedenen Berichte in dieser Art von Übersichtsarbeit, dann ist es unwahrscheinlich, daß der Kliniker die Zeit hätte, sich so eine komplette Übersicht selbst zu verschaffen.

Wir haben versucht, die drei Ziele unserer Abteilung über ein computerisiertes Modell zu verbinden. Dieses Modell schätzt die Auswirkung verschiedener Strategien der Fertilitätskontrolle auf

1. den Erfolg eines Individuums im Erreichen einer vorher ausgesuchten gewünschten Familiengröße
2. die Inzidenz von induzierten Aborten zur Beendigung ungeplanter Schwangerschaften und
3. Mortalität, die mit Reproduktion und Fertilitätskontrolle assoziiert ist.

Zum Beispiel ergibt eine solche Schätzung, daß von 10.000 Frauen, die den ersten Geschlechtsverkehr mit 15 Jahren haben, die 'Pille' zur Intervall-Kontrazeption benutzen, die 2 Kinder haben wollen, die Schwangerschaftsunterbrechung bei Versagen der Kontrazeption benutzen und sich im Alter von 35 Jahren operativ sterilisieren lassen, 99,1% ihre gewünschte Familiengröße erreichen werden, daß 6,8% dieser Frauen aufgrund einer Schwangerschaft oder wegen Gründen aus dem Bereich der Fertilitätskontrolle sterben werden, daß 43% zumindest eine Schwangerschaftsunterbrechung und 14% mehr als eine Schwangerschaftsunterbrechung haben werden.

Wir haben nun insgesamt unsere Ziele definiert, wir haben gesagt, wer wir sind, wie wir ausgebildet werden, und wir haben die sechs wichtigsten Ansätze bei unserer Arbeit geschildert. Ich habe versucht, den Wert jedes dieser Ansätze darzustellen, und würde jedem, der ein Programm zur Beurteilung von Methoden der Fertilitätskontrolle aufbaut, empfehlen, diesen Typ von Ansätzen mit in Erwägung zu ziehen, um so eine flexible und produktive Gruppe aufzubauen.

Literatur

1. Berger, G.S.; Gibson J.J.; Harvey, R.P. et al.: One death and a cluster of febrile complications related to saline abortions. Obstet Gynecol 41(1973)121-126

2. Berger, G.S.; Bourne, J.P.; Tyler, C.W.jr. et al.: Termination of pregnancy by "super coils": morbidity associated with a new method of second-trimester abortion. Am J Obstet Gynecol 116 (1973)297-304

3. Bernstein, G.S.; Israel,R.; Seward, P. et al.: Clinical experience with the Cu-7 intrauterine device. Contraception 6(1972) 99-107

4. Bernstein, G.S.; Seward, P.: Daily Chlormadinone acetate as an oral contraceptive. Contraception 5(1972)369-388

5. Cates, W.jr.; Grimes, D.A.; Smith, J.C. et al.: The risk of dying from legal abortion, United States, 1972-1975. Int J Gynaecol Obstet (in press)

6. Cates, W.jr.; Ory, H.W.; Rochat, R.W. et al.: The intrauterine device and deaths from spontaneous abortion. N Engl J Med 295 (1976)1155-1159

7. Center for Disease Control: Abortion Surveillance 1975. Atlanta, Center for Disease Control, 1977

8. Cheng, M.C.E.;Wong,Y.M.; Rochat, R.W. et al.: Sterilization failures in Singapore: an examination of ligation techniques and failure rates. Stud Fam Plann 8(1977)109-115

9. Faulkner, W.L.; Ory, H.W.: Intrauterine devices and acute pelvic inflammatory disease. JAMA 235(1976)1851-1853

10. Greene, G.R.; Sartwell, P.E.: Oral contraceptive use in patients with thromboembolism following surgery, trauma, or infection. Am J Public Health 62(1972)680-685

11. Greenblatt, D.J.; Ory, H.W.; Levy, M.: Oral contraceptives and venous thromboembolic disease, surgically confirmed gallbladder disease, and breast tumours. Lancet 1973,1399-1404

12. Grimes, D.A.; Schulz, K.F.; Cates, W.jr. et al.: Midtrimester abortion by dilatation and evacuation: a safe and practical alternative. N Engl J Med 296(1977)1141-1145

13. Grimes, D.A.; Schulz, K.F., Cates, W.jr. et al.: Midtrimester abortion by intraamniotic prostaglandin: safer than saline? Obstet Gynecol 49(1977)612-616

14. Grimes, D.A.; Cates, W.jr.: Deaths from paracervical anesthesia used for first-trimester abortion. N Engl J Med 295(1976)1397-1399

15. Hepatic Branch, Armed Forces Institute of Pathology, Family Planning Evaluation Division, Center for Disease Control: Increased risk of hepatocellular adenoma in women with long-tern use of oral contraception. Morbidity and Mortality Weekly Report 26 (1977)293-294

16. Kahan, R.S.; Baker, L.D.; Freeman, M.G.: The effect of legalized abortion on morbidity resulting from criminal abortion. Am J Obstet Gynecol 121(1975)114-116

17. Kahn, H.S.; Tyler, C.W.jr.: IUD insertion practices in the United States and Puerto Rico, 1973. Fam Plann Perspect 7(1975)209-212

18. Kahn, H.S.; Tyler, C.W.jr.: IUD-related hospitalizations: United States and Puerto Rico, 1973. JAMA 234(1975)53-56

19. Kahn, H.S.; Tyler, C.W.jr.: Mortality associated with use of IUDs. JAMA 234(1975)57-59

20. Kahn, H.S.; Tyler, C.W.jr.: An association between the Dalkon shield and complicated pregnancies among women hospitalized for intrauterine contraceptive device-related disorders. Am J Obstet Gynecol 125(1976)83-86

21. Kay, C.R.: Oral contraceptives and health. The Royal College of General Practitioners, New York: Pitman 1974

22. Munson, M.L.: Wanted and unwanted births reported by mothers 15-44 years of age: United States, 1973. Hyattsville, Maryland: National Center for Health Statistics 1977

23. National Center for Health Statistics: Contraceptive utilization among currently married women 15-44 years of age: United States, 1973. Monthly Vital Statistics Report 25(1976)1-24

24. Ory, H., Boston Collaborative Drug Surveillance Program: Functional ovarian cysts and oral contraceptives. JAMA 228(1974) 68-69

25. Ory, H.W.; Cole, P.T.; MacMahon, B. et al.: Oral contraceptives and reduced risk of benign breast diseases. N Engl J Med 294 (1976)419-422

26. Ory, H.W.: A review of the association between intrauterine devices and acute pelvic inflammatory disease. Journal of Reproductive Medicine

27. Ory, H.W.: Oral contraceptive use and breast diseases. In: Garattini, S.; Berendes, H.W. (eds): Pharmacology of Steroid Contraceptive Drugs. New York: Raven Press 1977, 179-183

28. Ory, H.W.: The association of oral contraceptives and myocardial infarction: a review. JAMA 237(1977)2619-2622

29. Sartwell, P.E.; Masi, A.T.; Arthes, F.G. et al.: Thromboembolism and oral contraceptives: an epidemiologic case-control study. Am J Epidemiol 90(1969)365-380

30. Seward, P.N.; Israel, R.; Ballard, C.A.: Ectopic pregnancy and intrauterine contraception: a definite relationship. Obstet Gynecol 40(1972)214-217

31. Seward, P.N.; Ballard, C.A.; Ulene, A.L.: The effect of legal abortion on the rate of septic abortion at a large county hospital. Am J Obstet Gynecol 115(1973)335-338

32. Slaughter, L.; Ballard, C.A.: Midtrimester abortion with intramuscular injection of 15-methyl-prostaglandin F2a. Contraception 11(1975)533-540

33. Tyler, C.W.jr.; Cates, W.jr.: Legal abortion in the United States: its effect on the health of women, in: Proceedings of the Pathfinder Fund Conference on New Developments in Fertility Regulation, Airlie, 28-30 March 1976. Boston: Pathfinder Fund 1976, 143-149

34. Wright, N.H.; Laemmle, P.: Acute pelvic inflammatory disease in an indigent population. Am J Obstet Gynecol 101(1968)979-990

35. Vessey, M.: A long-term follow-up study of women using different methods of contraception - A interim report. J Bio Sc Vol.8, No.4(1976)373-427

Diskussion

FRENTZEL-BEYME: Sie haben in der umfassenden Darstellung, wie man Epidemiologie betreiben kann, auch den klinischen Epidemiologen genannt. Ich wüßte gerne, wie diese ausgewählt werden, ist das Selbst-Selektion oder werden sie ernannt? Zweitens interessiert mich die Einstellung der Kliniker gegenüber diesen zu ihnen kommenden Epidemiologen.

ORY: Die Anwerbung erfolgt über das CDC. Jedes Jahr werden 40 junge Epidemiologen aus den Bewerbungen ausgewählt. Als die USA noch Leute zum Militär einberiefen, war das Verhältnis etwa 5 Bewerber pro Stelle, da hier Ersatzdienst geleistet werden konnte. Heutzutage haben wir etwa 2 Bewerber pro Stelle. Ich weiß nicht, ob so etwas in Deutschland möglich ist, aber das ist wirklich ein ausgezeichnetes Auswahlverfahren: Jährlich 40 neue Leute, die sich für 2 Jahre verpflichten und keinerlei Risiko, weil das CDC nach dieser Zeit entscheidet, wen es weiter beschäftigen möchte.

Ein anderer Grund für das hohe Niveau des CDC-Stabs ist die Bezahlung. Ein junger Arzt, der nach Abschluß seiner Ausbildung zum CDC geht, verdient als Epidemiologe etwa 30.000 $ pro Jahr.

In den Kliniken sind die Epidemiologen im allgemeinen willkommen. Das CDC versucht nicht, anderen Leuten zu sagen, was sie tun müssen. Wir warten lieber darauf, daß man uns zum Kommen auffordert und aufgrund dieses Selektionsfaktors werden die Epidemiologen meist akzeptiert.

HARTMANN: In den letzten beiden Vorträgen haben wir eine Menge über die Vorteile von epidemiologischen Studien, besonders von 'trohoc'-Studien gehört. Ich möchte betonen, daß es meines Wissens nicht möglich ist, Hypothesen über die Wirkung von Medikamenten auf der Basis von Umfragen zu testen, da wir mit unseren Sinnen keine Zusammenhänge erfassen können. Der einzig mögliche Weg besteht meines Erachtens darin, die Natur in einem kontrollierten Experiment zu manipulieren. In einer Umfrage sagen Signifkanztests nur etwas über Bevölkerungsunterschiede aus, nicht über Wirkungen von Medikamenten. Letztere können nur als Interpretation betrachtet werden, sie können nicht bewiesen werden. Selbst wenn verschiedene Ansätze und verschiedene 'trohoc'-Studien zum selben Ergebnis führen, kann das auf einer Verzerrung basieren. Sie kennen sicher das Beispiel der 3 Männer, die alle blaue Brillen hatten und deshalb zu dem Schluß kamen, die Welt sei blau.

ÜBERLA: Das ist ein Frontalangriff.

ORY: Stimmt, aber ich mag solche Wortspiele sehr gern. Nur sind Sie sich vielleicht der Tatsache nicht bewußt, daß 'trohoc' als Umdrehung von 'cohort' in den Vereinigten Staaten eine sehr abwertende Bedeutung hat. Auf vielen Konferenzen in den Staaten haben Leute dafür plädiert mit den Schimpfwörtern aufzuhören und eine wissenschaftliche Diskussion zu führen. So haben Sie es wahrscheinlich nicht gemeint, aber wenn jemand eine Fall-Kontroll-Studie 'trohoc' nennt, dann nimmt man an, daß er sie schlecht machen will.
Ich kann empirische Beispiele für Fall-Kontroll- und für Kohortenstudien bringen, die zur Entdeckung von Zusammenhängen führten. Eine derartige Beziehung ist z.B. die zwischen Gallenblasenerkrankungen und der Pille. Diese Assoziation wurde zuerst in der Boston-Collaborative-Drug-Surveillance-Datenbank und in einer retrospektiven Studie bemerkt. Dann hat sie Dr. Kay in seiner Prospektivstudie (mit einer ganz anderen Methode und völlig anderen Leuten) gefunden. Außerdem hat Dr. Kay eine besonders genau abgegrenzte Beziehung zeigen können und zwar derart, daß die Inzidenz von Gallenblasenerkrankungen mit steigender Konsumdauer oraler Kontrazeptiva ab einem Mindestkonsum über 2 Jahre positiv assoziiert ist. Und neuerdings ist bei einer Grundlagenstudie herausgekommen, daß orale Kontrazeptiva die Zusammensetzung der Galle so verändern, daß die Steinbildung häufiger wird und zwar in genau der Weise, wie man es aus dem Tiermodell kennt. Außerdem sind natürlich viele erste Ergebnisse über positive Assoziationen (z.B. Schlaganfall, Herzinfarkt) zuerst in Fall-Kontroll-Studien entdeckt worden. Auch gegenläufige Zusammenhänge wie z.B. der Schutzeffekt oraler Kontrazeptiva bezüglich gutartiger Brustkrankhei-

ten oder bezüglich der Entwicklung von Ovarialzysten sind zuerst in Fall-Kontroll-Studien entdeckt und dann sowohl in Fall-Kontroll-Studien wie auch in den prospektiven Studien von Dr. Kay und Dr. Vessey bestätigt worden.

Wenn Sie nach Beweisen im mathematischen Sinn suchen, dann können Sie sicher keinen anderen Weg einschlagen als den des kontrollierten Experiments. Und selbst dann spielt der Zufall immer noch eine Rolle als Ergebnisinterpretation. Wenn Sie aber Entscheidungen über eine Strategie treffen müssen, wenn Sie Leuten sagen müssen, was passiert, wenn sie dieses oder jenes Medikament einnehmen, dann meine ich, daß das sorgfältige Anwenden epidemiologischer Techniken und die gewissenhafte Analyse von Verzerrung und Confounding Sie in die Lage versetzt, exakte derartige Aussagen zu treffen.

BRUSTKREBS UND ÖSTROGENTHERAPIE NACH DER MENOPAUSE IN ZWEI SENIORENGEMEINDEN BEI LOS ANGELES+)

Ronald K. Ross, Thomas M. Mack, Annlia Hill,
Veeba R. Gerkins, Herman Menck

Zusammenfassung

Aufgrund der Information über bekannte Risikofaktoren des Brustkrebs, über Tierexperimente und über Studien der Hormonspiegel in Gruppen mit hohem und niedrigem Risiko ist die Meinung weit verbreitet, daß die hypophysären und gonadalen Hormone, insbesondere Östrogen, bei der Pathogenese des Brustkrebs eine Rolle spielen. Frauen, die Östrogen nach der Menopause bekommen, tragen also möglicherweise ein Risiko für die Entwicklung von Brustkrebs. Wir berichten hier über die Methodologie für eine laufende Fall-Kontroll-Studie in zwei Seniorengemeinden im Bereich Los Angeles, die angelegt wurde, um die prozeduralen Fehler früherer Studien zu überwinden. Eine allererste grobe Analyse der Daten, basierend auf 41 Fällen und 86 Kontrollen, läßt vermuten, daß Frauen, die in der Menopause Östrogen benutzen, insgesamt kein erhöhtes Risiko einer Brustkrebsentwicklung aufweisen. Aber es zeigt sich ein sehr komplexes Bild des Risikos je nach Dosierung und Benutzungsdauer, das einen schützenden Effekt für Frauen mit niedriger kumulativer Dosis möglich erscheinen läßt, aber ebenso ein mäßig erhöhtes Risiko für Frauen mit hoher kumulativer Dosis.

Es gibt ein beachtliches Ausmaß an epidemiologischen und experimentellen Hinweisen dafür, daß das endokrine System eine bedeutende Rolle in der Ätiologie des menschlichen Brustkrebs spielt. Gleichgültig, ob die Hinweise indirekt entstanden (als Folgerung für Risikofaktoren des Brustkrebs beim Menschen oder für Tumorproduktion der Mammae aus Tiermodellen) oder mehr direkt aus Studien der Hormonspiegel in Bevölkerungsgruppen hohen und niedrigen Risikos zustandekamen, die Schlußfolgerungen waren gleich: Das Brustkrebsrisiko steht in Beziehung zu den Hormonen der hypophysär-gonadalen Achse. Es gibt vereinzelte Berichte in der Literatur, die vermuten lassen, daß mehrere Hormone involviert sein könnten. Sherman and Korenman an der University of Iowa haben behauptet, daß die unzureichende Sekretion von

---

+) Diese Studie wurde unterstützt durch Contract No. NO-CP-53500, Grant No. PO-ICA 17054-01 u.Grant No.CA 14089-03 des Nat.Cancer Inst.

Gelbkörperhormon ein Faktor sein könnte (40). Einige Gruppen haben gefunden, daß Brustkrebsfälle erniedrigte Werte von Androgenen oder Androgen-Metaboliten aufweisen (gemessen über die 17-Ketosteroid-Werte im Urin und Plasma Dehydro-epi-androsteron- und Dehydro-epi-androsteronsulfat-Werte) im Vergleich zu Kontrollfällen (4,36). Andere haben berichtet, daß bei den Töchtern von Brustkrebsfällen der Prolaktinserumspiegel erhöht ist im Vergleich zu den Töchtern von Kontrollfällen (14,23). Hohe Raten von Brustkrebs sind berichtet und bestätigt worden bei Frauen mit einer Unterfunktion der Schilddrüse (2,22). Was immer die Rolle der anderen Hormone sein mag, die überwiegende Mehrzahl der Evidenz aus diesen Daten impliziert, daß Östrogene in der Pathogenese der Krankheit beteiligt sind (9,14,41).

Im folgenden werden die epidemiologischen Hinweise für diese Bedeutung der Östrogene beschrieben, einschließlich abgeschlossener Studien über Östrogensubstitution in der Menopause. Schließlich geben wir eine Kurzbeschreibung und teilen vorläufige Ergebnisse mit über eine Fall-Kontroll-Studie, die wir gerade in 2 Seniorengemeinden südlich von Los Angeles durchführen. Thema der Studie sind Östrogene in der Menopause und Brustkrebs.

TABELLE 1: BEKANNTE RISIKOFAKTOREN DES WEIBLICHEN BRUSTKREBSES IN DEN VEREINIGTEN STAATEN

RISIKOFAKTOR	VERGLEICHSGRUPPEN [1]	RELATIVES RISIKO	LITERATURSTELLE
ALTER	65 - 74 JAHRE GEGEN 45 - 54 JAHRE (NUR WEISSE)	1,4	CANCER SURVEILLANCE PROGRAM, L.A. COUNTY (29)
SOZIOÖKONOMISCHE SCHICHT	HÖCHSTE SCHICHT GEGEN NIEDRIGSTE SCHICHT (NUR WEISSE)	1,7	CANCER SURVEILLANCE PROGRAM, L.A. COUNTY (29)
RASSE	WEISSE MIT NICHT-SPANISCHEM FAMILIENNAMEN GEGEN SCHWARZE	1,2	CANCER SURVEILLANCE PROGRAM, L.A. COUNTY (29)
ALTER BEI MENARCHE	<13 GEGEN ≥13	1,6	HENDERSON ET AL. (16)
ALTER BEI MENOPAUSE	≥50 GEGEN <40	1,9	STAVRAKY AND EMMONS (43)
ART DER MENOPAUSE	NATÜRLICH GEGEN KÜNSTLICH	1,7	MACMAHON ET AL (31)
FAMILIENSTAND	NIE VERHEIRATET GEGEN DERZEIT VERHEIRATET (NUR WEISSE)	1,1	CANCER SURVEILLANCE PROGRAM, L.A. COUNTY (29)
ALTER BEI 1.GEBURT	≥25 GEGEN <25	1,8	HENDERSON ET AL. (16)
PARITÄT	KEINE GEBURTEN GEGEN 4 UND MEHR	1,8	CRAIG ET AL. (7)
FRÜHERE GUTARTIGE BRUSTERKRANKUNGEN	CHRONISCHE MASTITIS, JA GEGEN NEIN	2,5	MONSON ET AL. (33)
BRUSTKREBS IN DER FAMILIENANAMNESE	VERWANDTE 1.GRADES, JA GEGEN NEIN	3,4	HENDERSON ET AL. (16)
KÖRPEROBERFLÄCHE	$>1{,}98\ M^2$ GEGEN $<1{,}64\ M^2$	3,8	DE WAARD (44)
ANWENDUNG EXOGENER ÖSTROGENE	JEMALS ANWENDUNG KONJUGIERTER ÖSTROGENE GEGEN BEVÖLKERUNG ALLGEMEIN	1,3	HOOVER ET AL. (21)

[1] DIE VERGLEICHSGRUPPEN WURDEN WILLKÜRLICH GEWÄHLT. WO MÖGLICH WURDEN DATEN VON STUDIEN IM GEBIET VON LOS ANGELES VERWENDET.

Die erste Tabelle enthält einige der Faktoren, die zu wiederholten Malen mit einem Brustkrebsrisiko in Verbindung gebracht worden sind. Einige dieser Ereignisse, wie z.B. frühe Menarche, niedrige Parität, späte erste ausgetragene Schwangerschaft und verzögerte Menopause lassen ganz deutlich vermuten, daß eine Beeinflussung über die Hypophysen- oder Ovarialhormone zugrunde liegt. Des weiteren können einige der restlichen Ereignisse in manchen Fällen vielleicht indirekt der endokrinen Funktion zugeschrieben werden. Zum Beispiel sind die Brustkrebsraten bei Negerinnen in Los Angeles um 25% niedriger als bei Weißen.

TABELLE 2: ALTERSSTANDARDISIERTE BRUSTKREBSARTEN NACH RASSEN, KREIS LOS ANGELES, 1972 - 1975

RASSE	RATE / 10^5 †
SCHWARZ	79,20
MEXIKANISCH-AMERIKANISCH - IN MEXIKO GEBOREN	38,28
MEXIKANISCH-AMERIKANISCH - ANDERSWO GEBOREN	84,49
SONSTIGE WEISSE	95,50

†ALTERSSTANDARDISIERT AUF DIE U.S. STANDARDMILLION VON 1970

Eine vorläufige Analyse der Daten läßt vermuten, daß dieser Unterschied weitgehend auf Unterschiede in der sozialen Schicht zwischen den Rassen zurückzuführen ist (29).

TABELLE 3: ALTERSSTANDARDISIERTE BRUSTKREBSRATEN NACH SOZIALER SCHICHT, KREIS LOS ANGELES, 1972 - 1975

SOZIALE SCHICHT †	RATE / 10^5 ††
I	131,08
II	113,72
III	94,38
IV	80,58
V	76,06

† SOZIALE SCHICHT I IST DIE HÖCHSTE, SOZIALE SCHICHT V DIE NIEDRIGSTE SCHICHT, BESTIMMUNG DURCH CENSUS TRACT DATA NACH DEM 2-FAKTOREN-HOLLINGSHEAD-INDEX (S. HENDERSON ET AL: AMER J EPIDEM 101: 477 - 488, 1975)

†† ALTERSSTANDARDISIERT AUF DIE U.S.STANDARDMILLION VON 1970

Unterschiede in der sozialen Schicht können nun wiederum von Ereignissen der Reproduktion abhängen wie zum Beispiel Alter bei 1. Geburt. Wir haben kürzlich Anzeichen dafür gefunden, daß Mütter und Schwestern von Brustkrebsfällen eine frühe Menarche haben sowie niedrige Parität und eine späte erste Schwangerschaft, gerade so wie die Fälle selbst, was zu der Vermutung Anlaß gibt, daß sogar das Familien-Risiko von Brustkrebs von der endokrinen Funktion abhängig sein könnte (14,16). Schließlich wurde gezeigt, daß Östron, das in den peripheren Fettzellen aus dem adrenalen Androgen-Androstendion gebildet wird, eine bedeutende Quelle von Östrogen für Frauen nach der Menopause darstellt. Es bietet sich an, daraus einen Östrogenmechanismus als Ursache für das Risiko, das in Beziehung zu Übergewicht gesetzt wird, abzuleiten (41). Diese indirekten Anzeichen wurden unterstützt durch mehr direkte Hinweise für eine Östrogenbeteiligung in der Brustkrebsentwicklung, und zwar Hinweise sowohl aus Tierexperimenten als auch aus epidemiologischen Studien des Menschen. Fast 40 Jahre sind vergangen, seit Östrogene zuerst nachgewiesen wurden als Faktoren, die maligne Mammatumoren bei Mäusen verursachen oder zu diesen beitragen (24,28). Seit dieser Zeit wurde sowohl für Östron wie auch für Östradiol, die zwei bedeutendsten Östrogenfraktionen mit wachstumsfördernder Kapazität beim Menschen (41), gezeigt, daß sie die Inzidenz von Mammatumoren steigern, und zwar, wie es scheint, unabhängig von dem Modus der Verabreichung (34,45). Tatsächlich können Östrogene Tumoren in verschiedenen hormonabhängigen Organen im Tiermodell von der Variationsbreite 'Hund' bis 'Meerschweinchen' produzieren (19). Zusätzlich bietet die Oophorektomie bei Mäusen und Ratten eine Schutzwirkung gegenüber dem Auftreten von Brustkrebs (39). Mehrere Bedingungen erscheinen nötig, damit exogene Östrogene im Tierexperiment Tumoren produzieren können, und diese Bedingungen treffen möglicherweise auch auf den Menschen zu:

a) Genetische Empfänglichkeit ist eine bedeutende Voraussetzung, da sowohl extrem anfällige wie auch höchst unempfindliche Tierarten identifiziert wurden,
b) eine lange Benutzungsdauer ist notwendig und
c) Alter bei erster Benutzung modifiziert das Risiko (19).

Direkte Vergleiche der Östrogenspiegel zwischen Brustkrebsfällen und Kontrollfällen haben sich widersprechende Ergebnisse gebracht und sind schwierig zu unterpretieren, da das Vorhandensein des Krebses selbst die Hormonspiegel verändern könnte. Zusätzlich könnte irgendein Hormonmuster, das für die Krankheit verantwortlich ist, der Krankheit um Jahre voraus sein. Schließlich wurden Aspekte des Menstruationszyklus und der Reproduktion, die sowohl die Hormonspiegel als auch das Brustkrebsrisiko beeinflussen könnten, selten in der Analyse der Daten dieser Studien berücksichtigt.

Zwei neue Ansätze bezüglich dieser Fragestellung haben zusätzliches unterstützendes Material erbracht. Um das Confounding zwischen Wirkungen der Schwangerschaft und Östrogengabe auf das zugrunde liegende Hormonumfeld zu vermeiden, und um das Familien-Risiko für Brustkrebs auszunutzen, hat unsere Studiengruppe Östrogenspiegel im Plasma und im Urin bei Teenage-Töchtern von Brustkrebsfällen und bei dazu gematchten Kontrollen untersucht (16). Obwohl sich zwischen den beiden Gruppen im Zyklusverhalten und in den physischen Merkmalen kaum Unterschiede zeigten, ergab sich eine statistisch signifikante Erhöhung der durchschnittlichen Gesamtöstrogenwerte in der Gelbkörper-Phase bei den Töchtern der Fälle ($p < 0,05$). Der durchschnittliche Gesamtöstrogenwert in der Follikel-Phase war auch erhöht, aber nicht in signifikantem Ausmaß (obwohl 11 von 35 Fällen verglichen zu 3 von 31 Kontrollen Werte in der Follikelphase von über 10 ng per 100 ml hatten ($p = 0,07$)).

TABELLE 4 : GEOMETRISCHE MITTEL DER ÖSTROGEN-TITER BEI TÖCHTERN VON BRUSTKREBS-PATIENTINNEN UND VON KONTROLLEN *

HORMONE **	ZYKLUSTAG	PATIENTEN	KONTROLLEN	% UNTERSCHIED
ÖSTRON (E_1)	6	4.22(35)†	3.88(31)	8.8
ÖSTRADIOL (E_2)	6	4.27(35)	3.65(31)	17.0
GESAMT $E_1 + E_2$	6	8.63(35)	7.65(31)	12.8
ÖSTRON	22	8.93(36)	7.55(36)	18.3
ÖSTRADIOL	22	14.95(36)	11.00(36)	35.9 ††
GESAMT $E_1 + E_2$	22	24.38(36)	19.13(36)	27.4 ††

* AUS HENDERSON ET AL, NEW ENGL J MED 293:790-795, 1975.

** DIE EINHEITEN SIND NG/100 ML

† FALLZAHL (MÄDCHEN)

†† SIGNIFIKANTER UNTERSCHIED AUF DEM NIVEAU '<5%' NACH DEM MANN-WHITNEY-U-TEST.

Diese Studie wird nunmehr wiederholt für Töchter von zweiseitigen Brustkrebsfällen, also einer noch höheren Risikogruppe, und vorläufige Resultate lassen vermuten, daß diese auch eine deutliche Erhöhung in den Niveaus verschiedener Hypophysen- bzw. Ovarial-Hormone haben (15).

Der zweite Ansatz, der sich aus der 1966er Studie von Lemon u.a. ergab, zeigte, daß Frauen mit Brustkrebs eine erniedrigte Östriolausscheidung im Urin hatten (27). Mit dem zusätzlichen Wissen, daß Östriol physiologisch eine schwache Östrogenfraktion ist (26), und der Entdeckung, daß es mit den potenteren Fraktionen Östron und Östradiol an den Bindestellen und im Gewebe der Brust konkurriert (3), wurde die "Östriolverhältnis-Hypothese" formuliert. Diese besagt, daß das Risiko von Brustkrebs abhängig ist von der Produktionsrate von Östriol relativ zu Östron + Östradiol (je niedriger das Verhältnis, desto höher das Risiko). Die Hypothese gewann an Attraktivität, als McMahon u.a. berichteten, daß weiße amerikanische Frauen mit hohem Risiko niedrigere Östriolraten im Urin haben als asiatische Frauen der niedrigen Risikogruppe, während asiatische Frauen in Hawai, eine dazwischen liegende Risikogruppe, dazwischen liegende Verhältniszahlen aufweisen (32). Trotzdem haben einige neuere Ergebnisse die Glaubwürdigkeit der Östriolhypothese als Mittel der Erklärung internationaler Unterschiede in Brustkrebsraten vermindert.

1. Die niedrigeren Östriolanteile bei Weißen im Vergleich zu Japanerinnen in McMahon's Studie kamen hauptsächlich wegen Unterschieden in Östron und Östradiol zustande, während die Östriolwerte im Urin recht ähnlich waren.
2. Die Spiegel an zirkulierendem Östriol sind extrem niedrig und könnten eine minimale Auswirkung auf die Verfügbarkeit von Östrogen-Binde-Stellen haben (37). Schließlich waren in unserer Studie der Töchter von Brustkrebsfällen die Östriolanteile der Töchter der Kontrollen tatsächlich leicht erhöht gegenüber denen der Töchter von Fällen.

Dieser beträchtliche Datenbestand stützt die Vermutung, daß Östrogene in der Pathogenese des menschlichen Brustkrebs eine Rolle spielen. Außerdem wissen wir schon, daß exogene Östrogene in enger Verbindung stehen mit verschiedenen Typen menschlicher Tumoren: Diaethylstilbestrol und hellzellige Adenocarcinome der Vagina (18), orale Kontrazeptiva und Leberadenome sowie Östrogene in der Menopause und Adenocarcinome des Endometrium (10). Daraus ergibt sich ganz natürlich, daß eine direkte Beziehung zwischen Östrogenen in der Menopause und Brustkrebs existieren könnte. Demgegenüber hat eine beachtliche

Anzahl von Studien eine inverse Assoziation berichtet, d.h. daß diese Medikamente eine beträchtliche Schutzwirkung ausüben (5,11,17,25, 35,38,46).

Die Prüfung der detaillierten Ergebnisse dieser Studien zeigt viele Probleme der Interpretation auf. Ein breiter Schutzeffekt für andere gynäkologische Krebse wurde ebenso gefunden, ein Ergebnis, das im höchsten Grade fraglich erscheint unter Berücksichtigung der starken Assoziation dieser Medikamente mit Endometriumkarzinom. Dosierung, Länge des Konsums und Art der Verwendung wurden nicht systematisch ausgewertet. Das follow-up war in einigen Studien kurz und in allen von fraglicher Qualität. Schließlich beachtete keine der Studien die Interaktion zwischen Östrogengaben in der Menopause und anderen Risikofaktoren für Brustkrebs.

Im Jahr 1973 berichteten wir selbst, daß Östrogene in der Menopause gegen nachfolgende Brustkrebsentwicklung schützen könnten (16). Aber eine darauffolgende Studie, die wir auch durchführten, zeigte ein mäßiges Zusatzrisiko (RR = 2,2) und führte zu einer Reanalyse beider Datenbestände. Nachdem wir, so gut wie wir konnten, für das Alter bei Menopause adjustiert hatten - es bestand eine positive Assoziation mit Brustkrebsrisiko, aber eine negative mit der Benutzung exogener Östrogene -, fanden wir keinerlei Effekt in dem kombinierten Datenmaterial (6).

Neuere Ergebnisse von Hoover u.a. zeigten ein mäßig hohes Risiko (RR = 2,7) im Vergleich zur Gesamtbevölkerung bei Frauen, die relativ hohe Dosen von konjugierten Östrogenen benutzen ($>$ 0,625 mg Premarin) und über 10 Jahre nachverfolgt wurden (21). In den letzten paar Jahren haben verschiedene auf der Bevölkerung aufgebaute Register steigende Brustkrebsraten in Nordamerika in den 60er und 70er Jahren berichtet. Diese Fakten haben zusammen mit dem zunehmend starken Konsum konjugierter und anderer Östrogene in der Menopause in den Vereinigten Staaten während der letzten 15 Jahre die Notwendigkeit für weitere epidemiologische Untersuchung dieses möglicherweise enormen Problems betont. (Abbildung 1)

Die Deckung dieses Bedarfs wird aber nicht nur durch die vorher diskutierten methodologischen Schwierigkeiten beim Durchführen so einer Studie erschwert, sondern auch durch das Vorliegen von zwei anderen Problemen, die gesonderte Beachtung verdienen.

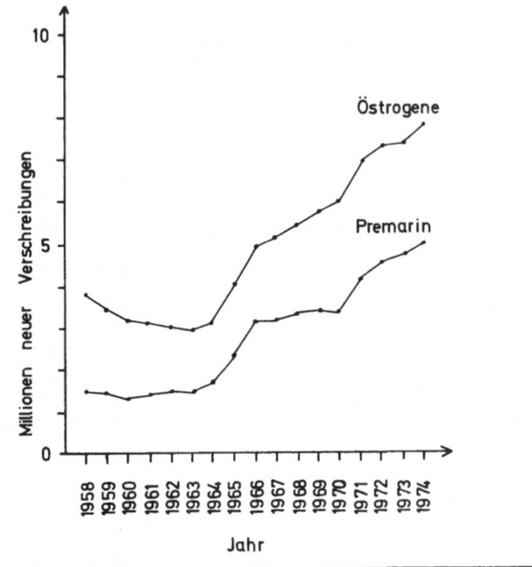

ABB.1 : EXOGENE ÖSTROGENE
GESCHÄTZTE ANZAHL NEUER VERSCHREIBUNGEN
IN MILLIONEN PRO JAHR*

* DIE DATEN ÜBER EXOGENE ÖSTROGENE WURDEN FREUNDLICHERWEISE VON DER IMS AMERICA LTD. IM JULI 1975 ZUR VERFÜGUNG GESTELLT

1. Obwohl exogene Östrogene seit nahezu 40 Jahren verfügbar sind (12), begann die weitverbreitete Benutzung in den Vereinigten Staaten erst in den frühen 60er Jahren. Wenn man eine Latenzperiode von mindestens 10 Jahren zwischen Exposition und Krankheit rechnet, könnten wir jetzt gerade in die Jahre kommen, in denen ein Effekt dieser Hormone auf die Inzidenzraten von Brustkrebs beobachtet werden könnte.

2. Im Gegensatz zu den außerordentlichen Risikoraten, die in einigen Fall-Kontroll-Studien in den Vereinigten Staaten über Endometriumcarcinom und Östrogene in der Menopause beobachtet wurden (19,47), lassen alle derzeitigen Indikatoren vermuten, daß die Verhältniszahlen für Brustkrebsrisiko insgesamt in einer wesentlich kleineren Größenordnung liegen werden. Zwar wird es dadurch umso wichtiger, mögliche Faktoren des confounding zu identifizieren, die Alternativerklärungen für die beobachtete Assoziation liefern könnten. Trotzdem könnte aber selbst eine Risikorelation niederer Ordnung ein beachtliches zuzumessendes Risiko darstellen, bedenkt man die hohe Inzidenz der Krankheit und die hohe Prävalenz der Exposition in vielen Gebieten der Vereinigten Staaten (30,42).

Deshalb führen wir derzeit eine Fall-Kontroll-Studie in zwei gutsituierten Seniorengemeinden im Gebiet von Los Angeles durch. Diese Gemeinden sind in den demografischen Merkmalen ähnlich: Die Bewohner sind in beiden fast ausschließlich weiß, gebildet und wohlhabend. Da bei Eintritt in die Gemeinde ein Familienmitglied 52 Jahre oder älter sein muß, ist das mittlere Alter dieser Bevölkerung recht hoch und über 60% der Bewohner jeder Gemeinde sind Frauen. Etwa 85% der Bewohner benutzen die eine zur Verfügung stehende Ambulanz und Apotheke innerhalb der Gemeinde.

Wir haben neu auftretende Krebsfälle in der größeren Gemeinde mit 20.000 Bewohnern seit 1971 verfolgt und zwar über die laufende Einsammlung der Pathologieberichte von allen Krankenhäusern der Region. Da die Gemeinde an den Kreis Los Angeles angrenzt, werden jedes Jahr einige weitere Fälle durch unser umfassendes 'Cancer Surveillance Program' (CSP) ermittelt. CSP ist ein aktives Überwachungssystem zur Entdeckung neu auftretender Krebsfälle in allen Krankenhäusern des Kreises Los Angeles (20). Die Fallentdeckung in der kleineren Gemeinde wurde retrospektiv durchgeführt, aber Kontrollen der Fallsammlungsmethode mittels des CSP haben erkennen lassen, daß die Fallsammlung auch in dieser Gemeinde praktisch vollständig war.

Die untersuchte Gruppe besteht aus 145 Fällen, die zum Zeitpunkt der Diagnose unter 75 Jahre alt waren, die derzeit am Leben sind, in der Gemeinde leben und vor dem Beginn der Überwachungsperiode keinen Brustkrebs hatten. Die Altersbegrenzung wurde eingeführt wegen des Wunsches, genaue und detaillierte Berichterstattung über die Menopause zu bekommen, und um die Effizienz der Studie im Entdecken solcher Langzeit-Östrogenbenutzer zu steigern, die die Medikamente seit oder ungefähr seit der Menopause verwendet haben. Zwei Kontrollen, die systematisch aus einer kompletten Liste der Gemeindeeinwohner gezogen wurden, wurden zu jedem Fall gematcht nach Alter ($\pm$ 1 Jahr), nach Zuzug in die Gemeinde ($\pm$ 1 Jahr), nach Rasse und nach Familienstand (in den Kategorien "jemals" oder "nie" verheiratet). Wegen der Homogenität der Gemeinde in der sozialen Schicht erreichte man tatsächlich ein zusätzliches matching auf dieser Variablen. Östrogen- und andere Medikamenten-Anamnesen werden über drei voneinander unabhängige Quellen gesammelt:

1. Persönliche Interviews durch eine in Epidemiologie ausgebildete Krankenschwester
2. Auszüge aus dem Krankenblatt durch einen in Epidemiologie ausgebildeten Arzt und

3. vorab gemachte Auszüge aus den Apothekenlisten für alle Östrogenrezepte, die von 1965-75 in der Hauptapotheke der größeren Gemeinde ausgestellt wurden.

Wir haben es nicht für möglich gehalten, den Interviewer oder die Person, die die Auszüge macht, in Form einer Blindstudie darüber im unklaren zu lassen, ob es sich um einen Fall oder eine Kontrollperson handelt. Trotzdem hoffen wir, daß eine Verzerrung wegen Brustkrebssymptomen bei den Fällen minimal sein wird, und zwar zum einen wegen der Benutzung verschiedener Datenquellen und zum anderen, weil beim Herausziehen der Daten alle Hinweise auf erstmalige Hormonbenutzung in den 4 Monaten vor Diagnose sorgfältig ausgeschlossen wurden.

TABELLE 5: EINIGE VORZÜGE DER LOS ANGELES-SENIORENGEMEINDEN FÜR DIE UNTERSUCHUNG VON ÖSTROGEN IN DER MENOPAUSE UND BRUSTKREBS [1]

(1) GEMEINDEN MIT HOHEM RISIKO (BRUSTKREBSRATE ÜBER EINEM ALTER VON 65 JAHREN = $300/10^5$/JAHR).

(2) HÄUFIGE ÖSTROGENANWENDUNG (UNGEFÄHR 50% VON GESAMT LAUT FRÜHEREN UMFRAGEN; 85% VON GESAMT SIND KONJUGIERTE ÖSTROGENE).

(3) VOLLSTÄNDIGE KREBSÜBERWACHUNG IN EINER GESCHLOSSENEN GEMEINDE SEIT 1971.

(4) HOMOGENE OBERSCHICHT-GEMEINDE.

(5) LEICHTER ZUGANG ZU NACH ALTER GEMATCHTEN KONTROLLEN IN DER GEMEINDE.

(6) AUSFÜHRLICHE ANGABEN ÜBER ZYKLUSVERHALTEN, SCHWANGERSCHAFTEN UND GEBURTEN SOWIE ANDERE BEKANNTE RISIKOFAKTOREN FÜR BRUSTKREBS.

(7) MULTIPLE DATENQUELLEN, INCL. APOTHEKENAUFZEICHNUNGEN DER ÖSTROGENVERSCHREIBUNGEN.

(8) HOHE MOTIVATION UND KOOPERATIONSBEREITSCHAFT VON ÄRZTEN, VERWALTUNGSBEAMTEN UND EINWOHNERN DER GEMEINDE.

---

[1] AUS ROSS ET AL: BREAST CANCER AND MENOPAUSAL ESTROGENS. VORGETRAGEN BEI ESTROGEN AND CANCER, A SYMPOSIUM OF THE COLORADO REGIONAL CANCER CENTER, DENVER, COLORADO, 1977 (IM DRUCK).

In Tabelle 5 sind einige der Vorteile aufgezählt, die sich aus der Untersuchung dieser Seniorengemeinden bei Los Angeles für die Analyse eines Zusammenhangs zwischen Östrogenen in der Menopause und anschließender Brustkrebs-Entwicklung ergeben. 1.) Da sowohl der Östrogenkonsum wie auch die Krankheit in diesen Gemeinden sehr häufig sind, handelt es sich hier um eine sehr effiziente Bevölkerungsselektion für die Entdeckung eines Zusammenhangs. 2.) Wir können die Zyklus-Anamnese und die Anamnese über das Reproduktionsverhalten detailliert erheben und später nach diesen Variablen standardisieren. 3.) Die

Homogenität der Gemeinde in der sozialen Schicht und die problemlose Verfügbarkeit nach Alter und Rasse passender Kontrollfälle in der Gemeinde halten das Confounding bezüglich dieser wichtigen Variablen minimal. 4.) Wir wissen aus früheren Erhebungen, daß die Verweigerungsraten in dieser Bevölkerung eher niedrig sind, da die Gemeinde-Einwohner offensichtlich gesundheitsbewußt und zur Teilnahme an medizinischer Forschung stark motiviert sind. 5.) Die Östrogen-Information stammt aus verschiedenen Quellen, die alle genaue Angaben über Dosierung, Dauer des Konsums und Art der Applikation ergeben.

Wir sind nun mit dem Anfertigen der Exzerpte und dem Interviewen in der kleineren Gemeinde fast fertig. Obwohl es im allgemeinen nicht unsere Gewohnheit ist, Daten vor Abschluß einer Studie anzusehen, haben wir uns entschieden, für diese Konferenz eine allererste, vorläufige Analyse des Materials durchzuführen. Dies schien uns möglich, da die Daten einen getrennten, eigenen Bestand (aus einer Gemeinde) darstellen.

Gleich ob der Fragebogen oder der Auszug aus der Krankengeschichte als Datenquelle benutzt wird, es gibt bis jetzt wenig Anzeichen dafür, daß Östrogenbenutzer ein generell erhöhtes Risiko für Brustkrebs aufweisen. Die Punktschätzungen der Risikorate für "jemals irgendeine Art von Östrogen benutzen" sind 0,91 und 0,93 für die Daten aus den Fragebogen und aus den Auszügen. In ähnlicher Weise gibt es bis jetzt keine Anzeichen dafür, daß ein erhöhtes Risiko besteht für Frauen, die jemals konjugierte Östrogene benutzten.

TABELLE 6: VORLÄUFIGE ERGEBNISSE: BRUSTKREBS-RISIKO UNTER ÖSTROGENANWENDUNG IN DER MENOPAUSE IN EINER LOS ANGELES-SENIORENGEMEINDE
(QUELLE: A = AUSZUG AUS KRANKENGESCHICHTE, I = INTERVIEW)

A: ÖSTROGENANWENDUNG

		ANWENDER [1]	NICHTVERWENDER	RISIKOVERHÄLTNIS [2]
ANWENDUNG IRGENDEINES ÖSTROGENS:				
	A	19/41	22/44	0.93
	I	24/51	16/31	0.91
ANWENDUNG KONJUGIERTER ÖSTROGENE:				
	A	16/35	25/50	0.91
	I	16/31	24/51	1.10

[1] ALLE AUSDRÜCKE SIND ANGEORDNET ALS FÄLLE GETEILT DURCH KONTROLLEN.

[2] RISIKORELATIONEN FÜR AUSWERTUNG OHNE MATCHING; MATCHING HATTE NUR WENIG WIRKUNG.

Allerdings scheint sich eine interessante Dosis-Wirkungs-Beziehung zu entwickeln. Obwohl die Fallzahlen noch sehr klein sind, lassen die ersten Ergebnisse vermuten, daß kurze Benutzungsdauer und niedrige Dosis konjugierter Östrogene (also eine niedrige kumulative Dosis) eine Schutzwirkung vor Brustkrebs darstellen können, während lange Anwendungs-Dauer und hohe Dosierung (große kumulative Dosis) ein mäßig erhöhtes Risiko bedeuten können. Dieses Ergebnis ist unabhängig von der Datenquelle.

TABELLE 6: VORLÄUFIGE ERGEBNISSE: BRUSTKREBS-RISIKO UNTER ÖSTROGENANWENDUNG IN DER MENOPAUSE IN EINER LOS ANGELES-SENIORENGEMEINDE
(QUELLE: A = AUSZUG AUS KRANKENGESCHICHTE, I = INTERVIEW)

B: ANWENDUNG KONJUGIERTER ÖSTROGENE NACH DOSIS

		NICHTVERWENDER	≤0,625 MG	>0,625 MG
A:	FÄLLE/KONTROLLEN	25/50	7/26	9/6
	RR †	1,00	0,53	3,00
I:	FÄLLE/KONTROLLEN	24/51	5/18	9/10
	RR †	1,00	0,59	1,91

C: ANWENDUNG KONJUGIERTER ÖSTROGENE NACH ANWENDUNGSDAUER

		NICHTVERWENDER	≤ 5 JAHRE	>5 JAHRE
A:	FÄLLE/KONTROLLEN	25/50	6/19	8/13
	RR †	1,00	0,63	1,23
I:	FÄLLE/KONTROLLEN	24/51	4/17	11/12
	RR †	1,00	0,50	1,95

D: ANWENDUNG KONJUGIERTER ÖSTROGENE NACH DOSIS UND ANWENDUNGSDAUER

ANWENDUNGSDAUER		DOSIS NICHTVERWENDER	≤0,625 MG	>0,625 MG
NICHTVERWENDER	FÄLLE/KONTROLLEN	24/42	-	-
	RR †	1,00		
≤ 5 JAHRE	FÄLLE/KONTROLLEN	-	1/22	4/4
	RR †		0,08	1,75
> 5 JAHRE	FÄLLE/KONTROLLEN	-	6/9	6/6
	RR †		1,17	1,75

1. ALLE AUSDRÜCKE SIND ANGEORDNET ALS FÄLLE GETEILT DURCH KONTROLLEN
2. RISIKORELATIONEN FÜR AUSWERTUNG OHNE MATCHING; MATCHING HATTE NUR WENIG WIRKUNG

† ALLE RISIKORELATIONEN SIND AUF NICHTVERWENDER BASIERT.

†† WENN INTERVIEW UND AUSZUG AUS DER KRANKENGESCHICHTE DIE ANWENDUNG KONJUGIERTER ÖSTROGENE ERGAB, WURDEN DIE DOSIS VOM AUSZUG UND DIE DAUER AUS DEM INTERVIEW GENOMMEN.

Unsere Fallzahlen sind leider noch zu klein, als daß man über einige der wichtigen Confounding-Faktoren schichten könnte. Solche Faktoren sind: Alter bei Menopause, Art der Menopause, Häufigkeit der Inanspruchnahme des Medical Center, andere Brustkrebsrisikofaktoren etc. Falls sich die oben dargestellte Beziehung nach Beendigung der Studie aufrecht erhalten ließe, so würde die Rolle exogener Östrogene in der Menopause als Einflußfaktor auf das Brustkrebsrisiko komplexer erscheinen als ursprünglich angenommen.

Literatur

1. Arellano, M.G.; Linden, G.; Dunn, J.E.: Cancer patterns in Alameda County, California. Brit J Cancer 26(1972)473-482

2. Backwinkel, K.; Jackson, A.S.: Some features of breast cancer and thyroid deficiency. Cancer 17(1964)1174-1176

3. Brecher, P.I., Wotiz, H.H.: Competition between estradiol and estriol for end organ receptor proteins. Steriods 9(1967)431-437

4. Bulbrook, R.D., Hayward, J.L., Spicer, C.C. et al.: A comparison between the urinary steroid excretion of normal women and women with advanced breast cancer. Lancet 2(1962)1235-1240

5. Burch, J.G., Byrd, B.F.: Effects of long-term administration of estrogens on the occurence of mammary cancer in women. Ann Surg 174(1971)414-418

6. Casagrande, J.; Gerkins, V.; Henderson, B.E. et al.: Exogenous estrogens and breast cancer in women with natural menopause. J Natl Cancer Inst 56(1976)839-841

7. Craig, T.J., Comstock, G.W., Geiser, P.B.: Epidemiologic comparison of breast cancer patients with early and late onset of malignancy and general population controls. J Natl Cancer Inst 53 (1974)1577-1581

8. Cutler, S.J.; Christine, B.; Barclay, T.H.C.: Increasing incidence and decreasing mortality rates of breast cancer. Cancer 28(1971)1376-1380

9. Cutts, J.H.; Nobel, R.L.: Estrone-induced mammary tumors in the rat. Cancer Res 24(1964)1116-1123

10. Edmondson, H.A.; Henderson, B.; Benton, B.: Liver-cell adenomas associated with use of oral contraceptives. New Engl J Med 294 (1976)470-472

11. Geist, S.H.; Walter, R.I.; Salmon, U.J.: Are estrogens carcinogenic in the human female? Amer J Obstet Gynec 42(1941)242-248

12. Goodman, L.S.; Gilman, A.(eds): The Pharmacological Basis of Therapeutics. New York: McMillan Company 1970,1538-1548

13. Grace, M.; Gaudette, L.A.; Burns, P.E.: The increasing incidence of breast cancer in Alberta 1953-1973. Cancer 40(1977)358-363

14. Henderson, B.E.; Gerkins, V.; Rosario, I. et al.: Elevated serum levels of estrogen and prolactin in daughters of patients with breast cancer. New Engl J Med 293(1975)790-795

15. Henderson, B.E.; Pike, M.C.; Gerkins, V.R. et al.: The hormonal basis of breast cancer: elevated plasma levels of estrogen, prolactin, and progesterone. Presented at the meeting "Origins of Human Cancer", Cold Spring Harbor, New York, 1976

16. Henderson, B.E.; Powell, D.; Rosario, I. et al.: An epidemiologic study of breast cancer. J Natl Cancer Inst 53(1974)609-614

17. Henneman, P.H.; Wallach, S.: The use of androgens and estrogens

and their metabolic effects:a review of the prolonged use of estrogens and androgens in postmenopausal and senile osteoporosis. Arch Intern Med 100(1957)715-723

18. Herbst, A.L.; Ulfelder, H.; Paskanzer, D.C.: Adenocarcinoma of the vagina. New Engl J Med 284(1971)878

19. Hertz, R.: The estrogen-cancer hypothesis. Cancer 38, Supplement July 1976, 534-538

20. Hisserich, J.C.; Martin,S.P., Henderson, B.E.: An areawide cancer reporting network. Publ Hlth Rep 90(1975)15-17

21. Hoover, R.; Gray, L.; Cole, P. et al.: Menopausal estrogens and breast cancer. New Engl J Med 295(1976)401-405

22. Kapdi, C.C.; Wolfe, J.M.: Breast cancer: relationship to thyroid supplements for hypothyroidism. JAMA 236(1976)1124-1127

23. Kwa, H.G.; Engelsman, E. De Jong-Bakken, M. et al.: Plasma prolactin in human breast cancer. Lancet 1(1974)433-435

24. Lacassagne, A.: Essai d'une hormone thyreotrope eñ vue de modifier l'appurition de l'adenocarcinome mammaire chez la souris. Comp. rend Soc de Biol 130(1939)591

25. Leis, H.A.: Endocrine prophylaxis of breast cancer with cyclic estrogen and progesterone. Int Surg 45(1966)496-503

26. Lemon, H.M.: Endocrine influences on human mammary formation: a critique. Cancer 23(1969)781-790

27. Lemon, H.M.; Wotiz, H.H.; Parsons, L. et al.: Reduced estriol excretion in patients with breast cancer prior to endocrine therapy. JAMA 196(1966)112-120

28. Lipschutz, A.; Varga, L.: Tumorgenic powers of stilbestrol and follicular hormones. Lancet 1(1940)541-543

29. Mack, T.M.; Martin, S.; Menck, H.: Unpublished data. LAC/USC Cancer Surveillance Program, Los Angeles County, California

30. Mack, T.M.; Pike, M.C.; Henderson, B.E. et al.: Estrogens and endometrial cancer in a retirement community. New Engl J Med 294 (1976)1262-1267

31. MacMahon, B.; Cole, P.; Brown, J.: Etiology of human breast cancer: a review. J Natl Cancer Inst 50(1973)21-42

32. MacMahon, B.; Cole, P.; Brown, J. et al.: Oestrogen profiles of Asian and North American women. Lancet 2(1971)900-902

33. Monson, R.R.; Yen, S.; MacMahon, B.: Chronic mastitis and carcinoma of the breast. Lancet 2(1976)224-226

34. Muhlbrook, O.; Boot, L.M.: The mode of action of ovarian tumors in the induction of mammary cancer in mice. Biochem Pharmacol 16 (1967)627-630

35. Mustacchi, P.; Gordon, G.S.: Frequency of cancer in estrogen-treated osteoporotic women: In Breast Cancer. The Second Bien-

nial Louisiana Cancer Conference, New Orleans, Jan. 22-23.1958 (Segaloff, A. ed.), St.Louis: C.V.Mosby Co. 1958, 163-169

36. Poortman, J.; Thijssen, J.H.H.; Schwartz, F.: Androgen production and conversion to estrogens in normal post-menopausal women and in selected breast cancer patients. J Clin Endocrin Metab 37 (1973) 101-109

37. Rotti, K.J.; Stevens, J.; Watson, D. et al.: Estriol concentrations in plasma of normal, non-pregnant women. Steroids 25(1975) 807-812

38. Schleyer-Saunders, E.: The management of the menopause. Med Press 244(1960) 337

39. Segaloff, A.: The role of the ovary in estrogen production in mammary cancer in the rat. Cancer Res 34(1974) 2708-2710

40. Sherman, B.M., Korenman, S.G.: Inadequate corpus luteum function: a pathophysiological interpretation of human breast cancer epidemiology. Cancer 33(1974) 1306-1312

41. Siiteri, P.K.; Schwartz, B.E.; MacDonald, P.C.: Estrogen receptors and the estrone hypothesis in relation to endometrial and breast cancer. Gynec Oncology 2(1974) 228-238

42. Stadel, B.V.; Weiss, N.: Characteristics of menopausal women: A survey of King and Pierce counties in Washington, 1973-1974. Amer J Epidem 102(1975) 209-216

43. Stavraky, K.; Emmons, S.: Breast cancer in premenopausal and postmenopausal women. J Natl Cancer Inst 53(1974) 647-654

44. de Waard, F.: Breast cancer incidence and nutritional status with particular reference to body weight and height. Cancer Res 35 (1975) 3351-3356

45. Welsch, C.W.; Jenkins, T.W.; Meites, J.: Increased incidence of mammary tumors in the female rat grafted with multiple pituitaries. Cancer Res 30(1970) 1024-1039

46. Wilson, C.A.: The role of estrogen and progesterone in breast and genital cancer. JAMA 182(1962) 327-331

47. Ziel, H.K.; Finkle, W.D.: Increased risk of endometrial carcinoma among users of conjugated estrogens. New Engl J Med 293(1975) 1167-1170

Diskussion

DALLENBACH-HELLWEG: Wir wissen aus Erfahrung, daß sich Endometrium-Karzinome nach kombinierter Gabe von Östrogen und Progesteron weniger häufig entwickeln als nach Gabe von Östrogenen alleine. Gibt es Erfahrungen über Brustkrebs und eine Kombinationsbehandlung im Stadium nach der Menopause?

ROSS: Nein, zumindest nicht in den 2 geschilderten Seniorengemeinden. Es ist einfach nicht üblich dort eine Östrogen-Progesteron-Kombination zu verschreiben, meist nimmt man nur Östrogene.

DIE STAATLICHE ERHEBUNG DES FAMILIENWACHSTUMS UND DIE GESUNDHEITSSTATUSERHEBUNG ALS WEGE ZUM UNTERSUCHEN DER KONTRAZEPTION

William F. Pratt

National-repräsentative Haushaltserhebungen sind als die Hauptmethode zum Kontrollieren der hauptsächlichen oder beabsichtigten Wirkungen der Kontrazeption gut eingeführt, aber sie sind nicht benutzt worden bei der Untersuchung von Neben- oder unbeabsichtigten Wirkungen. Es gibt offensichtliche Grenzen der Reliabilität von Patientenberichten über Gesundheitsstatus und Diagnosen, aber eine Haushaltserhebung kann zweifellos zu unserem Verständnis für Sozial- und Gesundheitsbezüge der Kontrazeption erheblich beitragen. Dies gilt besonders für die Gesundheitserhebungen auf Basis der Haushaltsstichprobe.

Das Kontrollieren der Verteilung und der Hauptwirkungen der Kontrazeption sind die entscheidenden Schritte vor der Untersuchung der kurz- und langfristigen Nebenwirkungen.

Im folgenden werden einige allgemeine Ergebnisse aus dem National Survey of Family Growth präsentiert, die den Nutzen der Studie bei der Messung der Auswirkungen zeigen, die die Kontrazeption auf die Fertilität in den Vereinigten Staaten hat. Außerdem stehen in der Studie Daten für die Analyse von Wechselmustern zwischen den Kontrazeptionsmethoden auf Individualniveau zur Verfügung. In der ersten Erhebungswelle wurde versucht, die Gründe für das Absetzen von Kontrazeptionsmethoden zu erfahren, die Ergebnisse sind an manchen Stellen noch nicht ganz klar. Patientenberichte über Nebenwirkungen gehören mit zu diesem Bild. Schließlich werden noch Überlegungen zum Anwendungsspektrum der Gesundheitsstatuserhebungen (in Haushaltsstichproben) bei der Untersuchung von Nebenwirkungen der Kontrazeption angestellt.

The National Survey of Family Growth (NSFG)

The National Survey of Family Growth (NSFG) wurde 1971 als neues Datensystem in das Programm der amtlichen Gesundheitsdaten des National

Center for Health Statistics aufgenommen. Ziele und Studienanlage basierten weitgehend auf den bekannten "Growth of American Families"-Studien, die 1955 und 1960 durchgeführt wurden, sowie auf den sich anschließenden "National Fertility Surveys", die 1965 und 1970 durchgeführt wurden (1,2,3,6). NSFG ist eine periodische Erhebung, in der zwei Wellen der Feldarbeit inzwischen vollständig sind. Die erste wurde 1973 durchgeführt und die zweite 1976. Beide Wellen sind auf Flächenzufallsstichproben der Haushalte in den Vereinigten Staaten (nur zusammenhängendes Gebiet) aufgebaut. 1973 wurden 9.797 Interviews durchgeführt. Interviewt wurden Frauen zwischen 15 und 44 Jahren, die irgendwann verheiratet waren, oder die nie verheiratet waren, aber mit eigenen Kindern in einem Haushalt leben. 1976 wurden 8.611 Interviews durchgeführt, die Auswahl der Zielpersonen war ähnlich definiert. Die Ergebnisse, die hier vorgestellt werden, basieren auf Auswertungen aus der ersten Welle.

Die Verbreitung der Kontrazeption

Eines der hauptsächlichen Aufgabengebiete des NSFG ist es, die Prävalenz der Kontrazeption zu messen und Werte über die Verteilung bestimmter Methoden in den verschiedenen sozioökonomischen Segmenten der Bevölkerung zu erhalten. Die hieraus sich ergebenden Daten gehen in die Zähler der Benutzungsraten der Kontrazeptionsmethoden ein und in die Nenner verschiedener Maßzahlen kontrazeptiver Effektivität. Die gleichen Daten würden in die Nennerausdrücke eingehen, wenn man das Risiko verschiedener Nebenwirkungen messen wollte.

Daten über die Benutzung von Kontrazeptiva wurden gesammelt über eine Reihe differenzierter Fragen zur Anwendung der Familienplanung in jedem Intervall zwischen aufeinanderfolgenden Schwangerschaften und in dem offenen Intervall seit der letzten Schwangerschaft. Dies resultierte in einer Klassifizierung der Schwangerschaften entsprechend ihrem Planungsstatus und danach, ob sie zum Zeitpunkt der Empfängnis erwünscht oder unerwünscht waren. Alle Schwangerschaften einschließlich solcher, die mit einer Fehlgeburt, Totgeburt oder Schwangerschaftsunterbrechung endeten, wurden so klassifiziert. Für jedes Intervall zwischen zwei Schwangerschaften, das in den letzten 3 Jahren vor der Erhebung endete, wurde genau erfaßt, welche Kontrazeptionsmethoden jeweils wie lange benutzt wurden.

Wie man auf Abb. 1 sieht, haben fast 70% der Paare in den Vereinigten Staaten zum Zeitpunkt der 73er Erhebung Kontrazeption praktiziert. Dies stellt gegenüber 1965 eine Steigerung von 6% dar, die auf eine Steigerung von 14% in den vorausliegenden 5 Jahren seit 1960 folgte. Da 14% der Paare 1973 wegen einer bestehenden Schwangerschaft oder Kinderwunsch keine Kontrazeption benutzten und weitere 8% aus nichtkontrazeptiven Gründen steril waren, waren nur 78% der Paare dem Risiko einer ungeplanten Schwangerschaft ausgesetzt; 90% dieser Paare benutzte eine Kontrazeption.

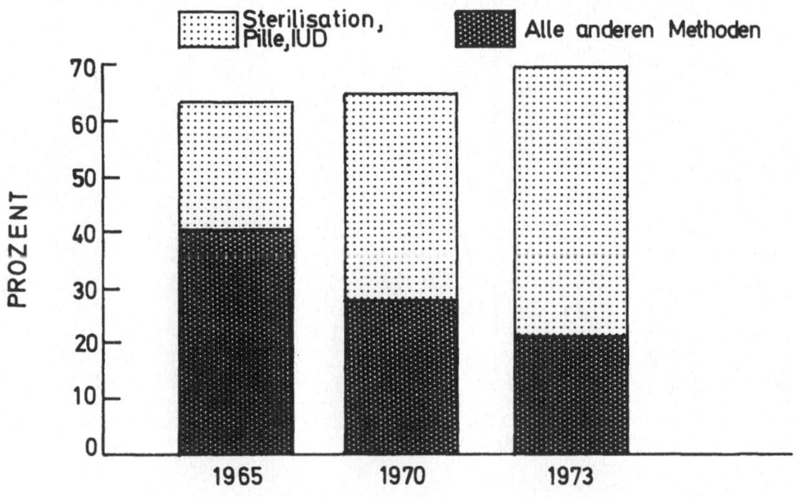

ABB.1 : PROZENTSATZ VON EHEPAAREN (FRAU IM ALTER VON 15-44 J.) DIE EINE KONTRAZEPTION BENUTZEN : USA 1965, 1970 u. 1973

Die bemerkenswerte Änderung seit 1965 liegt aber mehr in dem steilen Anstieg der Benutzung moderner Kontrazeptionsmethoden - der Pille, dem IUD und der kontrazeptiven Sterilisation -; die Anwendung dieser Methoden stieg in 8 Jahren von 37% auf 70% der Kontrazeption benutzenden Paare. (Tab. 1)

Dieser Trend zu effektiveren Methoden der Kontrazeption wird sich wahrscheinlich fortsetzen, wie sich auch aus der sehr viel stärkeren Bindung der jüngeren Frauen an moderne Methoden ablesen läßt. Eine besonders auffallende Veränderung war das Ansteigen der Sterilisation in allen Altersgruppen; zwischen 1965 und 1970 stieg die Sterilisation unter den Benutzern von Kontrazeption um 35% an, aber in den nächsten 3 Jahren stieg sie um zusätzliche 60%, verglichen mit 1965.

TABELLE 1: VERHEIRATETE US-FRAUEN VON 15 - 44 JAHREN NACH ALTER UND KONTRAZEPTIONSSTATUS, 1973, 1970, 1965

KONTRAZEPTIONSSTATUS	ALTER 15-44 JAHRE			15-24 JAHRE			25-34 JAHRE			35-44 JAHRE		
	1973	1970	1965	1973	1970	1965	1973	1970	1965	1973	1970	1965
GESAMT (FRAUEN IN TSD.)	26.646	25.577	24.710	5.977	6.212	5.324	11.311	10.484	9.316	9.358	8.881	10.070
OHNE KONTRAZEPTION	30,3	34,9	36,1	31,2	36,7	40,0	27,0	31,3	31,7	33,6	38,1	38,1
MIT KONTRAZEPTION	69,7	65,0	63,9	68,8	63,4	59,8	73,0	68,6	68,3	66,4	61,9	61,9
STERILISATION, FRAU	8,6	5,5	4,5	2,6	0,6	*0,8	8,3	5,4	4,7	12,9	9,1	6,3
STERILISATION, MANN	7,8	5,1	3,3	1,5	0,8	*0,9	8,2	5,0	3,7	11,3	8,1	4,1
PILLE	25,1	22,3	15,3	44,9	37,1	29,2	25,7	23,8	17,2	11,8	10,0	6,1
IUD	6,7	4,8	*0,7	7,2	5,6	*1,1	9,0	6,6	0,9	3,5	2,2	*0,4
DIAPHRAGMA	2,4	3,7	6,3	*1,1	1,6	2,6	2,3	3,8	6,0	3,4	5,0	8,6
KONDOM	9,4	9,2	14,0	5,7	5,7	9,4	9,7	9,2	15,9	11,5	11,7	14,7
COITUS INTERRUPTUS	1,5	1,4	2,6	*0,8	1,0	1,4	1,3	1,4	2,2	2,1	*1,6	3,5
CHEMISCHE MITTEL	3,5	3,9	2,1	2,7	4,8	3,0	4,4	4,8	2,8	2,9	2,4	*1,0
KNAUS OGINO	2,8	4,1	6,9	1,3	2,1	4,6	2,3	3,9	6,8	4,3	5,8	8,3
SCHEIDENSPÜLUNG	0,6	2,1	3,3	*0,2	1,6	3,6	*0,5	1,5	2,8	0,9	3,2	3,7
ANDERE	1,3	2,9	4,9	*1,0	2,5	3,2	1,1	3,2	5,3	1,8	2,8	5,2
GESAMT MIT KONTRAZEPTION IN TSD.	18.386	16.625	15.790	4.112	3.938	3.183	8.257	7.192	6.363	6.214	5.497	6.233
STERILISATION, FRAU	12,4	8,5	7,0	3,7	*1,0	*1,3	11,4	7,9	6,8	19,4	14,7	10,2
STERILISATION, MANN	11,1	7,8	5,1	2,2	*1,3	*1,5	11,2	7,3	5,4	17,0	13,1	6,6
PILLE	36,0	34,2	23,9	65,2	58,5	48,7	35,3	34,7	25,2	17,7	16,1	9,8
IUD	9,6	7,4	*1,2	10,5	8,8	*1,9	12,4	9,7	*1,3	5,3	3,6	*0,7
KONDOM	13,5	14,2	21,9	8,3	9,0	15,7	13,3	13,4	23,3	17,4	18,9	23,8
ANDERE TRADITIONELLE METH.	17,4	27,9	40,9	10,1	21,4	30,9	16,4	27,0	38,0	23,2	33,6	48,9

QUELLE: WESTHOFF, C.F., "TRENDS IN CONTRACEPTIVE PRACTICE: 1965-1973", FAMILY PLANNING PERSPECTIVES, VOL.8, # 2, 1976, PP.56-57.
* DER ENTSPRECHENDE STICHPROBENFEHLER DER SCHÄTZUNG LIEGT ÜBER 25%.

NATIONAL CENTER FOR HEALTH STATISTICS
U.S. DEPARTMENT OF HEALTH, EDUCATION, AND WELFARE

Die Hauptwirkungen der Kontrazeption

Die Hauptwirkungen dieser sich ausbreitenden Kontrazeptionsbenutzung, insbesondere der modernen Methoden, zeigen sich in dem raschen Abfall der Fertilität in den Vereinigten Staaten in den späten 60er und den 70er Jahren. Dieser Rückgang, in dem auch die Schwangerschaftsunterbrechung ein wichtiger Faktor war, muß hier nicht weiter dokumentiert werden.

Ein weiterer Indikator für kontrazeptive Effektivität ist das Ausmaß, in dem Frauen in der Lage sind, ihre Schwangerschaften zu planen und genau die Anzahl von Kindern zu haben, die sie wünschen und zwar zu dem Zeitpunkt, an dem sie sie wünschen. Von den etwa 68 Mio. Geburten der 26 Mio. Mütter, die in dieser Erhebung repräsentiert werden, hätte jeweils eine von 5 nicht stattgefunden, wenn diese Frauen nur die Anzahl von Kindern geboren hätten, die sie zum Zeitpunkt der Empfängnis als erwünscht berichteten. In Abb. 2 sieht man deutlich, daß der Anteil von erwünschten Geburten stetig zurückgeht von 90% bei Müttern mit 2 Lebendgeburten zu nur 63% in der Gruppe mit 6 oder mehr Geburten.

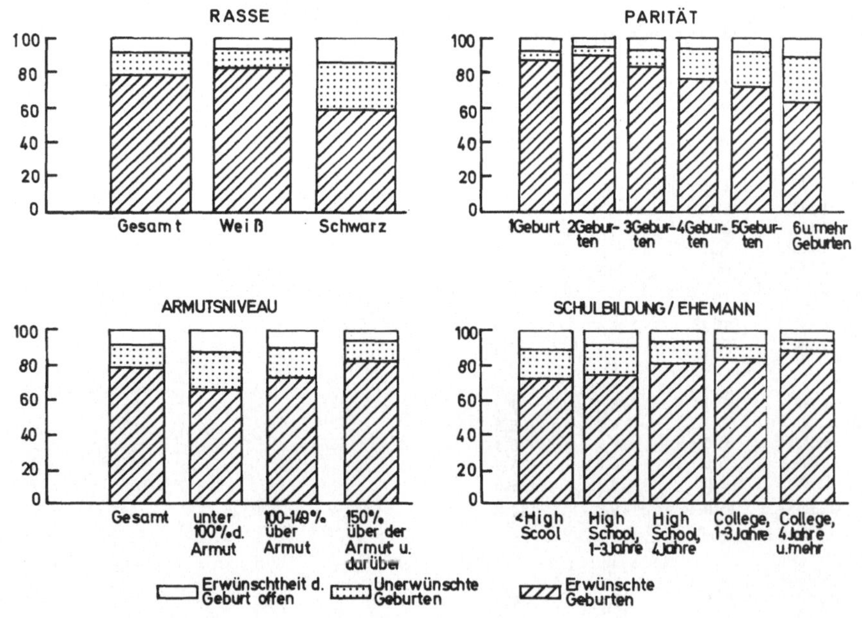

ABB. 2 : ERWÜNSCHTHEIT ALLER GEBURTEN VON MÜTTERN IM ALTER VON 15-44 JAHREN UND AUSGEWÄHLTE MERKMALE DER MÜTTER, USA 1973

Ähnlich nehmen die Anteile der zum Zeitpunkt der Empfängnis erwünschten Geburten ab mit abnehmendem Niveau der Schulbildung des Ehemannes. Bei Paaren mit Familieneinkommen, das unter der Armuts-Schwelle liegt, waren nur zwei Drittel der Geburten erwünscht im Gegensatz zu 4 von 5 bei solchen Paaren, deren Familieneinkommen mehr als 150% über dem Armutsniveau liegt. (Tabelle 2)

Diese Daten spiegeln die kumulative Last des Kinderbekommens wider bei den Frauen, die von der Studie repräsentiert werden. Die Daten werden beeinflußt durch Unterschiede in der Dauer der Ehe und durch den abnehmenden Trend ungeplanter Fertilität, wie er zumindest in den 70er Jahren beobachtet werden konnte (4). Eine gründlichere Analyse anhand von Ehekohorten ist notwendig, bevor man kausale Beziehungen behaupten kann. Während man darauf vertrauen darf, daß unerwünschte Fertilität weiterhin abnehmen wird - und das kann man aus dem steilen Anstieg der effizienten Kontrazeptionsmethoden schließen -, so stehen doch die Verifizierung und Quantifizierung dieses Fertilitätsrückgangs noch aus. Wir erstellen dazu einen Bericht, die Analyse wird zur Zeit bearbeitet.

TABELLE 2: ERWÜNSCHTHEIT ALLER GEBURTEN VON MÜTTERN IM ALTER VON 15 - 44 JAHREN UND AUSGEWÄHLTE MERKMALE DER MÜTTER, USA, 1973

MERKMALE	ANZAHL MÜTTER	ERWÜNSCHTHEIT DER GEBURT ERWÜNSCHT	UNERWÜNSCHT	OFFEN
GESAMT	68.184	79,7	13,1	7,3
ALTER				
15 - 24 J.	6.542	81,9	8,3	9,8
25 - 29 J.	11.471	83,6	10,3	6,1
30 - 34 J.	15.469	80,5	12,1	7,4
35 - 39 J.	16.686	76,7	15,2	8,1
40 - 44 J.	18.015	78,3	15,4	6,2
RASSE				
WEISS	57.551	83,2	10,5	6,2
SCHWARZ	9.984	58,9	27,9	13,2
PARITÄT				
1 LEBENDGEBURT	6.297	87,7	*5,1	7,2
2 LEBENDGEBURTEN	16.221	90,1	4,3	5,6
3 "	16.238	83,0	10,7	6,3
4 "	11.088	76,6	16,6	6,9
5 "	7.429	72,0	20,1	8,0
6 UND MEHR LEBENDGEBURTEN	10.911	63,0	25,8	11,2
SCHULBILDUNG, EHEMANN				
WENIGER ALS HIGH SCHOOL	11.782	73,3	16,9	9,8
HIGH SCHOOL, 1 - 3 JAHRE	13.610	74,4	16,6	9,0
HIGH SCHOOL, 4 JAHRE	22.526	82,1	11,7	6,2
COLLEGE, 1 - 3 JAHRE	9.081	83,5	9,9	6,6
COLLEGE, 4 U. MEHR JAHRE	9.787	89,2	7,7	*3,2
ARMUTSNIVEAU				
UNTER 100 %	10.697	66,0	21,5	12,6
100 - 149%	8.211	73,8	16,6	9,6
150% UND DARÜBER	49.277	83,6	10,6	5,7

*DER ENTSPRECHENDE STICHPROBENFEHLER DER SCHÄTZUNG LIEGT ÜBER 25%.

QUELLE: MUNSON, M.L.: WANTED AND UNWANTED BIRTHS REPORTED BY MOTHERS 15-44 YEARS OF AGE: UNITED STATES 1973, ADVANCE DATA FROM VITAL AND HEALTH STATISTICS OF THE NATIONAL CENTER FOR HEALTH STATISTICS

NATIONAL CENTER FOR HEALTH STATISTICS
U.S. DEPARTMENT OF HEALTH, EDUCATION, AND WELFARE

Das Konzept der Unterscheidung zwischen erwünschten und unerwünschten Schwangerschaften in diesen Erhebungen ist vor allem dazu gedacht, Fehler in der Familienplanung (und zwar sowohl in der Zeitplanung wie in der Anzahl der Geburten) zu erkennen. Die oben erwähnten Daten zeigen nur Fehler in der Anzahl, d.h. Geburten, die überhaupt nicht stattgefunden hätten, wenn die Befragte nur die Geburten gehabt hätte, die sie explizit zum Zeitpunkt der Empfängnis wünschte. Zusätzlich fand aber eine beachtliche Anzahl von Geburten früher als erwünscht statt und nicht als Ergebnis eines überlegten und effektiven Benutzens von Kontrazeption. Diese erweiterte Analyse von Planungserfolg und Mißerfolg wird das Thema eines weiteren Berichts aus den NSFG-Daten sein.

Benutzungseffektivität kontrazeptiver Methoden

Eine andere Perspektive der Hauptwirkungen von Kontrazeption, die man aus diesen Daten erhält, ist die Kalkulation von Fehlerraten für bestimmte Methoden der Kontrazeption. Eine Studie kontrazeptiver Effektivität, die für das National Center for Health Statistics von Wissenschaftlern der Princeton University durchgeführt wurde, zeigt die folgenden Fehlerraten innerhalb des ersten Jahres eines Segments der Benutzung für jede Kontrazeptionsmethode (5):

Sterilisation	0,0
Pille	0,020
IUD	0,042
Kondom	0,101
Diaphragma	0,131
chemische Mittel (Schaum, Cremes, Gelee)	0,149
Knaus Ogino	0,191
andere Methoden	0,108

Diese Raten wurden mit Sterbetafeltechniken (multipler Zuwachs, multiple Abnahme) ermittelt. Sie unterliegen natürlich noch der Stichprobenvariabilität, dafür werden im Moment die Stichprobenfehler kalkuliert. Als Segment der Benutzung ist jede Periode kontinuierlicher überlegter Anwendung einer kontrazeptiven Methode zum Vermeiden von Schwangerschaft definiert. Segmente der Benutzung jeder Methode wurden für jedes Intervall zwischen 2 Schwangerschaften erfaßt, sofern dieses innerhalb von 3 Jahren vor der Erhebung endet. Ein Segment begann jeweils mit der ersten Benutzung der Methode nach einer Schwangerschaft, mit dem Absetzen einer anderen Methode oder einer Periode der Trennung, die einen Monat oder länger gedauert hat. Ein Segment endete mit der überlegten Beendigung der Benutzung, um eine andere Methode anzuwenden oder aus einem Grund vor Beginn einer Schwangerschaft oder mit dem Beginn einer ungeplanten Schwangerschaft. Der Beginn einer unerwünschten Schwangerschaft wurde als ein Versagen der Methode definiert und ging in den Zähler der Rate ein. Da es einen Unterschied gibt in der Auswahl der Methoden entsprechend den Absichten der Benutzer, eine Schwangerschaft zu verhindern oder hinauszuzögern, und da die Fehlerraten höher sind bei denen, die nur versuchen, eine Schwangerschaft hinauszuzögern (0,073) im Verhältnis zu denen, die eine Schwangerschaft überhaupt verhindern möchten (0,037), wurden die oben erwähnten Raten für diese Absichten standardisiert.

Kontrazeption und individuelle Familienplanung

Wir haben einerseits aggregierte Trends in Richtung einer steigenden Benutzung der Kontrazeption festgestellt, insbesondere der Kontrazeption mittels effektiver Methoden, und andererseits eine abnehmende Fertilität, besonders bei den unerwünschten Geburten gesehen. Unsere Hauptaufgabe ist es, die Beziehung dieser Trends untereinander auf individuellem Niveau festzustellen, um so mögliche Kausalverknüpfungen einzuschätzen.

Auf Tab. 3 ist ein erster Schritt in dieser Richtung gezeigt. Hier wird derzeitiger kontrazeptiver Status der Paare in Beziehung gesetzt zu ihren zukünftigen Geburtserwartungen und zum Planungsstatus ihrer letzten Geburt. Allgemein erwarten wir, daß diejenigen, die keine weiteren Geburten wünschen, wahrscheinlicher eine Kontrazeption verwenden und wahrscheinlicher die effektivsten Methoden aussuchen, also die Pille, das IUD oder die kontrazeptive Sterilisation. Innerhalb beider Erwartungsgruppen sehen wir ferner voraus, daß die Paare, deren letzte Schwangerschaft unerwünscht war, zu einem größeren Anteil Kontrazeption und auch zu einem größeren Anteil die Benutzung der effektivsten Methoden aufweisen werden.

TABELLE 3: ERWARTUNG ZUKÜNFTIGER GEBURTEN, ERWÜNSCHTHEIT LETZTER GEBURT UND KONTRAZEPTIONSSTATUS (PROZENTVERTEILUNG VERHEIRATETER FRAUEN, 15 - 44 JAHRE, U.S.A. 1973)

GEBURTENERWARTUNG, ERWÜNSCHTHEIT LETZTER GEBURT		KONTRAZEPTIONSSTATUS							
		MIT KONTRAZEPTION				OHNE KONTRAZEPTION			
	GESAMT (FRAUEN IN TSD.)	GESAMT	PILLE, IUD	TRADITIONELLE METHODE	STERILISATION	GESAMT	STERILISATION	ANDERE NICHT-VERWENDER	SCHWANGERSCHAFTSGRUND
ERWARTET MEHR GEB.	10.016	57,2	40,7	16,5	...	42,8	...	7,0	35,8
LETZTE GEB. ERWÜNSCHT	5.669	59,8	41,4	18,4	...	40,2	...	6,7	33,5
LETZTE GEB. UNERWÜNSCHT	184	41,5	39,7	* 1,8	...	58,5	...	* 11,3	47,1
ERWÜNSCHTHEIT OFFEN	261	62,7	36,7	*26,0	...	37,3	...	* 6,9	*30,4
KINDERLOS	3.901	53,7	39,9	13,8	...	46,3	...	7,2	39,1
ERWARTET KEINE GEB. MEHR	16.630	77,1	26,5	24,4	26,2	22,9	12,0	9,6	1,3
LETZTE GEB. ERWÜNSCHT	11.624	77,7	27,2	26,2	24,3	22,3	11,8	9,1	1,4
LETZTE GEB. UNERWÜNSCHT	3.115	81,2	22,6	20,2	38,4	18,8	10,3	7,6	*1,0
ERWÜNSCHTHEIT OFFEN	962	77,0	28,5	24,4	24,1	23,0	8,6	12,3	*2,1
KINDERLOS	929	55,6	27,9	15,8	11,9	44,4	24,2	20,1	*0,1

* DER ENTSPRECHENDE STICHPROBENFEHLER DER SCHÄTZUNG LIEGT ÜBER 25%

NATIONAL CENTER FOR HEALTH STATISTICS
U.S. DEPARTMENT OF HEALTH, EDUCTION, AND WELFARE

Auf einen ersten Blick scheinen die Daten in dieser Tabelle diese Erwartungen weitgehend zu stützen. Diejenigen, die keine weiteren Geburten wünschen, haben 20% mehr Benutzer von Kontrazeption als diejenigen, die weitere Geburten erwarten, und sie haben 12% mehr Benutzung der effektiven Methoden. Dieser Unterschied zeigt sich auch im Vergleich zwischen denen, deren letzte Geburt erwünscht war, und denen, deren letzte Geburt unerwünscht war. Unsere Erwartung, daß diejenigen, deren letzte Geburt unerwünscht, wahrscheinlich eher Kontrazeption betreiben und die effektiven Methoden benützen als diejenigen, deren letzte Geburt erwünscht war, bestätigt sich für die Gruppe derer, die keine weiteren Geburten erwarten.

Aber man muß berücksichtigen, daß nicht alle Frauen in jeder dieser Erwartungs- und Planungsstatusgruppen "unter Risiko" für eine unerwünschte Schwangerschaft stehen. Diejenigen, die keine Kontrazeption betreiben wegen einer Schwangerschaft oder wegen einer nichtoperativen Sterilität oder therapeutischer Sterilisation, sind nicht unter Risiko. Im engeren Sinn sind auch diejenigen nicht unter Risiko einer unerwünschten Schwangerschaft, die kontrazeptiv steril sind, aber hier ist die Sterilisation genau deshalb eingesetzt, um dieses Risiko zu kontrollieren, genauso wie die Benutzung der Pille oder anderer Methoden.

Aus Vergleichsgründen sind deshalb Fälle mit kontrazeptiver Sterilisation in der Gruppe "unter Risiko einer unerwünschten Schwangerschaft" enthalten.

Paare, die erwarten:	Anteil Kontrazeption bei Fällen unter Risiko einer unerwünschten Schwangerschaft		
	letzte Geburt		Gesamt
	erwünscht	unerwünscht	
mehr Geburten	89,9%	78,3%	89,1%
keine Geburten mehr	89,5%	91,4%	88,9%
Gesamt	89,6%	90,9%	89,0%

Paare, die erwarten:	Anteil der Fälle, die effektive Methoden benutzen an allen Kontrazeptionsbenutzern		
	letzte Geburt		
	erwünscht	unerwünscht	Gesamt
mehr Geburten	69,2%	96,1%	71,1%
keine Geburten mehr	66,3%	75,1%	68,4%
Gesamt	67,1%	75,7%	69,2%

Wenn wir von der Tab.3 wie hier oben nur diejenigen herausziehen, die unter Risiko einer unerwünschten Schwangerschaft sind (d.h. wenn wir den Effekt der Spalten 2 und 4 unter denjenigen, die keine Kontrazeption haben, herausnehmen), dann finden wir, daß die Anteile der Kontrazeptionsbenutzer in den beiden Erwartungsgruppen praktisch gleich sind. Fernerhin ist der Anteil derer, die die effektiven Methoden benutzen, etwa gleich oder etwas größer unter denen, die mehr Geburten erwarten, wie unter der Gruppe derer, die keine weiteren Geburten erwarten. Die gleichen Ergebnisse, entgegen unserer Hypothese, zeigen sich unter denjenigen, deren letzte Geburt erwünscht war. Die erwartete größere Benutzung von Kontrazeption durch diejenigen, die keine weiteren Geburten wünschen, zeigte sich nur in der Gruppe derer, deren letzte Geburt unerwünscht war, aber die entsprechend häufigere Benutzung der effektiven Kontrazeptionsmethoden konnte nicht beobachtet werden. Man muß berücksichtigen, daß diejenigen, die weitere Geburten erwarten und deren letzte Geburt unerwünscht war, eine sehr kleine Gruppe darstellen (mit relativ kurzer Ehedauer und geringer Parität), und daß deshalb diese großen Unterschiede in den Anteilen statistisch nicht signifikant sind.

Wenn wir die Anteile von kontrazeptiver Benutzung entsprechend der Erwünschtheit der letzten Geburt vergleichen, dann zeigt sich, daß die erwartete größere Benutzung von Kontrazeption unter denjenigen, deren letzte Geburt unerwünscht war, statistisch und zweifellos auch sozial nicht signifikant ist. Jedenfalls war in beiden Erwartungsgruppen die Benutzung der effektiveren Methoden signifikant höher bei denen, deren letzte Geburt unerwünscht war, was unsere Hypothese bestätigt.

Zieht man ein Resümee, so läßt sich sagen, daß die Erwartung der Befragten bezüglich zukünftiger Geburten offensichtlich weder die Benutzung von Kontrazeption beeinflußt noch die Wahl der Kontrazeptionsmethode. Ein leichter Effekt scheint in die entgegengesetzte Richtung zu gehen und kann Altersunterschiede im Verhalten widerspiegeln. In ähnlicher Weise scheint die Tatsache, ob die letzte Geburt erwünscht war oder nicht, die Wahrscheinlichkeit der Benutzung von Kontrazeption nicht zu beeinflussen. Nur einer unserer hypothetisch formulierten Unterschiede bestätigt sich, wenn wir unsere Aufmerksamkeit auf diejenigen beschränken, die unter dem Risiko einer unerwünschten Schwangerschaft stehen.

In beiden Erwartungsgruppen zeigten diejenigen, deren letzte Geburt unerwünscht war, höhere Anteile von Kontrazeptionsbenutzern bei den effektiven Methoden als die, deren letzte Geburt erwünscht war.

Muster des Methodenwechsels

TABELLE 4: JEMALS GEWÄHLTE KONTRAZEPTIONSMETHODE UND LETZTE METHODE (VERHEIRATETE FRAUEN, 15 - 44 JAHRE, U.S.A., 1973)

JEMALS BENUTZTE METHODE	FRAUEN, DIE JEMALS BENUTZTEN		GESAMT, JEMALS BENUTZT	LETZTE BENUTZTE METHODE							
				STERILISATION		PILLE	IUD	DIA-PHRAGMA	KONDOM	KNAUS OGINO	ANDERE
	ANZ. IN TSD.	%		FRAU	MANN						
PILLE	15.750	60,0	100,0	6,9	7,6	55,4	8,0	2,1	7,9	1,4	10,7
IUD	3.440	13,1	100,0	6,2	6,7	13,5	58,8	*1,4	4,7	*1,0	7,6
KONDOM	8.234	31,4	100,0	7,6	10,7	22,5	6,7	3,4	33,6	2,0	13,5
DIAPHRAGMA	4.304	16,4	100,0	11,0	16,4	20,3	7,8	19,3	9,1	1,9	14,0
KNAUS OGINO	4.823	18,4	100,0	8,5	10,2	19,4	6,5	3,9	14,4	21,2	15,9
COITUS INTERRUPTUS	2.371	9,0	100,0	7,3	9,2	23,8	6,3	*3,0	13,1	4,2	33,0

*DER ENTSPRECHENDE STICHPROBENFEHLER DER SCHÄTZUNG LIEGT ÜBER 25%.

NATIONAL CENTER FOR HEALTH STATISTICS
U.S. DEPARTMENT OF HEALTH, EDUCATION, AND WELFARE

Eine bedeutende Frage ist auch die nach der Methode, zu der Kontrazeptionsbenutzer wechseln, wenn sie eine bestimmte Methode aufgeben. Zum Beispiel erhebt sich hier die Frage, wieviele Pillennehmerinnen zu weniger effektiven Methoden gewechselt haben unter Berücksichtigung der Pressemitteilungen über (schädliche) Nebenwirkungen der Pille; wieviele haben sich für Sterilisation entschieden? Wenn eine neue Methode erscheint, welche alten Methoden werden wahrscheinlich aufgegeben?

Im NSFG kann man Muster des Methodenwechselns sehr detailliert untersuchen für alle Wechsel, die innerhalb der letzten 3 Jahre vor der Erhebung stattgefunden haben. Dieses erfordert ein Auswertungsniveau, das den Rahmen des hier vorgestellten Materials überschreitet. Wir wollen im folgenden einige gröbere Muster des Wechselns überprüfen. Wie in Tabelle 4 gezeigt wird, waren wir in der Lage, einigermaßen vollständig die Frauen zu identifizieren, die vorgegebene Methoden jemals benutzt hatten. Diese Methoden wurden dann in Beziehung gesetzt zu der letzten Methode, die die Befragte benutzt hat. Durch den Bezug auf die letzte angegebene Methode (die als derzeitige Methode definiert wird) vermeiden wir das Problem, daß wir Befragte verlieren, die zum Zeitpunkt der Befragung schwanger sind oder eine Schwangerschaft anstreben, und diejenigen verlieren, die eine therapeutische Sterilisation bekommen haben. Auf der anderen Seite haben wir die Schwierigkeit, daß wir ohne weiteres Aufsplittern der Tabellen nicht in der Lage sind festzustellen, wann die Befragten zuletzt diese "letzte" Methode benutzten. Das größte Problem der Interpretation besteht darin, daß wir nicht erfahren, in welcher Reihenfolge die Leute gewechselt haben; Nutzer der Methode "A", deren letzte Methode "B" ist, können ebensogut inzwischen zu C, D oder E gewechselt haben, bevor sie bei "B" angelangt sind. Deshalb können wir aus diesen Daten nicht schließen, daß die Vorzüge der letzten Methode der Grund für die Aufgabe einer bestimmten anderen Methode waren.

Es sieht in Tabelle 4 so aus, als ob Pille und IUD die einzigen Methoden seien, bei denen über 50% derer bleiben, die sie jemals ausprobiert haben. Natürlich werden einige frühere Pillennehmerinnen oder IUD-Trägerinnen, die eine andere "letzte" Methode haben, zu Pille und IUD zurückkehren, aber fast 15% der Pillennehmerinnen und 13% der IUD-Trägerinnen sind bei der Sterilisation angelangt. Benutzer jeder der hier aufgeführten, traditionellen Methoden hatten sogar noch eine größere Wahrscheinlichkeit für eine Sterilisation, insbesondere diejenigen von ihnen, die jemals ein Diaphragma benutzt haben. Dieser Vergleich ist notwendigerweise nicht schlüssig, weil wahrscheinlich die Gruppe derer, die jemals die traditionellen Methoden benutzt haben, einen größeren Anteil von Paaren mit langdauernder Ehe aufweisen. Diese Paare haben sich wahrscheinlich eher zu dem endgültigen Schritt zur Sterilisation entschlossen. Es ist bemerkenswert, daß mit nur einer Ausnahme diejenigen, die jemals traditionelle Methoden benutzt haben, eine größere Wahrscheinlichkeit für den Wechsel auf eine (andere) traditionelle Methode haben als diejenigen, die jemals die Pille oder ein IUD benutzt haben. Dies mag wiederum zum Teil an einem höheren Anteil von langdauernden Ehen liegen, und es kann Selektionseinflüsse geben von subfertilen Paaren, die mit den traditionellen Methoden "erfolgreich" waren. Mit einer ähnlichen Schlußfolgerung kann man argumentieren, daß die größere Loyalität gegenüber Pille und IUD hauptsächlich darauf basiert, daß hier ein höherer Anteil von relativ neuen Benutzern dieser Methoden vorhanden ist. Eine genaue Analyse der Benutzerloyalität würde den Einsatz von Sterbetafeltechniken erfordern oder zumindest eine Kontrolle der Dauer und des zeitlichen Verlaufs der Benutzung voraussetzen.

Gründe für den Methodenwechsel

TABELLE 5: ABSETZEN JEMALS BENUTZTER METHODEN UND ABSETZGRÜNDE (VERHEIRATETE FRAUEN, 15 - 44 JAHRE, U.S.A., 1973)

METHODE	BENUTZER, DIE ABSETZEN		% DER DIE METHODE ABSETZENDEN, GRUND NICHT ANGEGEBEN	% DER DIE METHODE ABSETZENDEN MIT GRÜNDEN (2.GRUND MITGEZÄHLT)					
	ANZ.	%		METHODE VERSAGTE	FURCHT VOR SCHWANGERSCHAFT	NEG. NEBENWIRKUNGEN	FURCHT VOR NEBENWIRKUNGEN	RAT DES ARZTES	ANDERE **
PILLE	7.150	45,4	11,2	2,1	1,5	64,6	14,3	10,3	15,3
IUD	1.441	41,9	24,3	11,6	*4,3	62,1	*1,5	*4,8	24,0
KONDOM	5.237	63,6	15,5	7,9	13,6	5,3	*0,3	4,7	75,7
DIAPHRAGMA	3.490	81,1	27,5	17,4	9,6	8,4	*0,2	8,3	70,4
KNAUS OGINO	3.251	67,4	31,6	33,1	25,4	*0,4	*0,5	*2,1	41,5
COITUS INTERRUPTUS	1.588	67,0	32,3	12,4	30,1	*1,3	*0,0	*3,7	64,5

** "ANDERE" BEINHALTET EIN BREITES SPEKTRUM VON GRÜNDEN WIE "LÄSTIG", "UNÄSTHETISCH", "RELIGIÖSER GRUND".

* DER ENTSPRECHENDE STICHPROBENFEHLER ÜBERSCHREITET 25%.

NATIONAL CENTER FOR HEALTH STATISTICS
U.S. DEPARTMENT OF HEALTH, EDUCATION, AND WELFARE

Diejenigen, die eine der vorgegebenen Methoden benutzt und diese abgesetzt hatten, wurden nach den Gründen für das Absetzen gefragt. Die Gründe wurden grob klassifiziert als negativ gegen die alte Methode oder positiv gegen eine neue Methode mit zahlreichen Unterkategorien in jeder dieser beiden Gruppen. Den Befragten wurde eine offene Frage gestellt, warum sie die Methode aufgegeben hatten. Bis zu zwei Gründe wurden kodiert. Diese Daten sind in der Tabelle 5 enthalten. Unglücklicherweise enthält die Kategorie 'Sonstiges' zuviele Fälle; dies waren Antwortkategorien, die jede für sich genommen relativ wenig Fälle enthielt, aber von den Häufigkeiten in der Tabelle her muß man doch sagen, daß einige zusätzliche Unterkategorien spezifiziert werden sollten.

Die 2. Spalte der Tabelle 5 zeigt den Prozentsatz der Abwanderer an den Jemals-Benutzern jeder Methode. Das Diaphragma führt in dieser Liste der Ablehnungen, gefolgt mit einigem Abstand von einigen anderen traditionellen Methoden, gefolgt wiederum mit ungefähr dem gleichen Abstand von den modernen Methoden. Die Benutzer älterer Methoden zeigten wiederum ein längeres Zeitintervall, um von diesen Methoden wegzuwechseln. Berücksichtigt man aber die Größe der Unterschiede und die bekannte Überlegenheit der modernen Methoden, so ist es unwahrscheinlich, daß die modernen Methoden so bereitwillig aufgegeben werden, außer vielleicht beim Wechsel zur Sterilisation, was sich aus den gegenwärtigen Trends abzeichnet. Andererseits zeigt sich sowohl bei der Pille wie auch beim IUD, daß der dominierende Grund für das Aufgeben der Methode das Auftreten von Nebenwirkungen oder die Furcht vor Nebenwirkungen ist. Die verhältnismäßig niedrigen Anteile des Aufgebens aus "sonstigen" Gründen zeigen sicherlich das Fehlen von ästhetischen Einwendungen gegen die Methode an. Beim IUD kann der Anteil derjenigen, die behaupten, die Methode hätte versagt, vielleicht auch solche einschließen, bei denen das IUD ausgestoßen wurde, selbst wenn dann keine unerwünschte Schwangerschaft eintrat. Eine fortgesetzte negative Presse über Nebenwirkungen könnte eventuell das Absetzen von Pille oder IUD in größerem Umfang verursachen. Die Daten der 76er Welle des NSFG werden vielleicht einen Hinweis auf verstärkte Aufgabe der Pille wegen der Forschungsberichte in den letzten Jahren geben.

Die Gründe für das Aufgeben der verschiedenen traditionellen Methoden fallen ganz überwiegend in die Kategorie 'Sonstige Gründe'. Ohne Zweifel konzentrieren sich diese Gründe auf ästhetische Einwendungen und auf den Effekt dieser Methoden auf die gefühlsmäßigen und sozialen Beziehungen zwischen den Partnern. Wenn diese ästhetischen und gefühlsmäßigen Nebenwirkungen der Kontrazeption nicht das Hauptthema der Forschung darstellen, so ist das nur deshalb der Fall, weil diese Methoden schon so weitgehend in Vergessenheit geraten sind.

Die zweite Spalte von Tabelle 5 ist ganz besonders kritisch. Es gab sehr hohe Anteile von 'keine Angabe' zu dieser Frage, was verwirrend war, da ja offensichtlich keine größere Sensitivität gegenüber dieser

Frage besteht als gegenüber anderen Fragen. Wir haben daraus geschlossen, daß dieser hohe kA-Anteil ein Interviewereffekt war; wir haben Gründe zu glauben, daß die Fragen im Fragebogen vielleicht nicht in der allerklarsten Form ausgelegt waren, und daß die Interviewereinweisung eine ziemliche Verwirrung gestiftet hat in Bezug auf das, was gewünscht wurde. Möglicherweise haben auch manche Interviewer beim Abfragen dieser Fragen Hemmungen gehabt aufgrund persönlicher Erfahrung mit diesen Methoden, aber es gibt nicht einmal in Anekdotenform einen Beweis für diese Überlegung. Der entscheidende Punkt ist, daß dieses Verfahren zum Sammeln von Daten über Nebenwirkungen und Gründe für das Aufgeben insgesamt zu grob war. Die große Breite der Antworten, die wir erhalten haben, läßt vermuten, daß die Leute durchaus in der Lage sind, ihre Gründe für das Aufgeben einer Methode zu artikulieren, obwohl es der Bestätigung von einem Arzt oder einer medizinischen Untersuchung bedürfte, um reliable Daten zu erhalten, wenn als Grund für das Aufgeben eine medizinische Nebenwirkung genannt wird.

DIE ERHEBUNG "GESUNDHEIT UND ERNÄHRUNGSSTAND"

Mit dem National Health Survey Act von 1956 wurde ein dreiteiliges Erhebungsprogramm zur Kontrolle der Gesundheit der Nation eingerichtet. Die Erhebung des Gesundheitsstatus, die 1969 um die Erhebung "Ernährungsüberwachung" ergänzt wurde, ist ein Teil dieses Programms.

Die Ziele der Erhebung sind sehr weit gefaßt: Es soll Information über den Gesundheitsstand und die Bedürfnisse der Gesundheitsversorgung der Bevölkerung der Vereinigten Staaten beschafft werden, und der Ernährungsstand und damit verbundene Gesundheitsprobleme der Bevölkerung sollen laufend kontrolliert werden.

Gesundheits- und Ernährungsdaten werden mittels Interview und medizinischer Untersuchung bei einer Stichprobe im Umfang von etwa 30.000 Personen erfaßt. Es handelt sich um eine Stichprobe der privaten Zivilbevölkerung im Alter von 1 bis 74 Jahren. In der Stichprobe sind Personen mit niedrigem Einkommen, sowie Kinder im Vorschulalter, Frauen in der generativen Phase und alte Leute überrepräsentiert. Die

Feldarbeit wird an 65 über das Land verstreuten Stellen in mobilen Untersuchungszentren während einer 2-Jahres-Periode (-Welle) durchgeführt.

Im Interview werden die soziodemographischen Daten, die Anamnese, die Bedürfnisse der Gesundheitsversorgung und Nahrungsdaten erfaßt. Die Untersuchung des Ernährungsstatus dauert etwa 2 Stunden und umfaßt eine allgemeine Untersuchung, Körpermaße, Dermatologie, Überprüfung der Zähne, biochemischen Status und Messung des Nahrungsbedarfs. Die gründlichere Gesundheitsuntersuchung dauert weitere 2 Stunden und wird nur in einer 20%-Unterstichprobe durchgeführt. Diese Zusatzdaten werden über 2 Wellen kumuliert, um für die Analyse eine ausreichende Stichprobengröße zu erzielen. Eine gynäkologische Untersuchung ist in keinem der Programme enthalten.

Es ist verständlich, daß bei einer Erhebung dieser Größe und Zielsetzung Nebenwirkungen der Kontrazeption keine große Rolle spielten. Allerdings enthält die letzte Welle begrenzt Informationen über Zyklusanamnese, Schwangerschaften und Gebrauch oraler Kontrazeption. Daten über die Pille können zu hämatologischen und kardiovaskulären Befunden/Diagnosen in Beziehung gesetzt werden.

Der entscheidende Punkt ist, daß mit dieser Art von Gesundheitsstudie durch direkte medizinische Untersuchungen, durchgeführt von medizinisch geschultem Personal, eine Reihe von Medizin- und Gesundheitsaspekten der Kontrazeption gemessen werden können, die man über das übliche Haushalts-Interview nicht erfassen kann. Solche Datenbestände schaffen die repräsentative Grundlage für Verallgemeinerungen aus kleineren und intensiveren klinischen Studien.

Literatur

1. Freedman, R.; Whelpton, P.K.; Campbell, A.: Family Planning, Sterility and Population Growth. New York: McGraw-Hill Book Company Inc. 1959.

2. Ryder, N.B.; Westoff, C.F.: Reproduction in the United States, 1965. Princeton, N.J.: Princeton University Press 1977.

3. Ryder, N.B.; Westoff, C.F.: The Contraceptive Revolution. Princeton, N.J.: Princeton University Press 1977.

4. Ryder, N.B.; Westoff, C.F.: "Wanted and Unwanted Fertility in the United States, 1965 and 1970". In: Demographic and Social Aspects of Population Growth, Report of the Commission on Population Growth and the American Future, Vol. I, U.S.Government Printing Office 1972.

5. Vaughn, B.; Trussell, J.; Menken, Jr.et al.: Contraceptive Efficacy Among Married Women 15-44 Years of Age in the United States, 1970-73 in Vital and Health Statistics Reports, Series 23, forthcoming report, National Center for Health Statistics.

6. Whelpton, P.K.; Campbell, A.A.; Patterson, J.E.: Fertility and Family Planning in the United States. Princeton, N.J.: Princeton University Press 1966.

Diskussion

SHAPIRO: Ich möchte darauf hinweisen, daß in den USA nicht nur die Geburtenrate sinkt sondern auch der Anteil der Hysterektomien steigt. Von den Frauen im Alter ab 50 Jahren haben 50% keinen Uterus mehr. Würden Sie die Hysterektomie mit zu den Maßnahmen der Geburtenkontrolle zählen?

PRATT: Ganz sicher nicht.

SHAPIRO: Halten Sie es für möglich, daß Gynäkologen die Hysterektomie zur Geburtenkontrolle empfehlen, etwa in der Art "Sie haben schon 3 Kinder, warum lassen Sie den Uterus nicht rausnehmen?"?

PRATT: Das soll relativ häufig sein. Aber nicht im Ausmaß von 50%. Ich kenne keine derartigen Daten, die Sterilisation als Kontrazeptionsmaßnahme liegt bei etwa 38%.

SHAPIRO: Ich wollte nicht unterstellen, daß die 50% ausschließlich zur Geburtenkontrolle geschehen. Vielleicht sollte man bei der nächsten Befragung danach fragen, ob eine Hysterektomie zur Geburtenkontrolle vorgenommen wurde.

PRATT: Darüber haben wir bereits gezielte Fragen. Wenn eine Frau Sterilität angibt, fragen wir nach dem Grund. Bei operativer Sterilität fragen wir nach der Art der Operation. Wir haben darüber vollständige und zuverlässige Daten.

WALLNER: Sie haben 8% der Bevölkerung als "nicht unter Risiko" für eine Schwangerschaft eingestuft. Glauben Sie nicht, daß es mehr sein könnten?

PRATT: Doch. Das Problem liegt dabei in der Zuordnung der Sterilisation. Es ist sehr schwer, zuverlässige Daten über die kontrazeptive Komponente von Operationen im nachhinein zu bekommen, weil wir bei Operationen mit kontrazeptiver Wirkung ja retrospektiv die Motivierung zu erfassen versuchen. Wir werden wahrscheinlich in Zukunft weniger Gewicht auf die Unterscheidung zwischen therapeutischer und kontrazeptiver Sterilisation legen. Die erwähnten 8% waren aber therapeutische Sterilisationen.

WALLNER: Wie steht es mit natürlicher Sterilität?

PRATT: Die sind in den 8% enthalten. Für sich genommen sind das etwa 1,3%.

ORY: Ich habe zwei Anmerkungen. Die eine ist, daß wir, wie Dr. Shapiro, bei älteren Frauen ungeheuer viel Hysterektomien beobachten und daß wir in unserer Sterilisationsstudie eine Reihe von Fragen dazu haben, ob eine Hysterektomie ganz oder teilweise aus kontrazeptivem Grund erfolgte. Die andere Anmerkung bezieht sich auf randomisierte Versuche zwischen Pille und IUD. In Dr. Pratt's Tabelle 5 wird das schwerwiegendste Problem einer solchen Studie deutlich und das ist, daß nach einiger Zeit 40% der IUD- und Pillenbenutzerinnen von der Methode abwandern.

KELLHAMMER: Meine Frage zielt in der gleichen Richtung wie Dr. Ory's letzte Anmerkung. In der Tabelle 4 findet sich die größte Überschneidung zwischen jemals und derzeit benutzter Methode bei den IUDs mit 58,8%. Andererseits hört man oft, daß die Ausfälle bei IUDs wegen der häufigeren Morbidität (im Vergleich zur Pille) enorm hoch seien, Tietze hat z.B. Zahlen dazu veröffentlicht. Haben Sie eine Hypothese, wie das mit Ihren Daten in Einklang zu bringen ist?

PRATT: Nein.

2. PILOT-PROJEKTE DER DEUTSCHEN STUDIENGRUPPE

VORSITZ: SIEGFRIED KOLLER

PILOT I : ANALYSE VON AUSFÄLLEN UND EINIGE ERGEBNISSE EINER PILLENNEHMER-TYPOLOGIE

Ursula Kellhammer

Ausfälle kann man auf mehrere Arten analysieren. Im folgenden wird dies hauptsächlich interpretierend geschehen, die an der inhaltlichen Bedeutung der Ergebnisse orientierte Darstellung wird nur vereinzelt durch statistisch-methodische Aussagen ergänzt werden. Der Schwerpunkt liegt auf der Präsentation unserer eigenen Daten bezüglich der Ausfälle in Pilot I, der Vergleich mit Ausfällen aus anderen Datenbeständen kann gegebenenfalls in der Diskussion gezogen werden. Die Pillennehmertypologie, zu der es eine Reihe von Diskriminanzanalysen gibt, kommt hier aus Zeitgründen nur sehr am Rande vor. Es wird daraus eine neue Klassenzusammenfassung des Merkmals "Pillenstatus" abgeleitet.

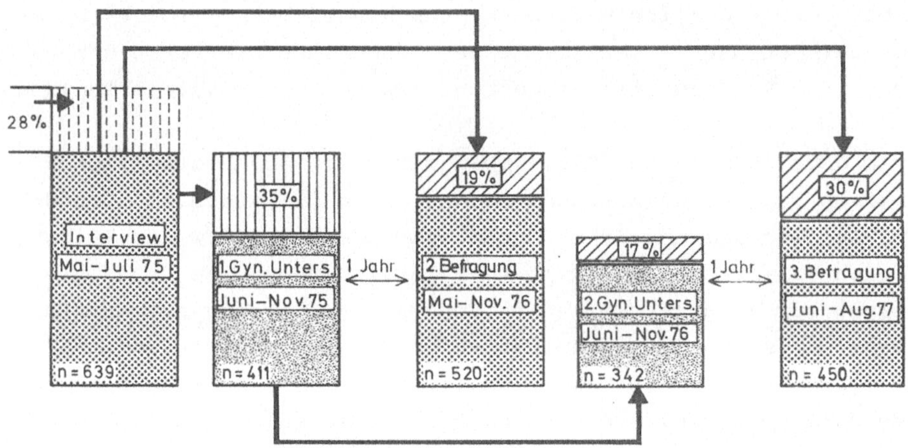

ABB.1: PI, ANLAGE DER PILOT I-STUDIE UND AUSFÄLLE

Im ersten und im zweiten Jahr der Studie hatten wir - wie bei allen Pilotstudien - je eine Befragung und eine gynäkologische Untersuchung. Zur zweiten Untersuchung wurden nur solche Frauen aufgefordert, die auch im 1. Jahr beim Arzt waren. Für die Erweiterung des Pilot I um eine dritte Befragung haben wir uns entschlossen, um Ausfälle besser im zeitlichen Verlauf schätzen zu können.

Begonnen haben wir 1975 mit einem etwa eine 3/4 Stunde dauernden Interview bei einer für die weibliche Bevölkerung von 12-45 Jahren repräsentativen Stichprobe im Großraum München. Das Interview (Umfang 639 Fälle) enthielt Fragen zu Rauchen, Gesundheit, Vorsorgeverhalten und detaillierte Angaben zur Kontrazeption, insbesondere natürlich zur oralen Kontrazeption. Außerdem wurden das Freiburger Persönlichkeiteinventar (FPI-K) und der Gießen-Test vorgelegt sowie die üblichen soziodemografischen Kriterien erhoben (12).

Anschließend an das Interview haben wir die Befragten aufgefordert, zur gynäkologischen Untersuchung zu gehen. Für die Untersuchung konnte ein niedergelassener Gynäkologe oder die II. Universitäts-Frauenklinik (Direktor Prof. Dr. Kurt Richter) gewählt werden. Herr Professor Richter hat Herrn Dr. Ingolf Schmid-Tannwald für die Untersuchungen dankenswerterweise freigestellt. 411 Frauen sind 1975 zur Untersuchung gegangen. Das Untersuchungsprogramm umfaßt alle die Punkte, die bei der gesetzlichen Früherkennungsuntersuchung vorgeschrieben sind, enthält aber zusätzlich einen wesentlich breiteren und speziell auf orale Kontrazeption zugeschnittenen anamnestischen Teil (12).

Nach einem Jahr, d.h. also 1976, haben wir allen 639 Erstbefragten einen zweiten Fragebogen zugeschickt und davon 520 ausgefüllt zurückbekommen. Der Wechsel der Erhebungstechnik vom Interview zum Selbstausfüllbogen entspricht den Zielen der Entwicklungsphase (5). Die Aufforderung zur 2. gynäkologischen Untersuchung erging nur an die 411 Frauen, die sich 1975 schon hatten untersuchen lassen, deshalb sind auf der Zeichnung die beiden Untersuchungen am unteren Rand der Abbildung durch den Pfeil verbunden. Zur gynäkologischen Zweituntersuchung fanden sich 342 Frauen bereit. Die dritte Befragung war an alle 639 Fälle aus dem Interview gerichtet. In der dritten Befragung hatten wir einen Rücklauf von 450 Fällen bis Mitte August 77. Diese Fallzahl wird sich noch geringfügig bis November erhöhen, so daß wir hier bezüglich der Ausfälle eher konservativ schätzen.

Alle Ausfälle sind in der Zeichnung schraffiert. Die senkrecht schraffierten Ausfälle links in der Zeichnung, also vor Interview und bei der 1. gynäkologischen Untersuchung sind Ausfälle von Teilen des Erhebungsprogramms in einer im Prinzip zeitgleichen Erhebungsphase, die definitorische Abgrenzung zwischen Ausfällen und fehlenden Werten ist hier nicht immer klar zu ziehen. Die schräg schraffierten Ausfälle hingegen sind alles Ausfälle im zeitlichen Verlauf. Bei diesen Ausfällen tritt das Erhebungsprogramm als Ursache mehr in den Hintergrund, während die zeitabhängigen Faktoren wie z.B. Mobilität stark an Bedeutung gewinnen.

Im Interview hatten wir eine Ausschöpfung von 72%. Die 28% Ausfälle vor Interview sind hier gestrichelt, weil das aus der Sicht von Pilot I sozusagen materialfremde Ausfälle sind. Über diese materialfremden Ausfälle läßt sich wesentlich weniger sagen als über die im Studienablauf auftretenden Ausfälle, von daher nehmen sie eine gewisse Sonderstellung ein. 35% aller Interviewten sind Ausfälle bei der ersten gynäkologischen Untersuchung. Bei der Bewertung dieser Ausfälle muß man im Auge behalten, daß wir auch den sehr jungen Mädchen der Stichprobe, also den 12-15jährigen, die gynäkologische Untersuchung angeboten haben. Für Frauen ab 20 Jahren reduzieren sich diese Ausfälle auf 30%. Bei der 2. gynäkologischen Untersuchung fielen von den 411 Erstuntersuchten weitere 17% aus. Beim Fragebogenteil haben wir im 1. Studienjahr 19% Ausfälle. Im zweiten Jahr haben wir 30% Ausfälle, das sind fehlende 3. Fragebogen bezogen auf die 639 Fälle des Interviews.

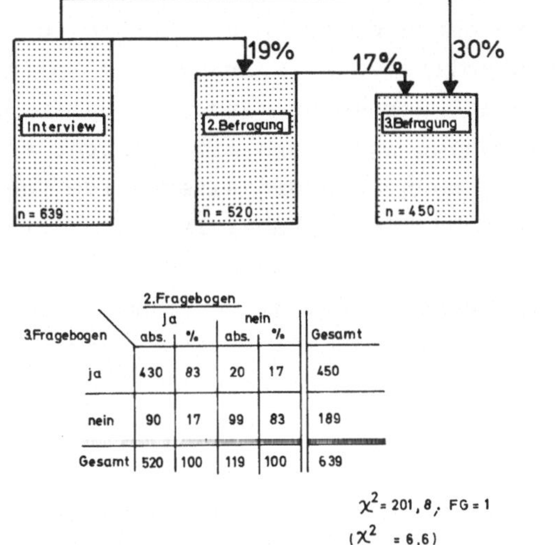

3.Fragebogen \ 2.Fragebogen	ja abs.	ja %	nein abs.	nein %	Gesamt
ja	430	83	20	17	450
nein	90	17	99	83	189
Gesamt	520	100	119	100	639

$\chi^2 = 201{,}8$; FG = 1

$(\chi^2_{\alpha\,0{,}01} = 6{,}6)$

ABB.2 : PI, ÜBERSCHNEIDUNG DES RÜCKLAUFS ZWISCHEN 2. UND 3. BEFRAGUNG

Für die Entscheidung darüber, ob man in Zukunft so verfahren möchte wie bei dieser 3. Befragung, d.h. sich mit neuen Erhebungen immer wieder an die Ausgangsstichprobe wenden will oder nicht, braucht man Informationen zur Überschneidung zwischen den Erhebungswellen. In unserem Material ist diese Überschneidung zwischen zweitem und drittem Fragebogen sehr hoch: Von den 520 Fällen mit zweitem Fragebogen haben 83% den dritten Fragebogen auch ausgefüllt. Die Ausfälle reduzieren sich also, wenn man sie auf Fälle mit zweitem Fragebogen bezieht, von den global vorhandenen 30% auf 17%. Die Frauen, die man einmal für eine engere Mitarbeit an der Studie (wie z.B. das Selbstausfüllen von Fragebogen) gewonnen hat, sind wesentlich weniger ausfall-"gefährdet" als der Bevölkerungsdurchschnitt.

Von daher würde sich eine Verlagerung der Aktivitäten empfehlen, etwa derart, daß man auf möglichst vollständige Daten abstellt und lieber bei einer mehrjährigen Studie die Mahnungen bei denen intensiviert, von denen man schon viel weiß, als alle Fälle im Zeitverlauf gleich zu behandeln. Das hätte hier bedeutet, daß man bei den Fällen, bei denen man schon einen zweiten Fragebogen hat, den 3. Fragebogen öfter oder anders anmahnt als bei den übrigen Frauen. Damit hätte man die 83% Fälle der 2. Befragung mit vollständigen Fragebogendaten schätzungsweise auf etwa 90% steigern können. Dies ist keine aus der Luft gegriffene Zahl, sondern das Ergebnis eines Experiments bezüglich "anders mahnen" in der zweiten Erhebung. Dort haben wir zu allen Frauen, die auf 2 schriftliche Mahnungen nicht reagiert hatten, eine Studentin geschickt, die versuchen sollte, den 2. Fragebogen im Interview zu bekommen. Dies hatte in 36% der so ausgesuchten Fälle Erfolg. Nun sind so relativ kleine Fallzahlen natürlich mit Vorsicht zu interpretieren, aber man kann wohl sagen, daß die Alternative "gezielt bei einzelnen Gruppen mahnen" durchaus diskutabel ist. Die Gefahr derartigen Vorgehens besteht zweifellos darin, daß man den bekannten Panel-Effekt produzieren könnte: Die Befragten werden immer fachmännischer und der strukturelle Abstand zwischen Befragten und Ausfällen wird immer größer. Nun läßt sich ein gewisser Lerneffekt bei Longitudinal-Studien sowieso nicht vermeiden, und die Gefahr strukturell atypischer Ausfälle erscheint mir bei Ausschöpfungsquoten um die 90% doch sehr gering. Ich meine deshalb, man sollte sich innerhalb homogener Untersuchungsteile, also bei den Fragebogendaten oder bei den medizinischen Daten, für das gezielte "in Gruppen Nachverfolgen" entscheiden.

Bei der Analyse von Ausfällen kann man prinzipiell 2 Wege beschreiten: Man kann untersuchen, an welchen Stellen man die Fälle verloren hat, d.h. welche Ursache der einzelne Ausfall hat, und man kann die Fälle, die man behält, daraufhin untersuchen, wie sich ihre Struktur gegenüber dem Studienanfang verändert hat, d.h. welche Selektionskriterien bei den Ausfällen wirksam sind.

Was wir über die Ursachen von Ausfällen in Erfahrung bringen können, soll am Beispiel der 3. Befragung dargestellt werden.

INFORMATION DES EINWOHNERMELDEAMTES BEI UNGÜLTIGEN ADRESSEN	DIE PILOT I STICHPROBE ABS.	%
NOCH AN DER ALTEN ADRESSE GEMELDET	5	0,8%
AUS DEM STICHPROBENGEBIET VERZOGEN	1	0,2%
IM MELDEREGISTER NICHT ZU ERMITTELN	11	1,7%
INNERHALB DES STICHPROBENGEBIETES VERZOGEN - AN DER NEUEN ADRESSE GEMELDET	14	2,2%
ZWISCHENSUMME	31	4,9%
VOR DER 3. BEFRAGUNG ELIMINIERTE FÄLLE	14	2,2%
KORREKTE ADRESSEN	594	93,0%
GESAMT	639	100,1%

P I, 3. BEFRAGUNG, ADRESSENNACHFORSCHUNG

In 31 Fällen kam der ausgesendete 3. Fragebogen als "unzustellbar" zurück. In diesen Fällen haben wir das Einwohnermeldeamt um Auskunft angeschrieben und - auf einem Formular mit den hier angegebenen 4 Kategorien - Antwort erhalten (7). 5 Fälle waren noch an der alten Adresse registriert, d.h. höchstwahrscheinlich gerade im Umzug und noch nicht umgemeldet. In einem Fall war die Befragte aus dem Untersuchungsgebiet verzogen, die neue Adresse ist uns bekannt. 11 Fälle sind im derzeit gültigen Melderegister unbekannt und 14 Fälle sind innerhalb des Meldegebiets umgezogen, dort haben wir dann an die neue Adresse geschrieben. Ausfälle durch veraltete Adressen lassen sich also bei der in Deutschland bestehenden Meldepflicht durch die Zusammenarbeit mit dem Einwohnermeldeamt weitgehend vermeiden. Von den 31 unklaren Adressen konnte die Hälfte aufgeklärt werden. Es bleiben immerhin noch 19 Fälle, das sind 3% aller ausgesendeten Fragebogen, von denen wir nichts wissen und bei denen wir nicht sicher sein können, ob nicht etwa ein Todesfall darunter ist. Da der Zugang zu Leichenschauscheinen aber so kompliziert ist, daß er für eine epidemiologische Studie im allgemeinen ausscheidet, sollten wir den Vorschlag von Dr. Hershel Jick (Boston Collaborative Drug Surveillance Program, Boston University Medical Center) aufgreifen und in zukünftigen Umfragen jeweils die Adresse der Person miterheben, die die Befragte bei einem Unfall benachrichtigen lassen möchte.

TAB. 2

3. BEFRAGUNG	DIE PILOT I STICHPROBE ABS.	%
AUSGEFÜLLTE FRAGEBOGEN	450	70,4%
VERWEIGERUNG 1 (POST UNGEÖFFNET ZURÜCK)	6	0,9%
VERWEIGERUNG 2 (FRAGEBOGEN LEER ZURÜCK)	7	1,1%
KEINE ANTWORT (ADRESSE KORREKT)	145	22,7%
SCHWEBENDE ANTWORT (NEUE ADRESSEN)	5	0,8%
AUS DEM STICHPROBENGEBIET VERZOGEN	1	0,2%
AUSFÄLLE (ADRESSE UNBEKANNT)	11	1,7%
VOR 3. BEFRAGUNG ELIMINIERTE FÄLLE	14	2,2%
	639	100,0%

P I, 3. BEFRAGUNG, ANTWORT-VERHALTEN

Neben den Ausfällen, die verloren gegangen sind, sind als zweite Kategorie vor allem die wichtig, die eine Mitarbeit verweigern. In der 3. Befragung hatten wir zwei Formen expliziter Verweigerung. In 6 Fällen kam der ausgesendete Fragebogen ungeöffnet im Originalumschlag zurück, die Befragten hatten die Annahme verweigert. Und in 7 Fällen kamen leere Fragebogen (mit und ohne Kommentare) zurück. Nun kann man zwar versuchen, durch überzeugendere Motivierung das Ausmaß dieser Verweigerungen zu reduzieren, aber sehr viel Spielraum gibt es in der Richtung glaube ich nicht. Die bekannten Adressen ohne Reaktion der Angeschriebenen sind mit 22,7% sicher ein bedeutender Faktor. Aber hier ist auch das Reservoir zu sehen, aus dem man mit wiederholter Ansprache und gezielter Mahnung zusätzliche Ausschöpfung gewinnen kann. Insgesamt kann man wohl behaupten, daß wir, was den mit allen Anstrengungen nicht erreichbaren Rest betrifft, in den Fragebogenerhebungen etwa mit 5% rechnen müssen. Dies entspricht durchaus dem, was aus großen Bevölkerungsstudien wie etwa der Medienanalyse der AGMA (Arbeitsgemeinschaft Media-Analyse) (9) als erzielbar bekannt ist.

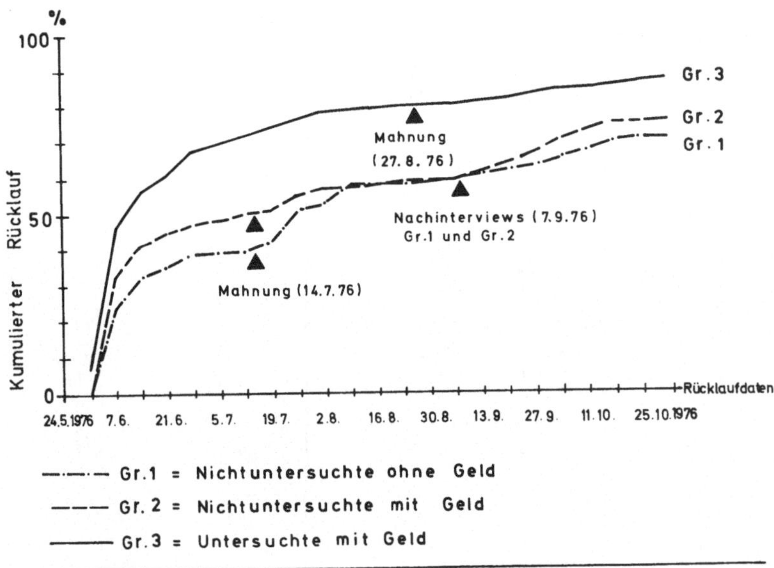

ABB.3 : PI, RÜCKLAUFKURVEN DES 2.FRAGEBOGENS

Um Anhaltspunkte dafür zu bekommen, was als Reiz in der gezielten Nachwerbung funktioniert, haben wir schon in der 2. Befragung (1976) 2 Experimente gestartet: Wir haben einem Teil der Befragten Geld (und zwar DM 20,-) für das Ausfüllen des Fragebogens angeboten, und wir haben versucht, mit Nachinterviews - wie vorhin schon erwähnt - Befragte zurückzugewinnen. Das Ergebnis ist hier in 3 Rücklaufkurven dargestellt. Die oberste Kurve ist der Fragebogenrücklauf der 1975 gynäkologisch untersuchten Frauen. Diesen haben wir allen die 20,- DM angeboten, da die medizinische Untersuchung zu der Zeit noch lief und wir Bedenken hatten, sie durch den 2. Fragebogen ohne Belohnung zu sehr zu stören. Das Experiment "Geld" ist also mit dem Merkmal "medizinische Untersuchung" vermischt. Gruppe 1 und 2 sind alle Nichtuntersuchten, sie wurden zufällig auf die Aktion mit Geld (= Gr.2) und ohne Geld (= Gr.1) aufgeteilt.

Die Nachinterviews wurden bei allen Mitgliedern der Gr.2 und 1 versucht, die bis zu dem eingezeichneten Zeitpunkt keine Reaktion gezeigt hatten. Ein Test für das Experiment "Nachinterviews" ist unter Einbeziehung des zeitlichen Verlaufs nicht möglich, da die Kurven "ohne Nachinterview" an dem eingezeichneten Zeitpunkt vollständig in die Kurven "mit Nachinterview" übergehen. Da das Experiment "Nachinterview" den Kurvenverlauf kaum verändert, bleibt zumindest der Test des Geld-Experiments durchführbar.

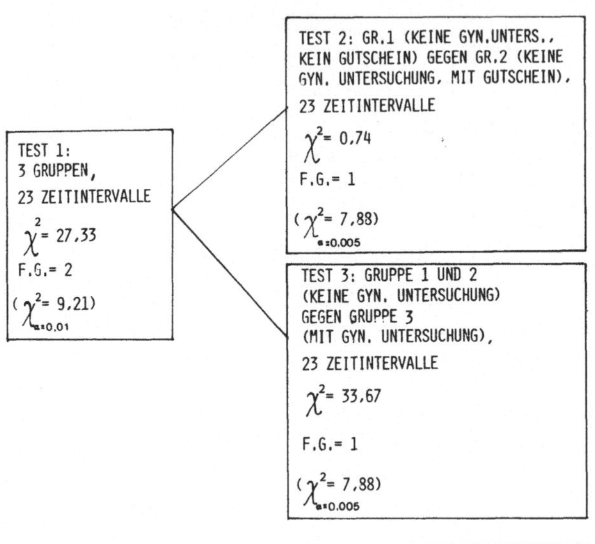

ABB. 4: P I, 2. FRAGEBOGEN , VERGLEICH DER RÜCKLAUFKURVEN MIT DEM MANTEL-HAENSZEL-TEST

Um den Geldeffekt genauer zu überprüfen, haben wir den Mantel-Haenszel-Test zum Vergleich von Überlebenskurven (10) etwas verfremdet eingesetzt. Das Ergebnis für 3 Gruppen ist mit χ^2 = 27,33 bei 2 Freiheitsgraden deutlich signifikant. Um nun zu erfahren, wo der Unterschied liegt, wurden in einem zweiten Test Gruppe 1 gegen Gruppe 2 (also "Geld" gegen "kein Geld") und in einem 3. Test Gruppe 1 und 2 zusammen gegen Gruppe 3, also Nichtuntersuchte gegen Untersuchte, getestet. Auch wenn man die hierarchische Abhängigkeit der Tests berücksichtigt und die 2. Testebene mit entsprechend schärferen Signifikanzgrenzen testet, bleibt das Ergebnis klar und wie auch optisch schon erwartet: Das Geld spielt beim Fragebogenrücklauf keine nachweisbare Rolle, entscheidend ist vielmehr, ob die Befragten sich durch die Teilnahme am medizinischen Programm der Studie stark an das Projekt gebunden fühlen oder nicht.

Um ganz sicherzugehen, haben wir auch die Rücklaufergebnisse der 3. Befragung in den Experimentgruppen der 2. Befragung dargestellt. Das Ergebnis ist deutlich, das Geld hat auch keine Nachhalleffekte, was zählt, ist der Arztbesuch (Abb. 5 und 6).

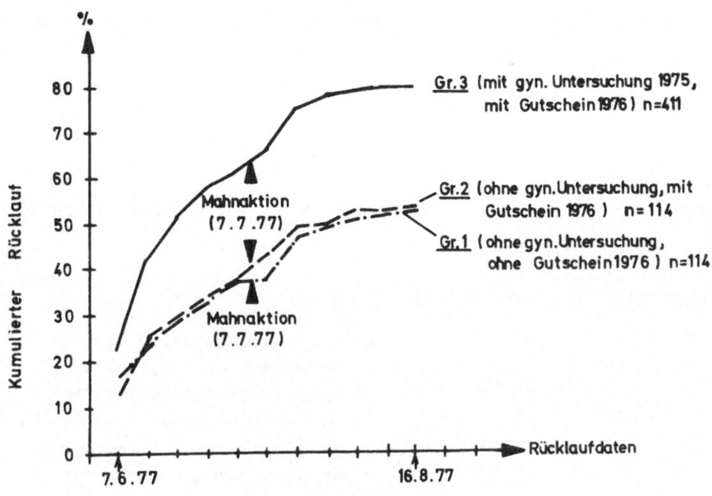

ABB. 5 : PI, 3. BEFRAGUNG, RÜCKLAUFKURVEN FÜR DIE GRUPPEN AUS DER 76-er BEFRAGUNG

ANNAHME: GLEICHER KURVENTYP IN JEDER GRUPPE
(PROPORTIONAL HAZARD MODELL)

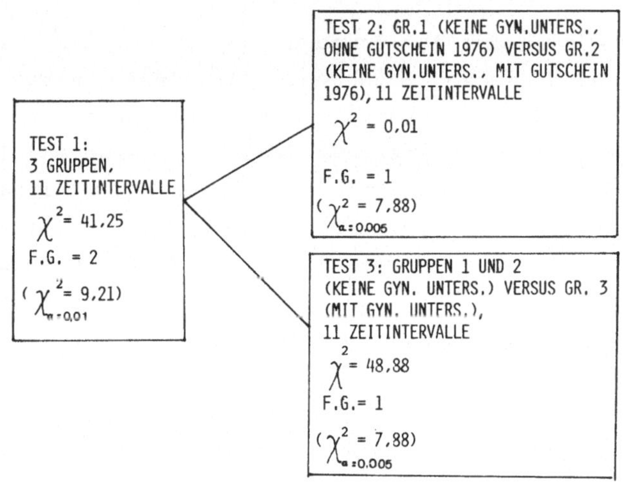

ABB.6 P I, 3. BEFRAGUNG, VERGLEICH DER ROCKLAUFKURVEN IN GRUPPEN DER 76er BEFRAGUNG MIT DEM MANTEL-HAENSZEL-TEST

Über Ausfälle kann man, wie oben erwähnt, auch dadurch mehr in Erfahrung bringen, daß man Selektionseffekte im Material untersucht. Ein solcher Effekt scheint für den 3. Fragebogen das Merkmal "gynäkologische Untersuchung" zu sein. Welche Gruppen zur Analyse der Selektionseffekte entsprechend dem Erhebungsansatz jetzt nach der 3.Befragung überhaupt zur Verfügung stehen, sei an der folgenden Abbildung noch einmal verdeutlicht.

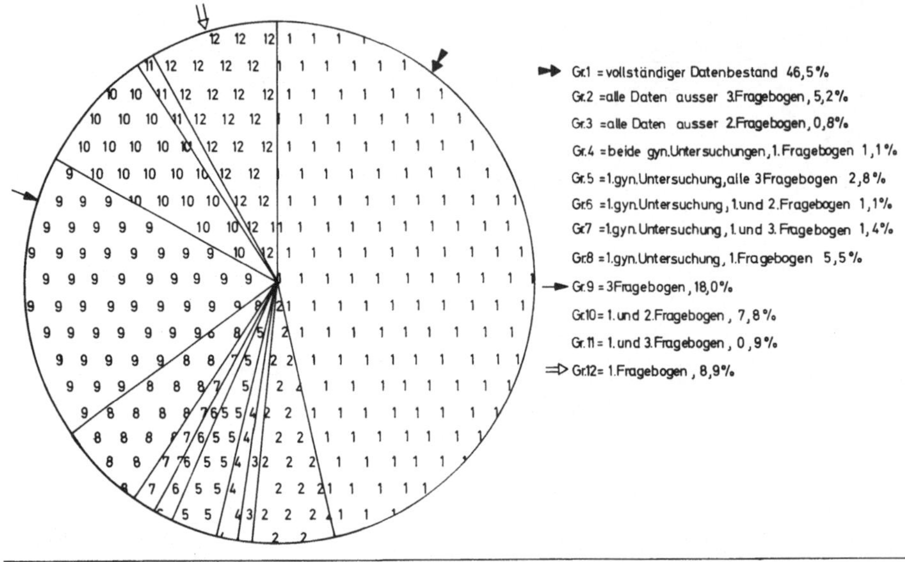

ABB.7: PI, DATENSTRUKTUR NACH DER 3. BEFRAGUNG

Von den 12 Gruppen, die sich aus dem Erhebungsansatz mit 2 medizinischen Untersuchungen und 3 Fragebogen ergeben, sind für uns vor allem Gruppe 1 und 9 von Bedeutung: Von Gruppe 1 mit 46,5% haben wir alles, also vollständige Daten über die letzten 2 Jahre. Von Gruppe 9 (mit 18,0%) haben wir keine medizinischen Untersuchungsdaten, wohl aber den kompletten Satz Fragebogeninformationen. Von Gruppe 12 (Größe 8,9%) haben wir nichts außer dem 1. Interview. Von der Größenordnung stimmen diese 8,9% mit der am 3. Fragebogen entwickelten Hypothese von unvermeidlichen 5% Ausfällen/Jahr recht gut überein.

Die 12 Gruppen lassen sich auch im Schema des Erhebungsablaufs darstellen (Abb. 8). Auf der untersten Ebene sind die 12 Gruppen durchnumeriert. An dieser ablaufgebundenen Darstellung soll verdeutlicht werden, welche Selektionseffekte wir betrachten wollen und wozu wir diese Selektionseffekte analysieren wollen. Unser Ziel ist es, über die Wirkung der Selektion auf den Rücklauf der Zweitbefragung den Rücklauf der 3. Befragung zu schätzen und das Schätzergebnis mit den tatsächlichen Werten zu vergleichen. Ob Selektionseffekte da sind, deren Berücksichtigung die Prognose der dritten Befragung genauer macht, wollen wir an zwei Stellen untersuchen.

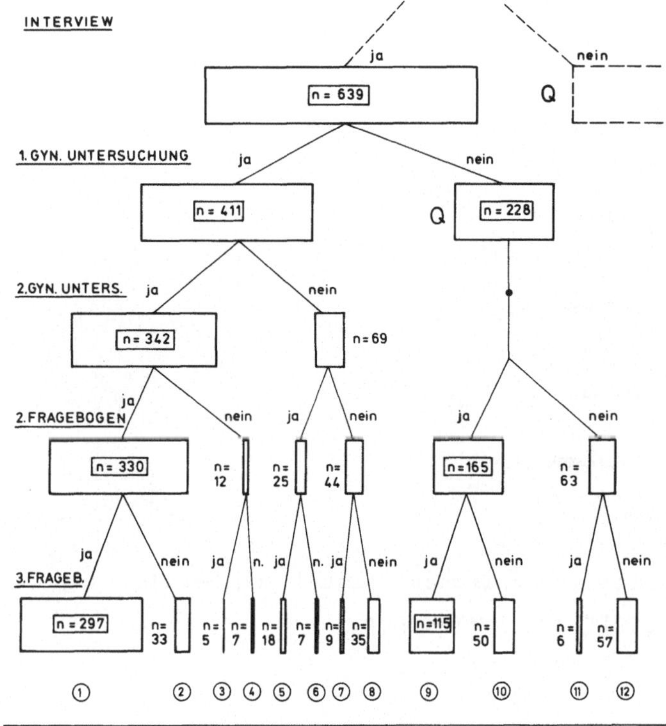

ABB.8: PI, ARTEN VON AUSFÄLLEN   Q = Querschnitt

Wir wollen kontrollieren, wie gut uns mit dem Interview eine verkleinerte Abbildung der Bevölkerung gelungen ist, d.h. wir wollen feststellen, ob die Leute, von denen wir das Interview haben, eine selektierte Untergruppe der Bevölkerung sind oder nicht. Da es sich hier um eine reine Querschnittsbetrachtung handelt, ist dieser Vergleich in der Abbildung durch ein Q angedeutet. Die zweite Stelle, an der wir einen Selektionseffekt kontrollieren, ist zwischen den gynäkologisch Untersuchten und den Nichtuntersuchten, angedeutet durch das Q auf der nächsten Ebene.

Das Interview war die erste Erhebung in Pilot I, deshalb müssen wir zur Untersuchung eines Selektionseffekts beim Interview, wie eingangs schon erwähnt, auf fremde Datenbestände zurückgreifen. Wir haben dazu Daten des Bayerischen Statistischen Landesamts benutzt. Als erstes Vergleichskriterium haben wir das Alter (1) gewählt. Der Vergleich beschränkt sich wegen verschiedener organisatorischer Schwierigkeiten auf das Stadtgebiet und auf Frauen ab 15 Jahren. Die Daten von Pilot I erscheinen als den Bevölkerungsdaten sehr gut angepaßt.

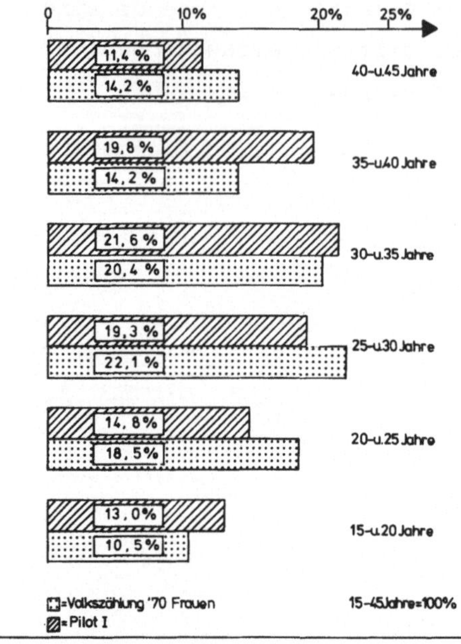

ABB.9: PI (STADTGEBIET MÜNCHEN) ALTERSVERGLEICH INTERVIEW- BEVÖLKERUNG

Als weiteres Vergleichskriterium zwischen Pilot 1 und Bevölkerung haben wir die Berufstätigkeit (2) verwendet.

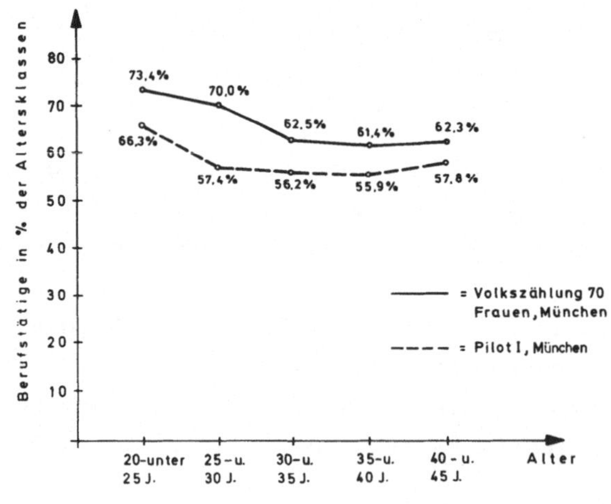

ABB.10: PI VERGLEICH DER BERUFSTÄTIGENQUOTEN IN ALTERSGRUPPEN ZWISCHEN PILOT I-STADT UND VOLKSZÄHLUNGSDATEN

Der Niveauunterschied von gut 5% ist plausibel, wenn man berücksichtigt, daß bei der (höher liegenden) Volkszählung auch Teilzeitarbeit von 1 oder 2 Stunden pro Tag als "berufstätig" erfaßt wurde, während es in Pilot I nur die gröberen Kategorien "voll", "teilweise" oder "nicht" berufstätig gab. Vom Trend her kann man sicher behaupten, daß auch die Berufstätigkeit der Bevölkerung in Pilot I mit hinreichender Genauigkeit repräsentiert ist. Auf Aussagen, die durch Tests erhärtet sind, möchte ich an dieser Stelle verzichten, da bei dem Vergleich mit 5 Jahre älteren und in einem anderen Umfeld erhobenen Daten mir die vorsichtigere Aussage angebracht erscheint. Für das hier vorgestellte Beispiel sollen Alter und Berufstätigkeit als Kriterien genügen, wir gehen im folgenden von der Hypothese aus, daß das Interview ein getreues Abbild der Bevölkerung ist. Damit ist der erste mögliche Selektionseffekt nicht in ausreichender Schärfe vorhanden, als daß seine Berücksichtigung die Ausfälle-Schätzung beim 3. Fragebogen nennenswert verbessern könnte.

Der zweite mögliche Selektionseffekt besteht zwischen gynäkologisch Untersuchten und Nichtuntersuchten zu Beginn der Studie. Welche Kriterien dafür eindimensional eine Rolle spielen, ist aus dem Materialienband des 1. Querschnitts (12) ersichtlich.

TAB. 3

	GYNÄKOLOGISCHE UNTERSUCHUNG	
	JA	NEIN
	411	228
ALTER		
12 - 19 JAHRE	14 %	33 %
20 - 27 JAHRE	26 %	19 %
28 - 35 JAHRE	31 %	24 %
36 - 45 JAHRE	29 %	25 %
	100 %	101 %
PILLENSTATUS		
ZUR ZEIT ODER FRÜHER	76 %	51 %
NIE	24 %	49 %
	100 %	100 %
FÜHRERSCHEIN		
JA	58 %	40 %
NEIN, K.A.	42 %	60 %
	100 %	100 %
FAMILIENSTAND		
LEDIG	29 %	46 %
NICHT LEDIG	71 %	54 %
	100 %	100 %

P I, DIE GRÖSSTEN EINDIMENSIONALEN UNTERSCHIEDE ZWISCHEN FRAUEN MIT UND OHNE GYNÄKOLOGISCHE UNTERSUCHUNG

Es handelt sich um die Merkmale
- Alter und zwar ganz besonders in der jüngsten Klasse,
- um Pillenstatus in 2 Klassen, die im Vergleich zu der üblichen Aufteilung in "jetzt", "früher", "nie" gleich noch begründet wird,
- um Führerschein und um den
- Familienstand in der Einteilung ledig - nicht ledig.

TAB. 4

VARIABLENSATZ PRO DISKRIM.ANALYSE	KORREKT KLASSIFIZIERTE FÄLLE IN PROZENT DER A PRIORI GRUPPE: PILLENNEHME-RINNEN ZUR ZEIT	FRÜHERE PILLENNEHME-RINNEN	NIE-NEHMERINNEN	GESAMT
	N = 230	N = 170	N = 106	N = 506
KONSUMVERHALTEN	60,2%	16,1%	56,4%	44,3%
FPI-K, ROHWERT-SKALEN, ALLE FÄLLE	41,3%	0,6%	69,8%	33,6%
GIESSEN-TEST, ROHWERTSKALEN, ALLE FÄLLE	41,3%	32,9%	49,1%	40,1%
KONTRAZEPTIONS-METHODEN, BEKANNT-HEIT (UNGESTÜTZT)	44,8%	40,6%	45,3%	43,5%

ANALYSIERTE UNTERSCHIEDE:
PILLE JETZT ↔ PILLE FRÜHER
(PILLE JETZT, FRÜHER) ↔ PILLE NIE

P I, DISKRIMINANZANALYSEN ZUM PILLENSTATUS, ERWACHSENEN-STICHPROBE (20 - 45 JAHRE)

Zur Beziehung der Fragebogenmerkmale zum Pillenstatus habe ich in der Erwachsenenstichprobe (506 Fälle) mehrere Diskriminanzanalysen (8) gerechnet. Die wichtigsten Variablensätze, die die verschiedenen Läufe gebildet haben, sind:
- Konsumverhalten im weitesten Sinn (also z.B.auch Arztbesuche u.dgl.)
- FPI-K (4) Rohwertskalen, alle Fälle
- Gießentest (3) Rohwertkalen, alle Fälle
- Kontrazeption, Bekanntheit ungestützt.

In den Diskriminanzanalysen war der Pillenstatus a priori in drei Klassen vorgegeben, nämlich "Pille jetzt", "Pille früher" und "Pille nie". In den Läufen wird versucht, diese Dreiteilung durch die (in der Abb.) links stehenden Variablensätze zu reproduzieren. Das Ergebnis war zwar von Variablensatz zu Variablensatz etwas unterschiedlich, aber in der Tendenz einheitlich: Die Gruppe "Pille nie" läßt sich am besten reproduzieren. So werden z.B. aufgrund der FPI-Skalen 69,8% aller Pille-Nie-Nehmerinnen richtig als solche erkannt. Von der Gruppe "Pille jetzt" werden zwischen 40 und 60% durch Trennvariable richtig klassifiziert, aber die Klassifizierung der früheren Nehmerinnen mißlingt. Bei fast allen Läufen werden die früheren Nehmerinnen auf die Gruppen 'Pille jetzt' und 'Pille nie' aufgeteilt, ohne von diesen entsprechend ausgleichende Zuteilungen zu erhalten. Man kann also sagen, die Gruppe 'Pille früher' ist, wenn man sie diskriminanzanalytisch betrachtet, aus den Fragebogendaten nicht reproduzierbar.

Da es von der zur Verfügung stehenden Zeit her nicht möglich ist, die beiden Schwerpunkte des Themas, nämlich Ausfälle und Pillennehmertypologie, gleich detailliert zu behandeln, soll aus den Diskriminanzanalysen für die Schätzung der Ausfälle nur die Tatsache übernommen werden, daß der Pillenstatus in der zweiklassigen Form "Pille jetzt oder früher" und "Pille nie" die Beziehungen im Fragebogen am besten widerspiegelt. Damit haben wir für die Analyse des Selektionseffekts zwischen Untersuchten und Nichtuntersuchten also 4 Merkmale, nämlich Alter in 4 Klassen, Pillenstatus, Führerschein und Familienstand in je 2 Klassen.

Mit diesen Variablen als Einflußgrößen und dem Merkmal 1.Untersuchung ja/nein als Reaktionsmerkmal wurde eine 5-dimensionale Kontingenztafelanalyse (6) durchgeführt.

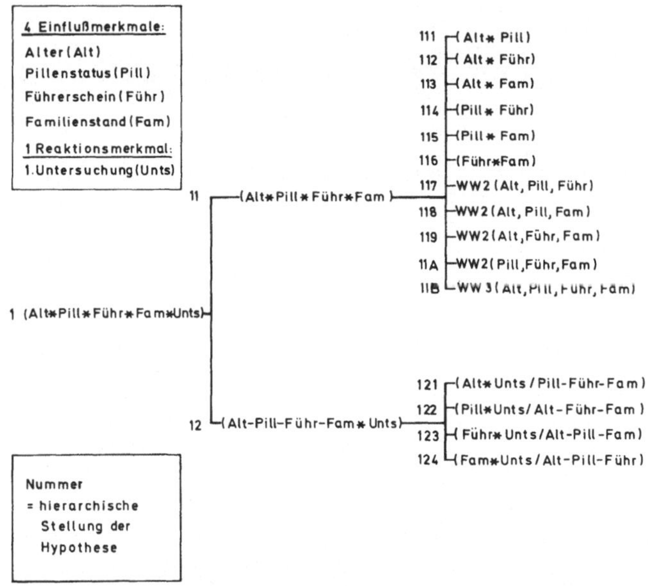

ABB. 11: HYPOTHESENBAUM ZUR 5-DIMENSIONALEN KONTINGENZ-TAFELANALYSE, HYPOTHESEN ZU "1.GYN. UNTERSUCHUNG"

Die bei uns von H. Kristin im System Savod (11) implementierten Hypothesenbäume (Abb.11) zur mehrdimensionalen Kontingenztafelanalyse gehen hauptsächlich auf Arbeiten von Enderlein, Ku und Kullback zurück. Der Hypothesenbaum, an dem die Selektionseffekte zwischen Untersuchten und Nichtuntersuchten analysiert werden sollen, besteht bei den gewählten Merkmalen aus 3 Ebenen. * in der Hypothesenformulierung bedeuten Unabhängigkeit.

Die hierarchisch erste Nullhypothese lautet also: Unabhängigkeit zwischen den Merkmalen Alter, Pille, Führerschein, Familienstand und gynäkologische Untersuchung.

Das Ergebnis sehen wir auf der folgenden Tabelle:

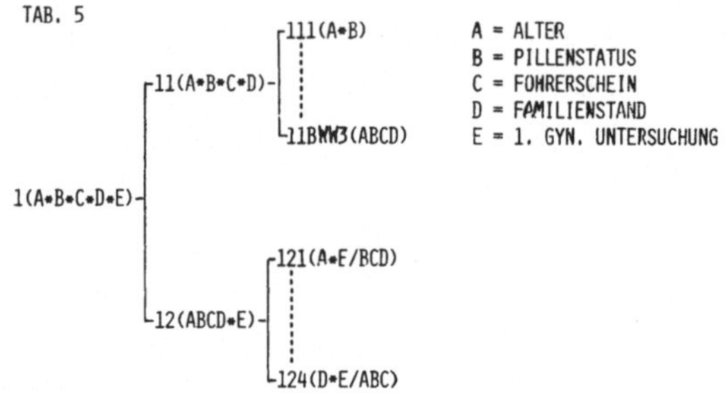

HYP.-NUMMER	HYPOTHESE	WAHRSCHEINLICHKEIT DER HYP.
1	(A•B•C•D•E)	0,000
11	(A•B•C•D)	0,000
111	(A•B)	0,000
112	(A•C)	0,000
113	(A•D)	0,000
114	(B•C)	0,000
115	(B•D)	0,000
116	(C•D)	0,000
117	WW2(A,B,C)	0,001
11A	WW2(B,C,D)	0,000
12	(ABCD•E)	0,000
122	(B•E/ACD)	0,006

P I, ERGEBNISSE DER 5-DIMENSIONALEN ANALYSE BEZÜGLICH 1. GYN. UNTERSUCHUNG

Im oberen Ast auf der letzten Ebene, wo die Einflußmerkmale untereinander betrachtet werden, sind bis auf ein paar Wechselwirkungshypothesen alle Hypothesen sehr wahrscheinlich. Im unteren Ast wird jeweils ein Einflußmerkmal zur gynäkologischen Untersuchung in Beziehung gesetzt und zwar in den Schichten der geschachtelten Variablen aus den übrigen Merkmalen. In diesem Ast ist nur eine Hypothese noch von Bedeutung und zwar der Zusammenhang zwischen Pillenstatus und Untersuchung.

Lassen Sie mich rekapitulieren, was wir nunmehr wissen für eine Schätzung des Rücklaufs in der 3. Befragung.

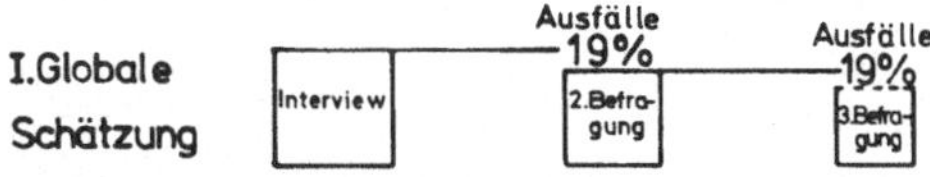

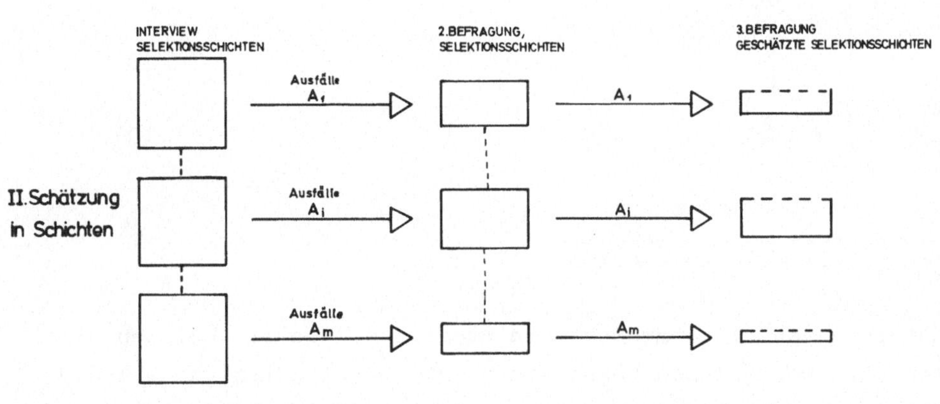

ABB. 12: PI. MÖGLICHKEITEN, DEN RÜCKLAUF DER 3. BEFRAGUNG ZU SCHÄTZEN

Wir wissen erstens, daß wir vom Interview zum 2. Fragebogen 19% Fälle verloren haben. Eine Primitivschätzung des Rücklaufs in der 3. Befragung besteht also darin, mit diesen 19% konstant pro Jahr weiterzurechnen. Wir wissen weiterhin aus der Analyse der Selektionseffekte im Hypothesenbaum, daß die gynäkologische Untersuchung kombiniert mit dem zweiklassigen Pillenstatus für das Antwortverhalten eine Rolle spielt. D.h., wir können, wie es im unteren Teil der Grafik angedeutet ist, differenziert schätzen, indem wir die Ausfälle zwischen Interview und 2. Befragung nicht global, sondern einzeln für die Gruppen der Selektionsmerkmale errechnen und auf die 3. Befragung extrapolieren.

So eine differenzierte Schätzung haben wir mit der aus Pillenstatus und gynäkologischer Untersuchung geschachtelten Variablen vorgenommen. Die Ausfälle schwanken dabei von 13% bei den Untersuchten, die irgendwann zumindest Pille genommen haben, bis zu 28% bei den Nichtuntersuchten, die jetzige oder frühere Pillennehmerinnen sind.

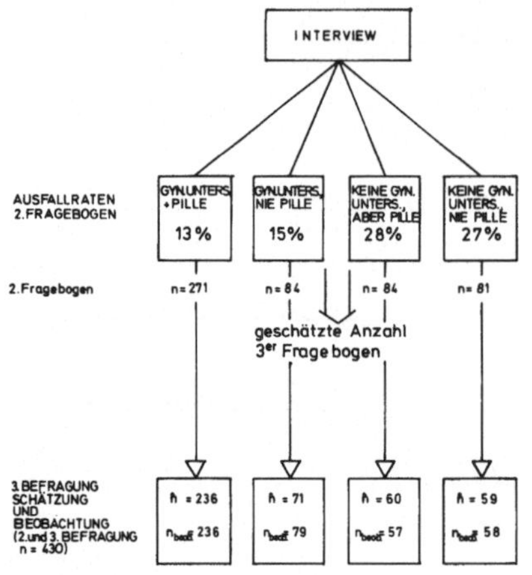

ABB.13: PI, SCHÄTZUNG DER RÜCKLAUFRATEN IN SELEKTIONS-SCHICHTEN

Die untersuchten Pillennehmerinnen treffen wir genau, bei den untersuchten Nichtnehmerinnen haben wir etwas unterschätzt und bei den beiden Gruppen der Nichtuntersuchten haben wir geringfügig überschätzt.

TAB. 6

	FÄLLE MIT 3. FRAGEBOGEN
1. SCHÄTZUNG (GLOBAL) MIT 19% AUSFÄLLE/JAHR	418
2. SCHÄTZUNG (IN SCHICHTEN DER SELEKTIONS-KRITERIEN)	426
BEOBACHTUNG (2. UND 3. FRAGEBOGEN)	430

P I, 3. BEFRAGUNG, GESCHÄTZTE UND BEOBACHTETE FÄLLE

Die mit der Laufzeit der Studie abnehmende Ausfall-Rate zeigt sich im Vergleich: Wir haben 430 3.Fragebogen bei vorhandenen zweiten Fragebogen, geschätzt haben wir aber global nur 418, also 2,8% zu wenig, und differenziert 426, als 0,9% zu wenig. Die Schätzung verbessert sich in diesem Beispiel durch Berücksichtigung der Selektionseffekte um 2%. Die verbesserte Schätzung ergibt in einer laufenden Studie zusätzlichen Handlungsspielraum für z.B. Mahnungen.

Ob dieser Handlungsspielraum wichtig und groß genug ist, daß man dafür den vermehrten Aufwand der Suche nach Selektionskriterien betreibt, bleibt im Einzelfall zu entscheiden.

Literatur

1. Bayerisches Statistisches Landesamt (Hsg.): Stand und Gliederung der Bevölkerung in Bayern, Volkszählung am 27. Mai 1970, Teil 1. Ergebnisse aus dem Totalteil der Zählung, Beiträge zur Statistik Bayerns, 327a, S.100-103

2. Bayerisches Statistisches Landesamt, unveröffentlichtes Material der Volkszählung 1970

3. Beckmann, D.; Richter, E.: Gießen-Test (GT), Verlag Hans Huber, Bern, Stuttgart, Wien 1972

4. Fahrenberg, J.; Selg, H.; Hampel, R.: Das Freiburger Persönlichkeitsinventar FPI, Verlag für Psychologie, Dr.C.J.Hogrefe, Göttingen 1973

5. Kellhammer, U.; Giesecke, B.; Überla, K.: Repräsentative Querschnittsstudie 'Orale Kontrazeptiva'. In Medizinische Informatik und Statistik, Bd.2. Alternativen medizinischer Datenverarbeitung. Springer-Verlag, Berlin, Heidelberg, New York 1976, 41-47

6. Kristin, H.: Mehrdimensionale Kontingenztafeln (Auswertungsmethoden und Programme), Technischer Bericht Nr.6 des Instituts für medizinische Informationsverarbeitung, Statistik und Biomathematik, München 1976

7. Landeshauptstadt München, Kreisverwaltungsreferat, Gruppe II/213 Form 783-PM Fach B 39

8. Sampson, P.: BMDP 7 M Stepwise Discriminant Analysis, BMDP Biomedical Computer Programs (Dixon, W.J. ed.) University of California Press, Berkeley, Los Angeles, London 1975, 411-451

9. Scheler, H.E.; Wendt, F.: A New Fieldwork Model: Development, Experiences and Non-Response Problems, European Research Vol. 4. No.3, 1976, 101-111

10. Selbmann, H.K.; Kereck, H.: HP-Stab, HP-Statistik - Bibliothek des ISB, Technischer Bericht Nr.1 des Instituts für medizinische Informationsverarbeitung, Statistik und Biomathematik München 1975

11. Selbmann, H.K.; Raab, A.: SAVOD-Q-Anwendungshandbuch, Technischer Bericht Nr.3 des Instituts für medizinische Informationsverarbeitung, Statistik und Biomathematik, München 1976

12. Überla, K. et al.: Nebenwirkungen oraler Kontrazeptiva. Querschnittsauswertung der Repräsentativbefragung und der ärztlichen Untersuchung (Pilot-Projekt I), Materialienband Nr.3 des ISB,1976

Diskussion

TEILNEHMER: Frau Kellhammer, Sie haben gesagt, daß Sie eine repräsentative Stichprobe der weiblichen Bevölkerung im Großraum München gezogen haben. Habe ich Sie richtig verstanden, daß Sie nur Pillennehmerinnen untersucht haben?

KELLHAMMER: Nein. Wir hatten ausgehend von Wahlbezirkseinheiten im random-route-Verfahren zufällig Haushaltsadressen erhoben und dann in diesen Haushalten, falls mehr als eine Zielperson vorhanden war, wiederum zufällig die Erwachsene oder die Jugendliche für die Stichprobe bestimmt.

TEILNEHMER: Dann haben Sie noch über den Panel-Effekt gesprochen, also darüber, daß die Frauen den Fragebogen selbst ausfüllen und dabei fortlaufend an Erfahrung gewinnen. Es würde mich interessieren, was Dr. Kay dazu sagt. Ist das in seiner Studie, die ja insofern anders angelegt ist als dort Ärzte die Bogen ausfüllen, auch so?

KAY: Wir haben das nicht im einzelnen analysiert, aber von der Tendenz her haben wir die gleiche Erfahrung. Ich habe z.B. die 15% zitiert, in denen wir Berichte an den Arzt zur Klärung zurückschicken. Das war am Ende des Erhebungsjahrs, am Anfang war das nicht so günstig, also wurde offensichtlich Erfahrung gesammelt.

SHAPIRO: In der Planungsphase derartiger Studien gibt es ein gravierendes Problem, zu dem ich keine Lösung kenne. Angenommen, wir hätten die Hypothese, daß orale Kontrazeptiva tiefe-Venen-Thrombosen verursachen. Wenn nun eine Patientin mit einem geschwollenen Bein zum Arzt kommt, wie wahrscheinlich ist es, daß die Diagnose 'tiefe-Venen-Thrombose' und die Krankenhauseinweisung beeinflußt werden durch die Information, daß die Patientin orale Kontrazeptiva nimmt? Die Diagnose kann sogar korrekt sein, aber wenn der Pillenkonsum Bestandteil der Diagnostik ist, haben wir an diesem Punkt eine durch Selektion verzerrte Studie. Diese Verzerrung tritt bei Fall-Kontroll-Studien ebenso auf wie bei Verlaufs-Studien. Ich glaube man unterschätzt den Bedarf an Studien zur Hypothesenfindung, in denen Daten breit gesammelt werden und in denen diese Verzerrung nicht besteht. Der andere Weg, dies anzugehen, besteht darin, Untergruppen zu suchen, in denen die

Diagnose sozusagen unausweichlich ist. Wenn z.B. eine Frau eine Lungenembolie hat und daran stirbt, gibt es keine Verzerrung mehr. Aber das zeigt die Bedeutung der Unbefangenheit des Arztes bzw. der Patientin bezüglich dem Ausfüllen von Fragebogen. Beim dritten Fragebogen werden leicht geschwollene Beine vielleicht etwas ganz anderes bedeuten als beim ersten Bogen.

KOLLER: Das ist ein schwerwiegendes Problem.

KELLHAMMER: Derartige Effekte zeigen sich meines Erachtens deutlich in unserem Material. Wenn man über die Verzerrung von seiten des dokumentierenden Arztes spricht,sollte man allerdings im Auge behalten, daß das Pillenrezept nicht notwendigerweise von dem Arzt stammt, der sich um die Venenthrombose kümmert.

SHAPIRO: Das spielt keine Rolle, der Pillenkonsum kann trotzdem als Kriterium bei der Diagnostik eingesetzt werden.

ÜBERLA: Ich glaube, daß wir das Problem nicht umgehen können, aber ich weiß auch nicht, wie wir diese potentielle Verzerrung vermeiden könnten.

ORY: Um nochmal auf die Ausfälle zu kommen, erinnere ich mich richtig, daß die Ausfälle kaum vom Pillenkonsum, wohl aber von der gynäkologischen Untersuchung abhängig waren?

KELLHAMMER: Ja, es besteht eine leichte Abhängigkeit vom Pillenkonsum, aber die entscheidende Variable ist ohne Zweifel die gynäkologische Untersuchung.

ORY: Wenn man den Gedanken weiterverfolgt, kommt man zu dem Schluß, daß Sie Ihre Ausfälle erheblich reduzieren könnten, wenn Sie auf die gynäkologische Untersuchung verzichten.

KELLHAMMER: Ja, natürlich. Aber ich glaube, dies führt zu einer Diskussion über das Erhebungsmodell, die mehr für morgen angesetzt ist.

<u>KAY:</u> Für die Diskussion müßte Martin Vessey hier sein, er könnte Ihnen da am besten helfen. In seiner auf Patientenkontakten aufgebauten Studie gab es ein höchst bemerkenswertes Ergebnis. Er hat von 17.000 Fällen in 9 Jahren bloß 2 oder 3% verloren.

<u>KELLHAMMER:</u> Wir haben Dr. Vessey eingeladen, er konnte leider wegen anderer Verpflichtungen nicht kommen.

DER FRAGEBOGEN VON PILOT I:
RELIABILITÄT UND GENERALISIERBARKEIT AUF EINE BUNDESWEITE STUDIE

Wilhelm Warncke

Eine wichtige Voraussetzung für eine Langzeitstudie ist die Überprüfung der Reliabilität der Erhebungsinstrumente. Da der 1. Fragebogen aus der Repräsentativstudie das Ausgangsmaterial an Fragenformulierungen für alle späteren Erhebungsbogen darstellt, erschien es uns nötig, in einer neuen Studie eine Reliabilitätsuntersuchung durchzuführen. Daneben sollten aber auch Hinweise gefunden werden, ob die Frauen bei der Beantwortung der Fragen vom Interviewer stark beeinflußt werden, und ob sich regionale Ballungsräume im Antwortspektrum unterscheiden. Um unsere Ziele zu erreichen, haben wir folgenden Erhebungsansatz gewählt:

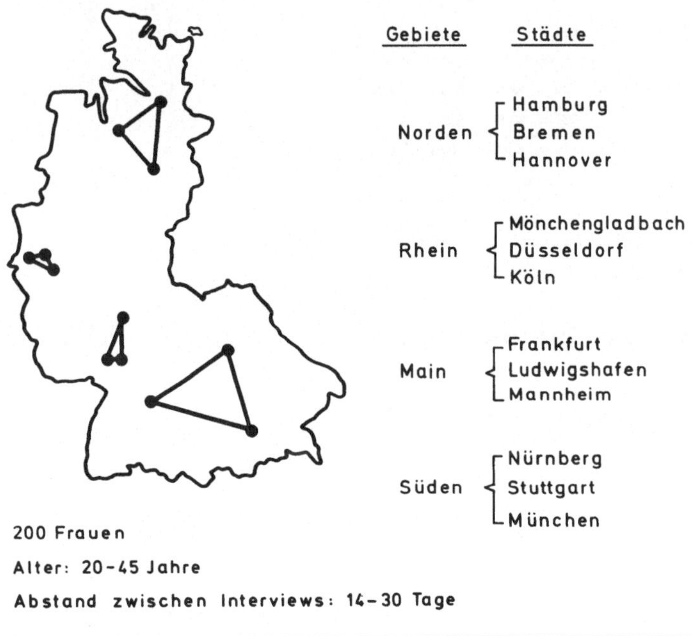

ABB. 1 : BALLUNGSGEBIETE

200 Frauen im Alter von 20-45 Jahren sollten zufällig in 12 deutschen Großstädten ausgewählt werden. Die 12 Städte wurden zu 4 Ballungsgebieten zusammengefaßt: Das Gebiet "Nord" enthält die Städte Hamburg,

Bremen, Hannover, das Gebiet "Rhein" umfaßt Mönchengladbach, Düsseldorf, Köln, im Gebiet "Main" liegen die Städte Frankfurt, Ludwigshafen, Mannheim, und unter "Süd" sind die Orte Nürnberg, Stuttgart und München zusammengefaßt.

Jede der Frauen sollte zweimal anhand des gleichen Fragebogens in einem zeitlichen Abstand von 14-30 Tagen interviewt werden. Von den Frauen wurde eine Hälfte bei Erst- und Zweitbefragung vom selben Interviewer aufgesucht; bei der anderen Hälfte fand von erster zu zweiter Befragung ein Interviewerwechsel statt. Dadurch wird es möglich, den Interviewereinfluß zu erkennen. Der Rücklaufbericht zeigt die Ausschöpfungsquoten für 1. und 2. Interview.

TAB.1

RÜCKLAUFBERICHT

	GESAMT	SPLIT I	SPLIT II
BRUTTOANSATZ	1001 = 100%	498 = 100%	503 = 100%
HAUSHALTSAUSFÄLLE	638 = 63,7	303 = 60,8	335 = 66,6
VERBLEIBENDE HAUSHALTE	363 = 100%	195 = 100%	168 = 100%
ZIELPERSON VERWEIGERT INTERVIEW	50 = 13,8	28 = 14,3	22 = 13,1
SONSTIGE GRÜNDE	39 = 10,7	20 = 10,3	19 = 11,3
1. INTERVIEWS	274 = 75,5	147 = 75,4	127 = 75,6
2. BEFRAGUNG	274 = 100%	147 = 100%	127 = 100%
HAUSHALTSAUSFÄLLE	9 = 3,3	4 = 2,7	5 = 3,9
VERBLEIBENDE HAUSHALTE	265 = 100%	143 = 100%	122 = 100%
ZIELPERSON VERWEIGERT INTERVIEW	33 = 12,5	11 = 7,7	22 = 18,0
ANDERE GRÜNDE	40 = 15,1	21 = 14,7	19 = 15,6
2. INTERVIEWS	192 = 72,4	111 = 77,6	81 = 66,4

Ausgangspunkt war ein Bruttoansatz von 1001 Frauen. 498 gehören in die Gruppe ohne Interviewerwechsel, 503 fallen in Split II, die Gruppe, in welcher von erster zu zweiter Befragung ein Interviewerwechsel stattfindet. Nach Abzug der neutralen Ausfälle verbleiben 363 Frauen, von denen 274, das sind 75,4%, das erste Interview abgegeben haben. Zwischen Split I und Split II besteht bezüglich der Beteiligung in der Erstbefragung kein Unterschied. Bei 192 Personen konnte auch das zweite Interview erzielt werden. Hier zeigen sich allerdings Unterschiede in den beiden Splits. Beim gleichen Interviewer gaben 111

Frauen ein zweites Interview ab. Das sind 77,6%. Erschien bei zweiter Befragung dagegen ein neuer Interviewer, so haben insgesamt nur 66,4% sich zur Wiederholungsbefragung bereit erklärt. Daraus ergibt sich, daß ein neuer Interviewer viel höhere Motivationsarbeit leisten muß, um ein zweites Interview zu bekommen. Der Interviewer stellt somit einen Selektionsfaktor beim Aufbau der Stichprobe dar, über den man nur geringe Informationen besitzt. Die 192 Doppelinterviews sind das Datenmaterial für die Reliabilitätsprüfung, die wir nach dem auf Tabelle 2 dargestellten Verfahren durchgeführt haben.

TAB. 2

AUSWERTUNGSMETHODIK

QUANTITATIVE VARIABLE:

KORRELATIONS KOEFFIZIENT r

QUALITATIVE VARIABLE:

1. PROZENTSATZ AN ÜBEREINSTIMMENDEN ANTWORTEN — DIAG
2. VEKTORIELLER KORRELATIONSKOEFFIZIENT — R

BEISPIELE:

	NEIN	JA	
NEIN	21	0	21
JA	0	2	2
	21	2	23

DIAG = 100%
R = 1

	NEIN	JA	
NEIN	21	1	22
JA	1	0	1
	22	1	23

DIAG = 91,3%
R = -0,04

Bei den quantitativen Variablen haben wir jeweils aus den einander entsprechenden Variablen aus erster und zweiter Befragung den gewöhnlichen Korrelationskoeffizienten berechnet und ihn als Reliabilitätskoeffizienten definiert. Bei den qualitativen Merkmalen wurde der Prozentsatz an übereinstimmenden Antworten festgestellt (6,7). Dieser Wert wird mit Diag bezeichnet, weil der Anteil an übereinstimmenden Antworten gerade in der Diagonale der Übergangstafel steht. Nachteilig am Koeffizienten Diag ist, daß sowohl die Zahl der Ausprägungen als auch die Form der Randverteilung unberücksichtigt bleiben. Um sich vor zu optimistischen Einschätzungen der Diagwerte zu schützen, wurde zusätzlich ein vektorieller Korrelationskoeffizient berechnet. Man erhält den vektoriellen Korrelationskoeffizienten auf einfache Weise: Den Ausprägungen der qualitativen Merkmale werden Einheitsvektoren zugeordnet, derart daß die Stellung der "1" innerhalb des Vektors angibt, um welche Ausprägung es sich handelt. Mit diesen Vektoren geht man in die Rechenvorschrift für den gewöhnlichen Korrelationskoeffizienten und ersetzt dort die Multiplikation durch das Standard-Skalarprodukt von Vektoren.

Die beiden extremen Beispiele in der Tabelle 2 zeigen das unterschiedliche Verhalten von Diag und R. Aus der ersten Übergangstafel ersieht man totale Übereinstimmung. 21 übereinstimmende "Nein"-Antworten und 2 übereinstimmende "Ja"-Antworten. Dann ist Diag = 100% und R = 1. In der zweiten Tafel ist in der Kategorie "Ja" keine Übereinstimmung mehr vorhanden. Diag fällt nur auf 91,3%, während R nur noch -0,04 beträgt. Der vektorielle Koeffizient gewichtet also die wenig besetzte Klasse viel stärker.

Um den Interviewereinfluß zu fixieren, sind die Berechnungen sowohl für die Gruppe ohne, als auch für die Gruppe mit Interviewerwechsel durchgeführt worden. Bei den quantitativen Merkmalen sind die einander entsprechenden Koeffizienten mit Hilfe der $\dot{z}$-Transformation auf Gleichheit getestet worden (8).

Bei den quantitativen Variablen (Tabelle 3) gibt es eine ganze Reihe von Merkmalen mit hohen Reliabilitätskoeffizienten, beispielsweise Alter mit 0,99, Geburtenzahl 0,99, Einnahmedauer der Pille bei derzeitigen Nehmerinnen mit 0,908. Schlecht wird das Merkmal "Zahl der Arztbesuche im letzten Jahr" reproduziert; R ist nur 0,6; oder das Merkmal "Arbeitsunfähigkeitsdauer" mit einem Wert von 0,49. Das ist bedauerlich, da dies zwei Merkmale sind, die die Krankheitsanfälligkeit global erfassen.

Bei der Betrachtung der Reliabilitätskoeffizienten in den beiden Untergruppen treten mitunter größere Unterschiede auf. Bei den unterstrichenen Merkmalen ergeben sich signifikante Unterschiede. Die Unterschiede bei Alter, Haushaltsgröße und Gewicht sind aber ohne Relevanz und sind zum Teil in der verwendeten $\dot{z}$-Transformation begründet. Es ist nicht so, daß beim gleichen Interviewer stets eine höhere Übereinstimmung erzielt würde: "Einnahmedauer der Pille" bei jetzigen Nehmerinnen oder "Alter bei Beginn des Rauchens" wird bei wechselndem Interviewer besser reproduziert.

TAB. 3 KORRELATIONS KOEFFIZIENTEN

	GESAMT		SPLIT I		SPLIT II	
MERKMAL	N	R	N	R	N	R
ALTER	192	0,995	111	0,993	81	0,998
KINDERZAHL	192	0,994	111	0,994	81	0,996
HAUSHALTSGRÖSSE	192	0,984	111	0,991	81	0,971
GEWICHT	190	0,982	109	0,980	81	0,986
GRÖSSE	190	0,965	111	0,984	79	0,928
ALTER BEI 1. GEBURT	152	0,942	89	0,954	63	0,923
RAUCHEN ABGEWÖHNT (ALTER)	28	0,937	13	0,996	15	0,881
KIND 1: STILLZEIT (WOCHEN)	113	0,915	66	0,892	47	0,936
FRÜHERE RAUCHER: ZIGARETTEN/TAG	28	0,910	13	0,913	15	0,953
PJ: EINNAHMEDAUER	65	0,908	36	0,892	29	0,993
PF: EINNAHMEDAUER	69	0,903	40	0,932	29	0,855
KIND 1: GEBURTSGRÖSSE	146	0,887	86	0,895	60	0,867
RAUCHER: ALTER BEI 1. ZIGAR.	69	0,883	34	0,779	35	0,918
PJ: EINNAHMEDAUER DER JETZIGEN PILLE	66	0,864	36	0,835	30	0,907
RAUCHER: ZIGARETTEN/TAG	65	0,854	33	0,927	32	0,851
PF: SEIT WANN OHNE PILLE	69	0,825	41	0,874	28	0,691
ABNAHMEWUNSCH	79	0,821	46	0,885	33	0,630
FRÜH.RAUCHER: 1.ZIG.(ALTER)	28	0,789	13	0,208	15	0,897
IDEALGEWICHT	164	0,765	95	0,909	69	0,622
PJ: WIE LANGE REZEPT	62	0,744	34	0,810	28	0,712
JAHR DER 1. OPERATION	116	0,676	63	0,602	53	0,741
ZAHL DER ARZTBESUCHE	165	0,617	97	0,723	68	0,555
KIND 1: GEBURTSGEWICHT	149	0,577	87	0,736	62	0,374
ARBEITSUNFÄHIGKEITSDAUER	33	0,491	19	0,848	14	0,298

Insgesamt ergeben sich bei diesen 25 Variablen in der Gruppe "gleicher Interviewer" in 14 Fällen ein höherer, in 10 Fällen ein geringerer Wert als in der anderen Gruppe. Eine plausible Erklärung, wieso ein neuer Interviewer bei einer Reihe von Merkmalen bessere Übereinstimmung erzielt, haben wir bislang nicht. Man hätte hier durchaus ein deutliches Auseinanderklaffen zu Ungunsten des neuen Interviewers vermuten können.

Bei den psychologischen Tests (Tab. 4) haben wir folgende Reliabilitätskoeffizienten erhalten: Bei FPI-K (3) liegen sie meist zwischen 0,6 und 0,7. Der niedrigste Wert tritt bei Skala 4 (Erregbarkeit) mit 0,56 auf. Der höchste Wert von 0,75 erscheint für Skala 3 (Depressivität). Durchweg sind die Werte für Split I höher, außer bei Skala 6. Die Unterschiede von mehr als 0,2 bei Skala 9 (Offenheit) und Skala 7 (Dominanzstreben) sind auf 5%-Niveau signifikant. Die Werte für den Giessen-Test (1) sind in der unteren Hälfte zu sehen. Die ersten 3 Skalen haben die höchsten Test-Retest-Korrelationskoeffizienten mit Werten um 0,65. Die restlichen Skalen haben nur Reliabilitätskoeffizienten unter 0,55. Bis auf Skala 3 und 4 ergeben sich signifikante Unterschiede.

TAB. 4

PSYCHOLOGISCHE TESTS

SKALA		KORRELATIONSKOEFFIZIENTEN GESAMT	SPLIT I	SPLIT II
FPI-K:				
NERVOSITÄT	(1)	0,666	0,692	0,632
AGGRESSIVITÄT	(2)	0,642	0,686	0,579
DEPRESSIVITÄT	(3)	0,751	0,783	0,705
ERREGBARKEIT	(4)	0,566	0,617	0,515
GESELLIGKEIT	(5)	0,662	0,692	0,611
GELASSENHEIT	(6)	0,626	0,622	0,645
DOMINANZSTREB.	(7)	0,587	0,682	0,476 (+)
GEHEMMTHEIT	(8)	0,668	0,728	0,582
OFFENHEIT	(9)	0,601	0,695	0,456 (+)
GT:				
SOZIALE				
RESONANZ	(1)	0,691	0,772	0,564 (++)
DOMINANZ	(2)	0,641	0,717	0,505 (+)
KONTROLLE	(3)	0,615	0,624	0,615
GRUNDSTIMMUNG	(4)	0,553	0,583	0,485
DURCHLÄSSIGKEIT	(5)	0,507	0,662	0,269 (++)
SOZIALE POTENZ	(6)	0,543	0,629	0,402 (+)

In beiden psychologischen Tests zeigt sich in der Gruppe "gleicher Interviewer" eine bessere Reproduzierbarkeit, wobei der Giessen-Test stärker vom Interviewer beeinflußt zu werden scheint. Die genauen Werte sind aus Tabelle 4 zu ersehen.

Einige qualitative Merkmale sind auf Abbildung 2 zusammenfassend dargestellt. Die Fragen nach dem Vorhandensein von Statussymbolen wie Führerschein, Auto, Telefon oder Fernseher zeigen hohe Reproduzierbarkeit. Der Anteil an übereinstimmenden Antworten liegt über 90%. Fast ebenso gute Übereinstimmung ergeben die Fragen nach Mitgliedschaften in Vereinen, Religionsgemeinschaften oder Krankenkassen. Weniger gut reproduzieren sich die Antworten zur Schul- und Berufsausbildung sowie zur Berufstätigkeit. Die Werte liegen hier etwas über 60%. Bei den Merkmalen Stellung des Vaters oder des Ehemannes im Beruf ist zu berücksichtigen, daß vom Interviewer eine Zuordnung zu vorgegebenen Klassen vorgenommen werden mußte. Dadurch erhöhte sich die Variabilität; Wertdifferenzen von 15 bzw. über 30% zwischen den Splits rechtfertigen diese Deutung.

Sehr schlecht schneidet die soziale Selbsteinschätzung nach dem Verfahren von Kleining und Moore ab (4). Es konnten nur ca. 33% übereinstimmende Antworten erzielt werden. Auch wenn man Wechsel zu benachbarten Schichten noch als Übereinstimmung zählt, steigt Diag nur auf etwa 50%. Faßt man von 192 Frauen beide Befragungen zusammen, so findet man 38 Frauen, die in der einen oder anderen Befragung sich zu keiner Antwort entschließen konnten. Das bestätigt die These, daß dies Verfahren zur Messung der sozialen Schicht nicht mehr geeignet ist. Da wir anfangs einen Datenfehler für möglich hielten, haben wir die entsprechenden Fragen bei uns im Institut ein zweites Mal codiert. Es konnte aber nur eine unwesentliche Verbesserung erreicht werden.

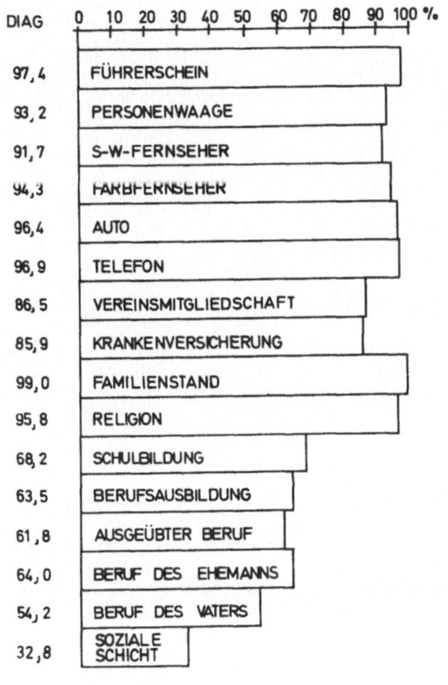

ABB.2: RELIABILITÄT VON BESITZ UND VON SOZIODEMOGRAFISCHEN KRITERIEN

Aufgrund der geringen Reliabilität der sozialen Schicht ist nun nicht mehr verwunderlich, daß im Pilot I keine Zusammenhänge zwischen Kontrazeption und sozialer Schicht gefunden wurden.

Einen großen Raum nimmt die Erhebung anderer Risikofaktoren ein, wie z.B. die Rauch- und Trinkgewohnheiten oder der Medikamentenverbrauch (Abbildung 3). Die Raucheranamnese brachte zufriedenstellende Ergebnisse. Es werden Werte von 96,4% für "Rauchen zur Zeit" und 92,2% für "Rauchen früher" ermittelt. Lediglich fürs Inhalieren fallen die Diagwerte auf 75,4% bzw. 67,9% ab. Bei gleichem Interviewer steigen aber auch für Inhalieren die Werte über 80%. Für die Zahl der täglich gerauchten Zigaretten wurden Korrelationskoeffizienten von 0,854 und 0,910 errechnet.

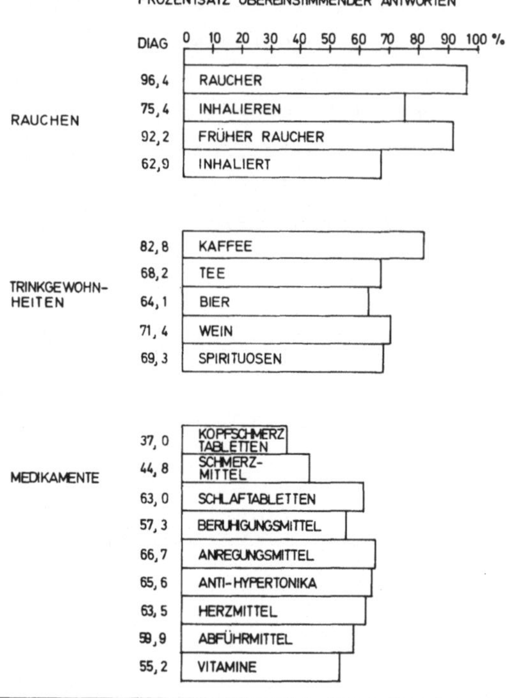

ABB.3: RELIABILITÄT VON KONSUMVARIABLEN

Beim Getränkeverbrauch ergeben sich nur für die Intensität des Kaffeekonsums gute Übereinstimmungsteile mit 82,8%. Die anderen aufgeführten Getränke liefern ca. 70% übereinstimmende Antworten.

Die Häufigkeit der Medikamenteneinnahme hat schlechte Reliabilitäten. Bei Kopfschmerzmitteln nur 37%, bei allgemeinen Schmerzmitteln 44,8%, sonst liegen die Werte um 60%. Wir haben daher in anderen Fragebogen schon eine neue Formulierung aufgenommen. Ein Verzicht auf diese Fragen erscheint unmöglich, weil gerade bei der Untersuchung von Nebenwirkungen an der Leber sowie möglicher Überlagerungen mit oralen Kontrazeptiva eine genaue Erhebung des Medikamentenverbrauchs wichtig ist.

Im Themenkomplex Gesundheit wurde nach verschiedenen Krankheiten gefragt (Abbildung 4). Durchweg konnten gute Übereinstimmungen festgestellt werden, z.B. Herzkrankheiten 91,1%, Leberkrankheiten 95,8% Varizen 82,8%. Das Merkmal "Kopfschmerzen" ist mit 54,2% wenig reliabel. Wahrscheinlich liegt es daran, daß Kopfschmerzen sehr zeitabhängig sind und daher zwischen den Befragungen tatsächlich große Verschiebungen auftreten. Vermutlich werden Kopfschmerzen außerdem nicht als Krankheiten, sondern als kurzzeitige Beschwerden aufgefaßt und sollten nicht als Krankheit erhoben werden.

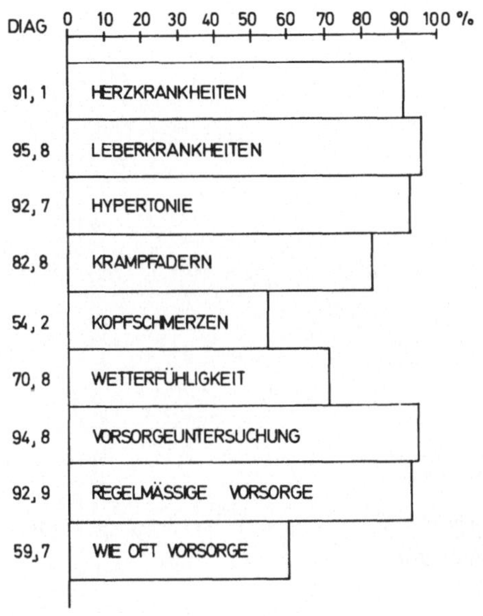

ABB.4: RELIABILITÄT DER GESUNDHEITSVARIABLEN

Neben dem Gesundheitsstatus wurden auch die Einstellung und Beteiligung an Maßnahmen zur Gesunderhaltung wie die Krebsvorsorge ermittelt. Ob überhaupt schon einmal an einer Vorsorgeuntersuchung teilgenommen wurde oder ob regelmäßig teilgenommen wird, ist gut reproduzierbar mit 94,8% bzw. 92,9%. Aber nur 59,7% geben übereinstimmend an, wie oft zur Vorsorge gegangen wird.

Die Fragen zur Kontrazeption wurden in 3 getrennten Teilen im Fragebogen für die jetzigen, früheren und Nie-Nehmerinnen gestellt. Es ergeben sich insgesamt annehmbare Reproduzierbarkeitseigenschaften (Tabelle 5). Die augenblickliche Pilleneinnahme wird zu 92,7% übereinstimmend beantwortet. Bei den derzeitigen Nehmerinnen wird die Bezugsquelle für die Pille zu 83,6%, die augenblickliche Marke zu 88% reproduziert. Das Kontrazeptionsverhalten vor Einnahme der augenblicklichen Pille ist mit 70,1% weniger gut reliabel. Wurde zuvor ein anderes Präparat eingenommen, so wird der Name dieser Pille nur ungenügend (57,2%) reproduziert. Die früheren Nehmerinnen beantworten zu

70,4% übereinstimmend die Frage nach dem Namen ihrer letzten Pille.

TAB. 5

KONTRAZEPTION
PROZENTSATZ ÜBEREINSTIMENDER ANTWORTEN

	GESAMT	SPLIT I	SPLIT II
PILLENSTATUS	92,7	93,7	91,4
NEHMERINNEN:			
BEZUGSQUELLE	83,6%	86,5%	80,0%
PILLENMARKE	88,0	94,6	80,0
FRÜHERE KONTRAZEPTIONSMETHODE	70,1	64,9	76,7
FRÜHERE PILLENMARKE	57,2	62,5	52,5
FRÜHERE NEHMERINNEN:			
PILLENMARKE	70,4	69,0	82,8
NEBENWIRKUNGEN	IM GANZEN MEHR ALS 80% ÜBEREINSTIMMENDE ANTWORTEN		
NICHTHORMONALE METHODEN	DIE/ANTWORTEN ZUR „BEKANNTHEITFRAGE" WURDEN BESSER ALS DIE ANTWORTEN ZUM „ABLEHNVERHALTEN" REPRODUZIERT		

Nebenwirkungen werden von jetzigen Nehmerinnen kaum, von früheren etwas häufiger angegeben. Die Diagwerte liegen über 80%. Schaut man sich aber an, welche Frauen zu beiden Befragungen Nebenwirkungen nannten, so ist die Übereinstimmung in dieser Ausprägung gering, d.h. die Ja-Antworten bezüglich Nebenwirkungen reproduzieren sich schlecht. Meiner Meinung nach sollte man dem optimistischen Diagwert mit Skepsis begegnen.

Bei Nehmerinnen und früheren Nehmerinnen wurde die Einstellung gegenüber anderen nicht-hormonalen Kontrazeptionsmethoden in 3 Fragen erhoben: Bekanntheit in ungestützter und gestützter Form, sowie Ablehnung in gestützter Form. Für Kondom erhält man die beste Übereinstimmung mit 93,9% bei Bekanntheit und 79,9% bei Ablehnung, sonst liegen die Diagwerte bei Bekanntheit um 80%, bei Ablehnung oftmals um 70%, was für zweiklassige Merkmale gering ist. Auffällig ist, daß für fast jede Methode die Ablehnung schlechter als die Bekanntheit reproduziert wird. In der Gruppe der Nie-Nehmerinnen zeigt sich ein vergleichbares Bild. Doch der Anteil an gleichen Antworten ist in dieser Personengruppe im Schnitt etwas niedriger.

Allgemein kann für die Reliabilitätsuntersuchung gesagt werden, daß die meisten Merkmale annehmbare Reliabilitäten aufweisen. Schlechtere Reproduzierbarkeit wurde vor allem bei Variablen festgestellt, die die Intensität der Verbrauchsgewohnheiten erfassen sollen, wie beim Medikamenten- und Getränkeverbrauch oder die Inhalierhäufigkeit beim Rauchen. Im Bereich "Vorsorgemaßnahmen" fielen die Fragen wegen schlechter Reliabilität auf, die auf Zeitabstände zwischen Vorsorgeuntersuchungen abzielten. Von den Fragen zu Kontrazeptionsmethoden waren die Merkmale zur Ablehnung von nicht-hormonalen Methoden weniger gut reliabel. Wirklich überrascht waren wir von der schlechten Reliabilität der "Sozialen Schicht".

Um regionale Unterschiede festzustellen, bieten sich zwei Möglichkeiten. Man kann sowohl innerhalb der Reliabilitätsstudie die Merkmale in den 4 Regionen Nord, Rhein, Main, Süd betrachten, als auch die Reliabilitätsstudie den Münchner Frauen aus der Repräsentativstudie gegenüberstellen. Ein Vergleich nur der Münchner Bevölkerung in den beiden Studien scheitert an der kleinen Zahl von Münchner Frauen in der Reliabilitätsstudie. Die erste wichtige Frage ist, ob sich zwischen den beiden Studien in Bezug auf die "Pilleneinnahme zur Zeit des Interviews" gravierende Unterschiede feststellen lassen.

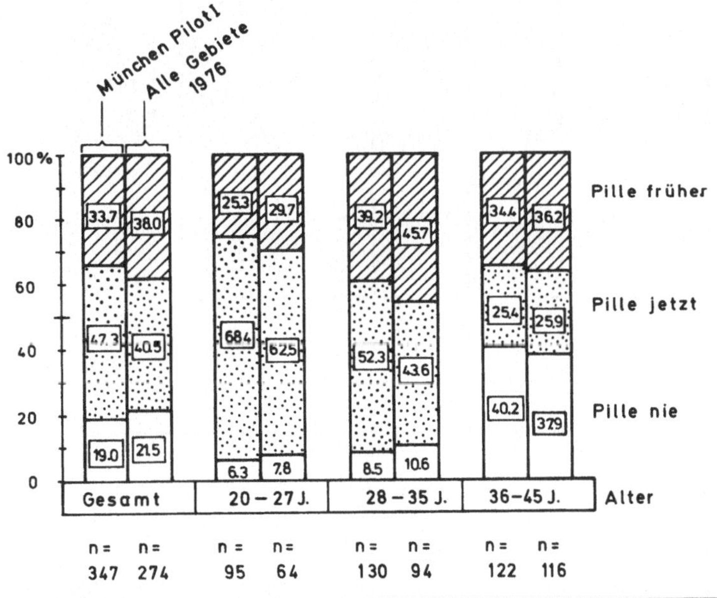

ABB.5: PILLENEINNAHME NACH ALTERSGRUPPEN IM VERGLEICH ZWISCHEN PILOT I (MCHN.) UND DEN BALLUNGS-GEBIETEN

Die Abbildung 5 zeigt das Merkmal "Pillenstatus", in den linken Säulen jeweils für die Münchner Bevölkerung, in den rechten Säulen für die bundesweite Stichprobe. Von den 347 Münchner Frauen im Alter von 20 bis 45 Jahren sind 47,3% derzeitige und 33,7% frühere Nehmerinnen. In der Reliabilitätsstudie haben wir 40,5% derzeitige und 38,0% frühere Nehmerinnen. In den Altersgruppen ist bei den über 36 Jahre alten fast der gleiche Anteil an jetzigen Nehmerinnen zu verzeichnen. Insgesamt finden sich in München mehr Nehmerinnen. Neben dem regionalen Unterschied kann aber auch die Zeitdifferenz zwischen den Befragungen von etwa 1,5 Jahren noch zum Tragen kommen. Eine Zunahme der Pillenmüdigkeit könnte einen leicht erhöhten Anteil an früheren Nehmerinnen in der bundesweiten Studie erklären. Mit dem χ^2-Homogenitätstest läßt sich aber weder für den Pillenstatus noch für die geschachtelte Variable aus Pillenstatus und Alter ein signifikanter Unterschied feststellen.

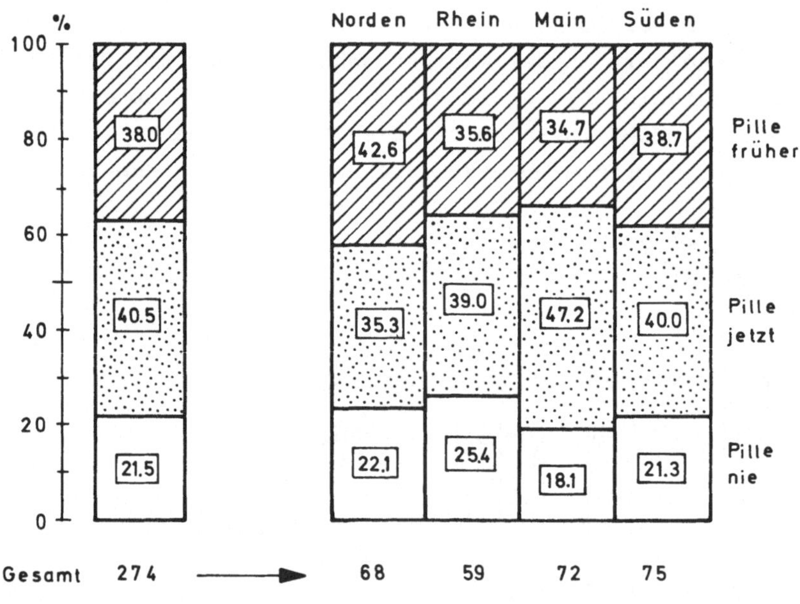

ABB. 6 : PILLENEINNAHME IN 4 BALLUNGSGEBIETEN

Auch zwischen Pillenstatus und Region finden sich keine signifikanten Zusammenhänge. Wenn nur die relativen Häufigkeiten interpretiert werden, finden sich im Norden (s.o.) die wenigsten Nehmerinnen, im Maingebiet die meisten Nehmerinnen.

Ein beachtenswertes Beispiel, in dem sich die 4 Ballungsgebiete stark unterscheiden, ist die Einstellung gegenüber nicht-hormonalen Kontrazeptionsmethoden.

TAB. 6 NICHTHORMONALE KONTRAZEPTIONSMETHODEN

BEKANNTHEIT (gestützt)	NORD	RHEIN	MAIN	SÜD	GESAMT	MÜNCHEN
KONDOM	89,7	91,7	98,6	97,3	94,5	94,5 %
COITUS INTERRUPTUS	85,3	81,4	79,2	90,7	84,3	88,5
KNAUS OGINO	94,1	83,1	65,3	85,3	81,8	83,9
CHEMISCHE METHODEN	82,4	74,6	65,3	76,0	74,5	84,4
SPIRALE	82,4	86,4	75,0	89,3	83,2	86,5
PESSAR	76,5	55,9	41,7	58,7	58,0	72,3
TEMPERATURMETHODE	85,3	76,3	51,4	73,3	71,2	81,3
SCHEIDENSPÜLUNG	77,9	72,9	45,9	65,3	65,0	75,2
STERILISATION ♂	89,7	84,7	77,8	84,0	83,9	90,5
STERILISATION ♀	89,7	94,9	83,3	88,0	88,7	90,2
ENTHALTSAMKEIT	89,7	86,4	76,4	80,0	82,8	86,7
ABLEHNUNG						
KONDOM	14,7	18,6	41,7	25,3	25,5	33,7 %
COITUS INTERRUPTUS	41,2	35,6	50,0	34,7	40,5	32,3
KNAUS OGINO	44,1	28,8	47,2	28,0	37,2	49,3
CHEMISCHE METHODEN	50,0	55,9	44,4	44,0	48,2	62,0
SPIRALE	35,3	37,3	40,3	46,7	40,1	50,1
PESSAR	38,2	35,2	29,2	30,7	33,2	46,4
TEMPERATURMETHODE	45,6	39,0	33,3	20,0	33,9	49,6
SCHEIDENSPÜLUNG	60,3	52,5	37,5	48,0	49,3	51,3
STERILISATION ♂	50,0	57,6	47,2	58,2	53,3	59,7
STERILISATION ♀	47,1	64,4	52,8	58,7	55,5	63,4
ENTHALTSAMKEIT	61,8	57,6	66,7	36,0	55,1	66,9

Es sind die *relativen Häufigkeiten* für die Merkmale Bekanntheit und Ablehnung von Kontrazeptionsmethoden getrennt nach den 4 Regionen, sowie für die Reliabilitätsstudie unter Gesamt, als auch für die Repräsentativstudie unter München aufgeführt. Für Kondom liegt in beiden Studien der Bekanntheitsgrad bei 94,5%. Die Unterschiede zwischen den Regionen bei Knaus Ogino, Pessar, Temperaturmethode, Scheidenspülung, die großenteils auf der geringen Bekanntheit der Methoden im Maingebiet beruhen, sind mindestens auf dem 5%-Niveau signifikant. Die Knaus Ogino-Methode ist dort nur 65,3% bekannt, während es in norddeutschen Städten bei 94,1% der befragten Frauen der Fall ist. Zwischen den Stichproben der beiden Studien treten teils größere Differenzen auf; Pessare sind in München bei 72,3%, in der bundesweiten Erhebung nur zu 58% bekannt. Durchweg ist in München die Bekanntheit der Methoden höher als anderswo. Unterstrichene Werte deuten auf Signifikanz hin. Hinsichtlich der Ablehnung ergeben sich überall, außer bei Coitus interruptus, in München höhere Ablehnungsquoten.

Im Maingebiet werden Kondome zu 41,7% abgelehnt, während es im Norden nur 14,7% tun. Die Methode nach Knaus Ogino kommt im Süden für 28% nicht infrage, im Maingebiet für 47,2% nicht. Temperaturmethoden und sexuelle Enthaltsamkeit werden in Süddeutschland weniger stark abgelehnt.

Bei den genannten Nebenwirkungen (Abb.7) treten meist geringe geographische Schwankungen auf.

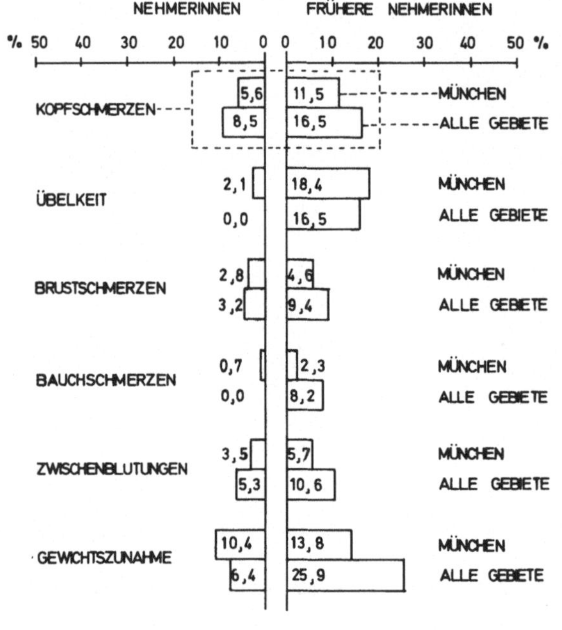

ABB. 7: RELATIVE HÄUFIGKEIT VON NEBENWIRKUNGEN ORALER KONTRAZEPTION

Auf der linken Seite in der Abbildung 7 stehen die relativen Häufigkeiten für Nehmerinnen, die auch weiterhin die Pille nehmen wollen, rechts stehen die früheren Nehmerinnen, die aufgehört haben, die Pille zu nehmen, obwohl weiterhin Kontrazeptionsbedarf bestand. In jedem Block enthält der obere Teil die Münchner Ergebnisse, der untere Teil die bundesweiten Angaben. Klar zu sehen ist, daß frühere Nehmerinnen verstärkt über Nebenwirkungen klagen. Am häufigsten werden Kopfschmerzen, Übelkeit, Gewichtszunahme genannt. Die Gewichtszunahme ist bei den früheren Nehmerinnen im Bundesgebiet signifikant häufiger genannt worden.

Die Merkmale zum Medikamentenverbrauch (Tab.7) fallen auch hier wieder als besonders schlecht heraus.

TAB.7

MEDIKAMENTE

RELATIVE HÄUFIGKEIT VON „KEINE ANGABE"

	NORD	RHEIN	MAIN	SÜD	GESAMT	MÜNCHEN
KOPFSCHMERZMITTEL	25,0 %	15,3%	45,8%	34,7%	31,0%	42,9%
ALLG. SCHMERZMITTEL	19,1	18,6	36,1	21,3	24,1	51,9
SCHLAFTABLETTEN	20,6	20,3	55,6	25,3	31,0	51,0
BERUHIGUNGSMITTEL	20,6	22,0	52,8	24,0	30,3	50,1
ANREGUNGSMITTEL	20,6	23,7	56,9	26,7	32,5	52,7
ANTI-HYPERTONIKA	20,6	25,4	54,2	26,7	32,1	53,0
HERZMITTEL	23,5	25,4	55,6	25,3	32,8	53,3
ABFÜHRMITTEL	25,0	20,3	54,2	24,0	31,4	49,9
VITAMINE	22,1	22,0	54,2	24,0	31,0	51,3

erzeugt von INTERVIEWER: Ich habe hier eine Liste von Medikamenten gegen verschiedene Beschwerden und Krankheiten.
Sagen Sie mir bitte zu jedem Medikament, wie oft Sie es nehmen: Täglich, etwa einmal pro Woche, etwa einmal pro Monat, seltener als einmal pro Monat oder nie?

Jedes der Merkmale hat für die gesamte Stichprobe einen "Keine-Angabe-Anteil" von etwa 30%. Besonders hoch ist aber kA-Anteil im Maingebiet mit über 50%. Die Werte im Maingebiet entsprechen etwa den Prozentsätzen für die Münchner Bevölkerung. Da in beiden Studien so hohe kA-Anteile auftreten, kann es sich nicht um einen zufälligen Effekt handeln, sondern muß in der Formulierung der Fragen begründet liegen. Die Ursache dafür könnte sein, daß eigentlich nur nach periodischem Konsum gefragt wurde. Es erscheint mir einleuchtend, daß Frauen, die solche Medikamente bei unregelmäßigem Bedarf einnehmen, Schwierigkeiten haben, sich einer der vorgegebenen Kategorien zuzuordnen.

Neben den eben dargestellten Merkmalen treten auch in anderen Fragebereichen signifikante Unterschiede auf. Ich möchte nur einige, teils triviale Beispiele kurz nennen:

Im Norden befürwortet ein höherer Anteil Vorsorgeuntersuchungen auch schon bei Frauen unter 30 Jahren. Im Maingebiet wird stärker über Kopfschmerzen geklagt, im Süden ist Wetterfühligkeit häufiger, auch finden sich hier weniger frühere Raucher. Beim Sport treten triviale Unterschiede zu Tage, wie etwa, daß im Süden vermehrt Skisport betrieben wird. In norddeutschen Haushalten findet sich eher ein Telefon, im Maingebiet ist eine Personenwaage häufiger anzutreffen. Als Trivialität sei auch noch erwähnt, daß sich in der Religionszugehörigkeit die bekannten Nord-Süd-Unterschiede wiederfinden. Zusammenfassend kann man sagen, daß in vielen Themenbereichen sich einige Merkmale finden, deren Verteilung von Region zu Region abweicht. Für die Mehrzahl der Variablen findet man aber keine regionalen Unterschiede, so daß man sagen kann, daß im großen und ganzen die in der Repräsentativstudie gefundenen Ergebnisse auch auf andere deutsche Großstädte übertragbar sind. Es ist zu beobachten, daß oftmals bei solchen Merkmalen mit mittlerer oder schlechterer Reliabilität auch regionale Unterschiede anzutreffen sind, wie z.B. Medikamentenverbrauch oder Ablehnung von Kontrazeptionsmethoden. Die bei einigen wichtigen Merkmalen gefundene schlechte Reliabilität zeigt uns, wie nötig solche Pilotstudien sind, um für eine Hauptstudie eine Korrekturmöglichkeit zu haben, so daß man mit einem besseren Erhebungsinstrument ausgerüstet ist.

Literatur

1. Beckmann, D.; Richter, E.: Gießen-Test(GT) Verlag Hans Huber, Bern,Stuttgart,Wien 1972

2. Collen, M.F. et al.: Reliability of a Self Administered Medical Questionnaire. Arch. Intern. Med. 123 (169), S.664-681

3. Fahrenberg, J.; Selg, H.; Hampel, R.: Das Freiburger Persönlichkeitsinventar FPI, 2.Aufl. Verlag für Psychologie, Dr.C.J.Hogrefe, Göttingen 1973

4. Kleinig, G.; Moore, G.H.: Soziale Selbsteinstufung (SSE). Kölner Zeitschrift für Soziologie und Sozialpsychologie. Jg.20, Heft 3, 1968, S.502-551

5. Mehrens, W.A.; Ebel, R.L.: Principles of Educational and Psychological Measurement. Rand McNally & Company, Chicago, Illinois, 1967

6. Pflanz, M.: Allgemeine Epidemiologie. Georg Thieme Verlag, Stuttgart 1973

7. Rommel, K.; Steinhardt, B.; Überla, K.: Laborvorsorgeuntersuchungen in zwei Betrieben: Genauigkeit von Laborverfahren und Fragebogen. Klinische Wochenschrift 54, S.1169-1192, Springer-Verlag 1976

8. Sachs, L.: Angewandte Statistik. Berlin, Heidelberg, New York 1974

Diskussion

WALLNER: Herr Warncke, als Kliniker verblüfft mich, daß beispielsweise Zwischenblutungen im norddeutschen Raum doppelt so häufig vorkommen sollen wie im Münchner Bezirk. Das kann ich mir aus medizinischer Sicht nicht erklären.

WARNCKE: Das waren Fragebogendaten, die stammen nicht aus der ärztlichen Untersuchung. Möglicherweise ist auch - andere Variable deuten darauf hin - die Auskunftbereitschaft im Norden größer als im Süden.

ÜBERLA: Herr Wallner, wir haben keine Anhaltspunkte für die Erklärung so großer Unterschiede. Nun sind sehr viele Fragen gestellt worden, da sind große Unterschiede in manchen auch als Zufall zu erwarten. Außerdem könnte auch eine unterschiedliche Einstellung der Interviewer Bedeutung haben, wir wissen das nicht.

BERENDES: Wir haben vor einigen Jahren Studien zum Menstruationszyklus durchgeführt. Dabei fanden wir große Unterschiede zwischen Weißen und Schwarzen. Wir dachten, das könnte an einer unterschiedlichen sozioökonomischen Schichtung liegen. Wann Monatsblutungen beginnen, ist schließlich eine Definitionsfrage. Vielleicht spielt das hier eine Rolle.

SATTLER: War die Beantwortung vielleicht davon abhängig, ob es männliche oder weibliche Interviewer waren?

WARNCKE: Es waren alles weibliche Interviewer.

CONRAD: Wieviele Fragebogen waren es pro Region?

WARNCKE: Es waren zwei Erhebungen im Abstand von etwa 4 Wochen mit ca. 70 Befragten pro Region.

TEILNEHMER: Das könnte leicht einen Unterschied von 5% geben.

ORY: Haben Sie bei den Medikamente-Fragen nach jemals oder nach regelmäßig genommenen Mitteln gefragt?

KELLHAMMER: Wir hatten eine Häufigkeitsskala mit 5 Punkten und etwa ein Dutzend Medikamentegruppen. Zusätzlich haben wir jeweils nach der ärztlichen Verschreibung gefragt. Das war offensichtlich zu kompliziert, wir glauben, daß die Fragestellung einer der Gründe ist, warum unsere Medikamente-Information so schlecht ist.

ORY: Haben Sie Unterschiede in der logischen Konsistenz der Antworten nach der Einnahmedauer festgestellt?

WARNCKE: So haben wir das nicht gefragt.

ORY: Was ich meine, ist, daß Sie sehr gute Ergebnisse für die Einnahme oraler Kontrazeptiva haben, die man im allgemeinen über lange Zeit nimmt, und nicht so gute z.B. über Schmerztabletten. Ob das nicht in erster Linie an der unterschiedlichen Regelmäßigkeit der Einnahme liegt?

KELLHAMMER: Die Ursache liegt, glaube ich, woanders. Wir haben alle Medikamente außer der Pille im Umfeld des "Gesundheitsverhaltens" (Arztbesuch usw.) erfaßt. Die Pillenanamnese wurde getrennt davon erhoben und zwar in 3 hierarchisch nach derzeitiger, früherer oder noch nie stattgefundener Pilleneinnahme gegliederten Blöcken mit jeweils etwa 20 Fragen zur Pille.

ORY: Sie haben jetzt die Reliabilität untersucht. Haben Sie versucht etwas über die Validität herauszubringen? Haben Sie z.B. die Angaben im Fragebogen mit den Unterlagen des Arztes kontrolliert?

WARNCKE: Bis jetzt noch nicht.

ORY: Wir haben das gemacht. Bei der Pillenanamnese haben wir die Frauen gebeten, sich an Meilensteinen in ihrem Leben für die Zeit von 1960 bis 1976 zu orientieren, also z.B. wann sie geheiratet haben, wann die Kinder kamen usw.. Wir haben dann unsere Fragen in bezug zu diesen Meilensteinen gestellt und so Monat für Monat abgefragt. Wir bekamen erstaunlich gute Ergebnisse selbst für die 15 bis 16 Jahre zurückliegende Zeit. Dann haben wir die Ergebnisse mit Arztaufzeichnungen kontrolliert und wir haben 80% Validität gefunden, sogar nach 15 Jahren. Es kommt da sehr auf die Fragestellung an.

KELLHAMMER: Sprechen Sie von dem Pillenbuch, das Sie zur Befragung verwenden, und in dem die Pillen unter anderem nach ihrer Farbe angeordnet sind?

ORY: Ja.

KELLHAMMER: Sie bekommen zweifellos mehr Nennungen als wir erhalten, aber vermutlich sind da auch falsche Erinnerungen darunter, daß Leute den Konsum einer Pille behaupten, der nie stattfand. Wissen Sie, wie hoch dieser Anteil falsch positiver Antworten etwa ist?

ORY: Nein. Ich persönlich glaube, daß der Anteil klein ist, aber das ist sehr viel schwieriger zu überprüfen.

EIN-JAHRES-VERLÄUFE IN PILOT I

Fritz Krauß, Heinz Letzel, Ingolf Schmid-Tannwald

Die folgenden Ausführungen sollen einen Überblick über einige Ergebnisse der Längsschnittauswertung von Pilot I geben, sowie die verwendeten statistischen Auswertungsverfahren anhand einzelner Beispiele erläutern.

Für die Auswertung wurden zwei Dateien erstellt. Eine Datei enthält die Daten aus den Fragebogen von 520 Frauen, die sowohl 1975 als auch 1976 an der Befragung teilnahmen. Die zweite Datei enthält die Daten aus den Untersuchungsbogen von 342 Frauen, die zu beiden Zeitpunkten medizinisch untersucht wurden. Die Basisauswertung erfolgte für jede Datei zunächst in vier Altersgruppen, für die die Altersangaben von 1975 gewählt wurden. Für eine erweiterte Basisauswertung wurden Gruppen von Frauen gebildet, die ihren Status bezüglich Pilleneinnahme von 1975 auf 1976 änderten bzw. nicht änderten. Aus den vorliegenden Daten ist zu entnehmen, daß die Zahl der Pillennehmerinnen von 1975 auf 1976 um 3,5% zurückgegangen ist. Die Gründe für das Absetzen der Pille liegen jedoch nicht an einer ablehnenden Haltung gegenüber der Pille. Häufig angegebene Gründe waren Kinderwunsch, Pillenpause und gynäkologische Operation. Etwa die Hälfte der Frauen, die 1976 die Pille absetzten, möchte sie nach einer bestimmten Zeit wieder nehmen. Es ist also keine negative Einstellung gegenüber der Pille erkennbar.

Abb. 1 zeigt drei Gruppen von Frauen, die den Pillenstatus nicht wechselten. Es werden hier Frauen betrachtet, die an beiden Befragungen teilnahmen. Statt 520 haben wir hier nur 496 Frauen, die keine widersprüchlichen Angaben zum Pillenstatus gemacht haben. Die Fallzahl n=496 ist am unteren Rand der Abbildung angegeben. Es werden in diesem Zusammenhang z.B. Frauen nicht berücksichtigt, die 1975 angaben, die Pille zu nehmen, und 1976 sagten, noch nie die Pille genommen zu haben. Auf der linken Seite der Abbildung ist die Verteilung des Pillenstatus von 1975, auf der rechten Seite die Verteilung von 1976 angegeben. 1975 nahmen 203 Frauen die Pille im Vergleich zu 186 im Jahre 1976. 137 Frauen gaben 1975 an, frühere Pillennehmerinnen gewesen zu sein. 1976 waren es 168. Die Zahl der Nie-Pillennehmerinnen hat von 156 im Jahre 1975 auf 142 im Jahre 1976 abgenommen.

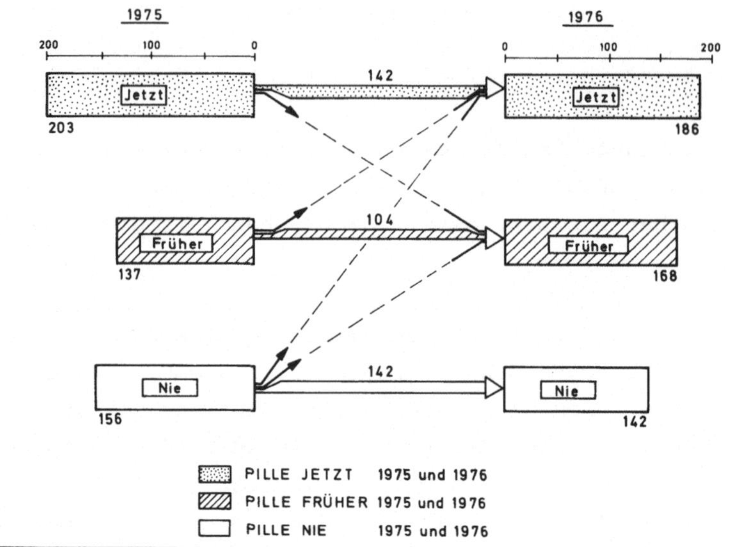

ABB. 1 : PILLENEINNAHME 1975 und 1976

Da diese Abbildung sich auf Frauen konzentrieren soll, die den Pillenstatus nicht wechselten, sind die entsprechenden Übergänge von 1975 auf 1976 durch stärker gezeichnete Pfeile dargestellt. Die dünneren Pfeile sollen die Wechslergruppen andeuten. 142 Frauen gaben zu beiden Zeitpunkten an, die Pille zu nehmen. 104 Frauen hatten nur in der Zeit vor der Studie die Pille genommen, und 142 Frauen haben noch nie die Pille angewendet.

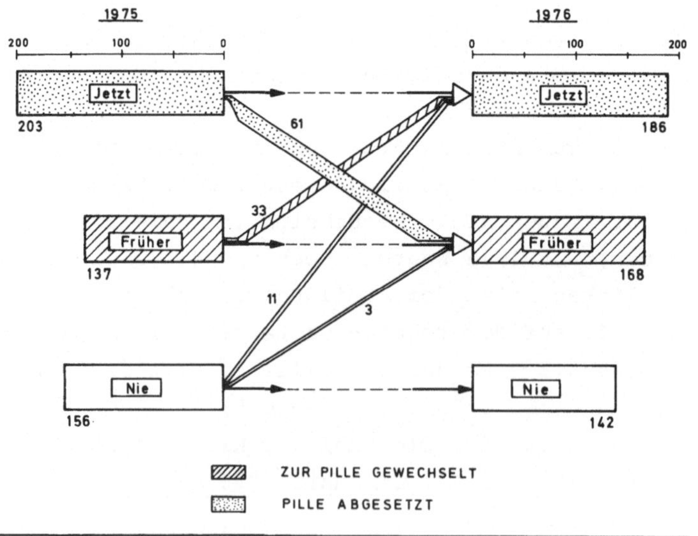

ABB. 2 : PILLENEINNAHME 1975 und 1976

In Abb. 2 sind die Wechsler des Pillenstatus dargestellt. Hier sind diese Gruppen durch stärkere Pfeile gekennzeichnet. Die Gruppen mit gleichbleibendem Pillenstatus sind hier nur durch dünne Pfeile angedeutet. Der Abbildung ist zu entnehmen, daß 44 Frauen zur Pille wechselten und 64 Frauen die Pille absetzten. Die Wechsler zur Pille rekrutieren sich aus den früheren und aus den Nie-Pillennehmerinnen von 1975 - die Frauen, die die Pille absetzten, aus den derzeitigen und aus den Nie-Pillennehmerinnen von 1975. Diese Untergruppe der Nie-Pillennehmerinnen von 1975 mit drei Frauen hat nur kurze Zeit zwischen den Befragungen die Pille genommen.

Die beiden hier dargestellten Wechslergruppen sollen noch etwas näher betrachtet werden.

TAB.1

WECHSEL ZUR PILLE
n =44

FRAGE : WARUM HABEN SIE SICH FÜR DIE PILLE ALS VERHÜTUNGSMITTEL ENTSCHIEDEN?

HÄUFIGSTE ANTWORTEN (1976):		
	SICHERHEIT	28
	BEQUEME ANWENDUNG	16
	KEINE NEBENWIRKUNGEN	4
	ÄRZTLICHER RAT	5
	SONSTIGES	5
	(KEINE ANGABE	2)

FRAGE : HAT DIE PILLE AUCH NACHTEILE, DIE SIE EBEN IN KAUF NEHMEN ?

HÄUFIGSTE ANTWORTEN (1976):		
	KEINE NACHTEILE	20
	KOPFSCHMERZEN	2
	GEWICHTSZUNAHME	11
	SONSTIGES	9
	(KEINE ANGABE	5)

Tabelle 1 zeigt die Frauen, die zur Pille wechselten. Gründe für die Pilleneinnahme waren hauptsächlich Sicherheit in 28 Fällen und bequeme Anwendung in 16 Fällen. Die Fallzahl steht hier, ebenso wie auf den folgenden Abbildungen, unter bzw. neben der Überschrift.

Auf die Frage nach den in Kauf genommenen Nachteilen der Pille wurden in 11 Fällen Gewichtszunahme und in 2 Fällen Kopfschmerz genannt. 20 Frauen, also etwas weniger als die Hälfte in dieser Gruppe, sahen keine Nachteile in der Pilleneinnahme.

Tabelle 2 zeigt die Gruppe, die die Pille absetzte. Die Fallzahl ist hier 64. Als Gründe für das Absetzen der Pille wurde gynäkologische Operation in 7 Fällen, Kinderwunsch in 10, Pillenpause und Rat des Arztes in 9 bzw. 4 Fällen genannt. Die Angabe mehrerer Gründe war möglich. In geringerer Anzahl wurden Gründe wie psychische Nebenwirkungen, Libidoverminderung, Gewichtszunahme und Kopfschmerzen genannt.

TAB. 2

ABSETZEN DER PILLE
n = 64

FRAGE: WARUM HABEN SIE AUFGEHÖRT DIE PILLE ZU NEHMEN?

HÄUFIGSTE ANTWORTEN(1976):	GYNÄKOLOGISCHE OPERATION	7
	KINDERWUNSCH	10
	PILLENPAUSE	9
	ÄRZTLICHER RAT	4
	PSYCHOLOG. NEBENWIRKUNGEN	4
	LIBIDOVERMINDERUNG	4
	GEWICHTSZUNAHME	3
	KOPFSCHMERZEN	3
	SONSTIGES	14
	(KEINE ANTWORT	3)

FRAGE: WOLLEN SIE Z.B. NACH EINER PAUSE WIEDER DIE PILLE NEHMEN?

ANTWORTEN(1976): JA 29 ; NEIN 29 ; KEINE ANTWORT 11

FRÜHERE PILLENNEHMERINNEN 1975u.1976 (n =104):

ANTWORTEN(1976): JA 18 ; NEIN 75 ; KEINE ANTWORT 11

Auf die Frage, ob sie die Pille wieder nehmen möchten, antworteten 29, also etwas weniger als die Hälfte, mit Ja. Auf die gleiche Frage antworteten bei den Frauen, die nur vor der Studie die Pille genommen hatten, von 104 nur 18 Frauen mit Ja. Immerhin besteht in diesen Fällen keine negative Einstellung gegenüber der Pille. Zusammenfassend kann festgestellt werden, daß die Frauen, die die Pille absetzten, zu etwa 50 % die Pille wieder nehmen möchten und größtenteils keine prinzipiellen Gründe gegen die Pille sehen.

In Tabelle 3 wird zunächst angegeben, wie oft einzelne Merkmalstypen bei der Längsschnittauswertung auftreten. Die 207 Merkmale der Längsschnittauswertung gliedern sich auf in: 145 dichotome, 15 nominale mehrklassige, 17 ordinale und 30 quantitative Merkmale. Dichotome und ordinale Merkmale hatten wegen ihrer großen Anzahl eine besondere Bedeutung für die Auswahl der Auswertungsverfahren. Die angewendeten Verfahren der Längsschnittauswertung sind ebenfalls in Tabelle 3 zusammengestellt. Die Verfahren waren jeweils einheitlich für alle dichotomen bzw. ordinalen und alle quantitativen Merkmale.

TAB.3 **METHODEN DER LONGITUDINAL AUSWERTUNG**

ZAHL DER AUSGEWERTETEN MERKMALE
(FRAGEBOGEN UND MEDIZINISCHER UNTERSUCHUNGSBOGEN)

DICHOTOME VARIABLE	145
NOMINALE VARIABLE	15
ORDINALE VARIABLE	17
QUANTITATIVE VARIABLE	30

METHODEN

ORDINALE UND DICHOTOME VARIABLE	QUANTITATIVE VARIABLE
1. BESCHREIBUNG DER VERÄNDERUNGEN INNERHALB DER VERSCHIEDENEN UNTERGRUPPEN:	
PROZENTSATZ ÜBEREINSTIMMENDER ANTWORTEN 1975/76 BOWKER TEST	VERBUNDENER t-TEST
2. BESCHREIBUNG DER UNTERSCHIEDE ZWISCHEN DEN VERSCHIEDENEN UNTERGRUPPEN	
HOMOGENITÄTSTEST FÜR ÜBERGANGS-TABELLEN	KRUSKAL-WALLIS TEST

Um die Veränderungen innerhalb einzelner Untergruppen darzustellen, wurde bei den dichotomen und ordinalen Merkmalen der Prozentsatz übereinstimmender Antworten von 1975 und 1976 angegeben sowie der Bowker Test angewendet. Der Bowker Test kann angeben, ob Veränderungen in einer bestimmten Richtung vorliegen. Bei den quantitativen Merkmalen wurden die Veränderungen innerhalb der Gruppen mit dem verbundenen t-Test überprüft.

Um die Unterschiede zwischen den Gruppen zu testen, wurde für die dichotomen Merkmale ein Homogenitätstest für die Häufigkeiten der veränderten bzw. gleichen Angaben von 1975 auf 1976 durchgeführt. Bei den quantitativen Merkmalen wurden die Differenzen der Merkmalswerte von 1975 und 1976 gebildet und die Gruppen bezüglich dieser Differenzen mit dem Kruskal-Wallis-Test verglichen. Die erwähnten Methoden werden im folgenden anhand einzelner Beispiele erläutert. Zunächst soll noch ein Überblick über die verwendeten Untergruppen bei der Auswertung und deren Zusammenhänge gegeben werden. Die Auswertung erfolgte für die drei Gruppen mit gleichem Pillenstatus von 1975 und 1976 und die zwei Wechslergruppen, die zu Beginn genannt wurden. Die Auswertung wurde ebenfalls für folgende vier Altersgruppen von 1975 durchgeführt: 12-19jährige, 20-27jährige, 28-35jährige und 36-45jährige. Über den Zusammenhang zwischen Pillenstatusgruppen und diesen Altersgruppen kann folgendes gesagt werden:

Die Frauen, die zu beiden Zeitpunkten die Pille nahmen, setzen sich im wesentlichen aus den Gruppen der 20-27jährigen und den 28-35jährigen zusammen. Die Frauen, die nur vor der Studie die Pille nahmen, kommen vorwiegend aus den Gruppen der 28-35jährigen und 36-45jährigen. Die Nie-Pillennehmerinnen bestehen aus den Gruppen der 12-19 jährigen und der 36-45jährigen. Die Wechslergruppen sind vorwiegend in den beiden mittleren Altersgruppen angesiedelt.

Einen wichtigen Problemkreis stellt die Frage nach dem Zusammenhang zwischen Rauchen und Pillenstatus dar. Bei der Frage: "Rauchen Sie zur Zeit, wenn auch nur gelegentlich?" zeigt der Bowker Test eine Zunahme der Zahl der Raucher von 1975 auf 1976. Sowohl die Pillenstatusgruppen als auch die Altersgruppen unterscheiden sich untereinander in dieser Frage, wie die entsprechenden Homogenitätstests nachgewiesen haben. Innerhalb der Gruppen der Pillennehmerinnen von 1975 und 1976 und den Nie-Pillennehmerinnen nimmt die Zahl der Raucher deutlich zu. Unterteilt man diese Gruppen weiter in Altersgruppen, so erkennt man, daß sich die Veränderungen in der Gruppe der Jüngeren vollzogen haben.

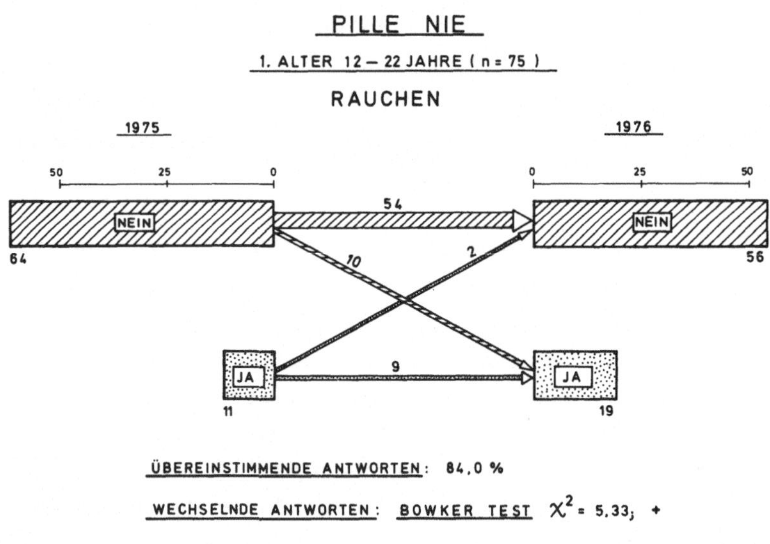

ABB. 3 : RAUCHVERHALTEN 1975/76

Abbildung 3 zeigt die Veränderungen des Rauchverhaltens in der Gruppe der 12-22jährigen Nie-Pillennehmerinnen. 54 Frauen dieser Gruppe waren zu beiden Zeitpunkten Nichtraucherinnen, 9 Frauen rauchten 1975 und 1976. 10 Frauen begannen 1976 mit dem Rauchen, 2 Frauen hörten auf.

84% der Angaben zum Rauchen stimmten 1975 und 1976 überein. Der Bowker Test, der die beiden Wechslergruppen miteinander vergleicht, zeigt auf dem 5%-Niveau eine Tendenz zur Zunahme der Raucherinnen.

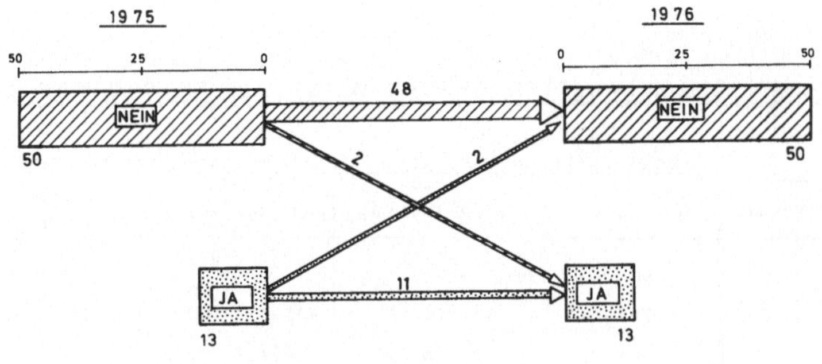

ÜBEREINSTIMMENDE ANTWORTEN: 93,7%

WECHSELNDE ANTWORTEN: BOWKER TEST $\chi^2 = 0$; -

ABB.4 : RAUCHVERHALTEN 1975/76

Bei den 23-45jährigen Nie-Pillennehmerinnen liegt keine Zunahme der Raucher vor. Ein ähnliches Ergebnis zeigt sich in der Gruppe der Pillennehmerinnen von 1975 <u>und</u> 1976. Es ergibt sich also, daß die Zunahme der Raucher im wesentlichen auf die Jüngeren zurückgeführt werden kann.

In der Gruppe der Wechsler zur Pille ist zwar keine Zunahme der Zahl der Raucher nachweisbar, es steigt jedoch die Rauchintensität, wie die folgende Tabelle zeigt. Tab. 4 gibt einen Vergleich der durchschnittlich pro Tag gerauchten Zigaretten von 1975 und 1976. In der Tabelle sind die Differenzwerte von 1976 und 1975 angegeben. In unserem Material sind 151 Frauen, die sowohl 1975 als auch 1976 geraucht haben. Die Differenz der gerauchten Zigaretten ist für diese 151 Frauen in der ersten Spalte der vorliegenden Tabelle angegeben. Als größte Zunahme sind 25 Zigaretten genannt worden, die größte Abnahme beträgt 45 Zigaretten. Für alle Raucherinnen ergibt sich eine durchschnittliche Zunahme von 1,79 Zigaretten. Für diese Zunahme gibt der t-Test einen "Signifikanzhinweis" auf dem 1%-Niveau. Der Kruskal-Wallis-Test zeigt Unterschiede zwischen den Pillenstatusgruppen bezüglich der Differenz der gerauchten Zigaretten. Der t-Test gibt ebenfalls "Signifikanzhinweise" für die Nie-Pillennehmerinnen und für die Wechsler zur Pille. Bei den Nie-Pillennehmerinnen liegt eine Zunahme um durchschnittlich 4,55 Zigaretten vor, bei den Wechslern zur Pille um 6,27 Zigaretten.Die Zunahme bei den Nie-Pillennehmerinnen erklärt sich auch hier wie bei der Zunahme der Zahl der Raucher durch das Rauchverhalten der Jüngeren.

TAB.4

VERÄNDERUNGEN DES ZIGARETTENKONSUMS IM VERLAUF EINES JAHRES

		KONSTANTER PILLENSTATUS 1975/1976			STATUSWECHSEL 1975/76	
	GESAMT	PILLE JETZT	PILLE FRÜHER	PILLE NIE	ZUR PILLE	VON DER PILLE WEG
FÄLLE	151	56	34	20	15	20
MAXIMUM	+ 25.00	+ 20.00	+ 10.00	+20.00	+ 25.00	+ 10.00
MINIMUM	- 45.00	- 45.00	- 15.00	- 2.00	- 7.00	- 10.00
MITTELWERT	+ 1.79	+ 1.04	+ 0.29	+ 4.55	+ 6.27	+ 0.55
STANDARD-ABWEICHUNG	7.49	9.14	5.74	5.61	7.33	4.94
t - TEST	++			++	++	
KRUSKAL-WALLIS TEST	++					

Die Intensität des Rauchens gemessen an der Zahl der gerauchten Zigaretten nimmt mit dem Wechsel zur Pille zu.

Bei den Fragen nach den bekannten Kontrazeptionsmethoden weist der Bowker Test, wie zu vermuten war, eine starke Zunahme in der Kenntnis der Kontrazeptionsmethoden bei den 12-19 jährigen nach. Die entsprechenden Ergebnisse sind in der Tabelle 5 zusammengestellt. Auffällig sind die zum Teil geringen Prozentsätze übereinstimmender Antworten von 1975 und 1976 wie z.B. bei coitus interruptus mit 55,7 % und bei Pessar mit 60,4 %. Es ist zu vermuten, daß sich während der Studie bei diesen Methoden ein Lerneffekt ergeben hat.

In den übrigen Altersgruppen war ein Lerneffekt bezüglich der Kontrazeptionsmethoden mit dem Bowker Test nicht nachweisbar. Die Prozentsätze übereinstimmender Antworten lagen hier ebenfalls über denen aus der Altersgruppe der 12-19 jährigen.

TAB.5

KONTRAZEPTIONSMETHODEN

BEKANNTHEIT 1975/1976

ALTER 12-19 JAHRE (n = 106)

	ÜBEREINSTIMMENDE ANTWORTEN (1975/76)%	BOWKER TEST
KONDOM	73.6	++
COITUS INTERRUPTUS	55.7	++
KNAUS-OGINO	65.1	++
CHEMISCHE MITTEL	69.8	++
IUD	67.9	++
SCHEIDENPESSAR	60.4	++
TEMPERATUR-METHODE	61.3	++
SCHEIDENSPÜLUNG	63.2	++
STERILISATION ♀	78.3	++
STERILISATION ♂	73.6	++

"++" "signifikant" auf 1% Niveau

LÄNGSSCHNITT-AUSWERTUNG

Ziel dieser Ausführungen war es, einige Ergebnisse der Longitudinalauswertung von Pilot I vorzustellen sowie die angewendeten Auswertungsmethoden kurz zu erläutern. Einige wichtige Ergebnisse waren:

1) Abnahme der Zahl der Pillennehmerinnen von 1975 auf 1976.
2) Die Gründe für das Absetzen der Pille liegen nicht in einer negativen Einstellung gegenüber der Pille.
3) Die Zunahme der Raucher in den Pillenstatusgruppen "Nie-Pillennehmerinnen" und "Pillennehmerinnen 1975 und 1976" kann durch die Zunahme der Raucher in der jüngsten Altersgruppe erklärt werden.
4) Die Frauen, die 1976 die Pille wieder oder zum ersten Mal nehmen, rauchen 1976 mehr Zigaretten als 1975.

Die wichtigsten Methoden sind der Bowker Test und der Prozentsatz gleicher Angaben in den Jahren 1975 und 1976. Zum Vergleich verschiedener Untergruppen ist der Homogenitätstest für die Übergangstabellen wichtig. Eine wichtige Auswertungstechnik ist die Betrachtung von Untergruppen, die durch gleiche bzw. veränderte Angaben zu zwei Zeitpunkten definiert sind wie z.B. die Pillenstatusgruppen. Dieses Vorgehen sowie die Darstellung der Veränderungen in Übergangstabellen ist zumindest für die Auswertung zweier Zeitpunkte im Rahmen des Pilotprojektes I sinnvoll gewesen.

Literatur

Sachs, L.: Angewandte Statistik, Springer-Verlag, Berlin, Heidelberg, New York, 1974

Diskussion

SHAPIRO: Mich hat das Ergebnis sehr beeindruckt, daß Sie einen stetigen Anstieg des Rauchens bei Pillennehmerinnen und Nichtnehmerinnen unter 25 oder unter 22 Jahren haben. Das ist tragisch. Es ist genau das, was auch sonst überall passiert. Es wird Zeit für eine Gegenwerbung, um diese Entwicklung möglichst in eine andere Richtung zu steuern.

PRATT: Uns interessiert die Bedeutung der übereinstimmenden Antworten an manchen Stellen. Die Bekanntheit der Kontrazeptionsmethoden spiegelt z.B. eine gewisse Entwicklung wider, das würde ich auch erwarten. Was mich nun interessiert, ist die Richtung dieser Entwicklung. Ist das mehr ein allgemeiner altersabhängiger Lerneffekt oder möglicherweise mehr ein Panel-Effekt?

ÜBERLA: Im Moment haben wir nur die zwischen den zwei Befragungen gestiegene Bekanntheit. Was davon durch den Fragebogen verursacht ist und wieviel auf die Tatsache zurückzuführen ist, daß die Befragten in dem Jahr Erfahrung gesammelt haben, können wir nicht trennen, die Fragestellung eignet sich dazu nicht.

SHAPIRO: Ich habe eine Frage, die sich nicht nur auf diesen Vortrag bezieht, sondern auf alle Vorträge dieses Nachmittags, und zwar die Frage nach der Effizienz der Befragung. In epidemiologischen Studien bedeutet das vor allem, unnötige Fragen zu vermeiden. Unnötige Fragen reduzieren die Validität der Ergebnisse,auf die es wirklich ankommt. Die Aufmerksamkeit von Patient und Interviewer ist begrenzt; die Wahrscheinlichkeit für Codefehler und Fehler in der Datenverarbeitung geht mit der Fragenanzahl fast exponentiell hoch. Ich kann mir nicht vorstellen daß Führerschein, Fernsehapparat, Farbfernseher, Auto im Haushalt, Telephon oder Vereinsmitgliedschaft in irgendeiner Weise Confounding-Faktoren sein könnten. Sie sind vielleicht mit dem Pillenkonsum verknüpft und möglicherweise stehen diese Variablen indirekt zu sozioökonomischer Schicht in Beziehung. Wir brauchen Informationen zu Pille und sozialer Schicht, aber es scheint mir, daß die eben erwähnten Fragen keinen Wert haben und daß man einen strengen Maßstab dafür anlegen sollte, was in einen Fragebogen reinkommt. Man ist immer versucht, zu viele Fragen zu stellen, ich spreche da aus persönlicher Erfahrung, ich habe diesen Fehler auch gemacht, aber ich würde Ihnen dringend empfehlen eher weniger als mehr zu fragen.

KOLLER: Das ist ein sehr wichtiger Vorschlag, wir sollten das etwas ausführlicher diskutieren.

ÜBERLA: Wir haben diese Studie mit einer breiten Fragenpalette begonnen in dem Bewußtsein, daß wir in der Pilotphase sind und daß wir schließlich 10 bis 30% der Fragen wieder rauswerfen werden. Ich stimme Ihnen vollkommen zu, daß wir Fragen eliminieren müssen, die Entscheidung liegt mehr darin, wie viele und welche Fragen weggeworfen werden sollen. Dazu haben wir aus den Pilotstudien Hinweise bekommen.

PRATT: Wir haben bei unseren wiederholten Befragungen die Erfahrung gemacht, daß viele Variable, die naheliegende Schätzer für Verhalten sind wie z.B. Einkommen oder Ausbildung, rasch jeden Prognosewert verlieren. Es ist schon sinnvoll, in Pilot-Studien nach neuen Schätzern für den sozioökonomischen Status zu suchen. Ich bin weder besonders dafür noch sehr dagegen, sondern ich möchte nur berichten, daß in Asien solche Variable sehr erfolgreich waren. In Taiwan z.B. war der Besitz eines Reiskochtopfs ein ausgezeichneter Schätzer für die Akzeptanz von Kontrazeptionsmaßnahmen.

SHAPIRO: Wenn ein Reis-Kochtopf keine Voraussage bezüglich tiefe-Venen-Thrombose, Herzinfarkt oder Brustkrebs ermöglicht, dann brauchen wir das nur wegen des Zusammenhangs mit oralen Kontrazeptiva nicht zu erheben.

PRATT: Das stimmt, es hängt vom Ziel der Studie ab. Was ich betonen wollte, ist, daß man nicht einfach intuitiv ein Erhebungsprogramm festlegen kann, sondern daß man hergehen und die verschiedenen Hypothesen in Pilotstudien testen muß.

KAY: Ich bin sehr von der nicht ausschließlich durch Sprachprobleme erklärbaren Verwirrung betroffen und würde Professor Überla bitten, in einem Satz zu sagen, was das Ziel seiner Studie ist.

ÜBERLA: Dieser Pilotstudie?

KAY: Nein, von der Hauptstudie.

<u>ÜBERLA</u>: Ich werde dafür morgen einen Vorschlag machen und dabei auch auf die Ziele eingehen. Zu Beginn der Pilotstudie standen diese Ziele noch nicht so fest.

<u>KAY:</u> Sie sehen den Wald vor lauter Bäumen nicht.

<u>ORY</u>: Dr.Überla, vielleicht könnten Sie das noch ein bißchen mehr ausführen. Was Dr. Kay, Dr. Shapiro und auch ich sagen wollen, wird wohl am deutlichsten,wenn man z.B. die Monographie von Dr. Kay's oder Dr. Vessey's Studie anschaut. Im großen und ganzen werden dort schwere Krankheiten bei Leuten mit und ohne Krankenhausaufenthalt analysiert. Wenn Sie andererseits die Berichte der Walnut Creek -Studie ansehen, zumindest die ersten beiden Monographien, da wird ein ganzes Bündel klinischer und pharmakologischer Parameter untersucht, das nicht notwendigerweise etwas mit Krankheit zu tun hat. Kleine Unterschiede in der Hörschärfe, oder kleine Unterschiede in irgendwelchen klinischen Werten, solche Ergebnisse werden da berichtet. Mir ist nicht ganz klar, zu welchem der beiden Extreme Sie tendieren oder ob Sie da einen Mittelweg anstreben. Es wäre vielleicht nützlich, dazu einen Überblick zu geben.

<u>ÜBERLA</u>: Das Ziel der Pilot I - Studie bestand darin, in einer bevölkerungsrepräsentativen Stichprobe ein Bild über Medikamente-Konsum, über die Pilleneinnahme und damit zusammenhängende Themenkreise zu erhalten. In der zweiten Pilotstudie, über die noch berichtet wird, wollten wir wissen, ob die Rekrutierung von Patientinnen über eine Klinik-Ambulanz ein gangbarer Weg ist. Jede Pilotstudie hat wieder leicht andere Ziele und wir benutzen sie alle zusammen, um Hypothesen für die Hauptstudie zu generieren, damit wir dort dann klar abgesteckte Untersuchungsziele haben.

<u>ORY</u>: Sie sind bis jetzt also mehr an den Aufnahme-Techniken interessiert, wie Frauen in die Studie gelangen und nicht so sehr an Krankheiten?

<u>ÜBERLA:</u> Die Rekrutierungsverfahren sind ein Aspekt, aber nicht der einzige. Bezüglich der Krankheiten ist zu erwähnen, daß wir ja in jeder Pilotstudie im Abstand von einem Jahr zwei gynäkologische Untersuchungen haben. Davon haben wir nur ganz vereinzelt Beispiele aufgeführt, über jede Patientin stehen pro Untersuchung Daten von

etwa 150-200 medizinischenVariablen zur Verfügung. Unsere Aufgabe besteht jetzt darin, das Material zu sichten und aus dem, was schon zur Verfügung steht, einen Vorschlag für eine Studie oder eine Kombination von Studien herauszuarbeiten. Dies ist das Ziel der morgigen Diskussion.

KELLHAMMER: Ich möchte auf die Diskussion zurückkommen, was man aus einem Fragebogen besser weglassen sollte. Unser Ziel bei der Erhebung der soziodemographischen Kriterien bestand darin, eine 'life-style'-Beschreibung der Befragten zu erhalten, damit wir die Wechsler im Pillenstatus besser erkennen können. In Dr. Kay's Studie gab es da meines Wissens ein Problem, das dort über die Konstruktion der Frauenmonate mit Zuordnung zur jeweils gültigen Kategorie gelöst wurde. Unser Ziel war es aber, die Einheit"Individuum" möglichst nicht weiter aufzugliedern. Wir haben die demographischen Variablen wie z.B. Führerschein zur Beschreibung von typischen (und kontinuierlichen) Pillennehmerinnen im Vergleich zu typischen Wechslern benutzt.

SHAPIRO: Ich findeees interessant, daß Dr. Kay, Dr. Ory und ich ohne jede Verschwörung diesbezüglich den gleichen Standpunkt haben. Wir wollen feststellen, ob orale Kontrazeptiva bestimmte Krankheiten verursachen oder ihr Auftreten verhindern. Manche Krankheiten führen zur Einweisung ins Krankenhaus, andere wieder nicht. Dr. Kay ist in der glücklichen Lage, sowohl stationär wie auch ambulant behandelte Krankheiten untersuchen zu können. Dr. Ory und ich haben hauptsächlich stationär behandelte Krankheiten untersucht. Aber ganz allgemein gilt, daß wir nur an Faktoren interessiert sind, die die Schätzung darüber, ob die Pille bezüglich Krankheiten verursachend oder prophylaktisch wirkt, verzerren. Ich glaube nicht, daß der Besitz eines Farbfernseh-Geräts, selbst wenn das ein Indikator für 'life-style' sein sollte, irgendwie auch nur entfernt die Frage, ob orale Kontrazeptiva Krankheiten auslösen oder davor beschützen, beeinflussen könnte. Deshalb würde ich so eine Frage zu Beginn einer Studie, egal ob Pilot oder Hauptstudie, nicht in Erwägung ziehen, ich würde es für eine Zeitverschwendung sowohl der Interviewer wie auch der Statistiker halten. Das ist meine Kritik am bisher Gesagten. Meines Erachtens hätte man die Zeit besser auf die Erhebung der Bestimmungsfaktoren interessierender Krankheiten verwendet, sodaß man in diesem Bereich gleichgewichtig zu den Bestimmungsfaktoren des Pillenkonsums mehr wüßte.

FRENTZEL-BEYME: Dies ist zum Teil eine für deutsche epidemiologische Studien sehr typische Überbetonung der biometrischen bzw. biostatistischen Seite eines Problems. Um dem abzuhelfen, wäre es sicher gut, wenn sich bei uns der in der Klinik ganztags als Epidemiologe arbeitende Mediziner etablieren würde, etwa in der Art, wie es Dr. Ory schon beschrieben hat.

HARTMANN: Ich sehe in der Identifizierung von möglichen Quellen der Verzerrung schon eine wichtige Aufgabe von Pilot-Studien, insofern, finde ich, kann man die von der Projektgruppe für die Entwicklungsphase gesetzten Ziele nur begrüßen. Ich bin andererseits etwas unglücklich darüber, daß die Ergebnisse zur Zeit noch nicht so klar sichtbar sind. Teilweise kann man die angesprochenen Probleme schon theoretisch durchdenken. Wenn Sie z.B. die wegen falscher Erinnerung auftretende Fehlklassifikation im Pillenstatus nehmen. Das muß gar nicht so schlimm sein. Wenn diese Fehlklassifikation unabhängig von der Zuordnung zu den analysierten Krankheiten ist, dann gilt, daß man das relative Risiko allenfalls unterschätzt, aber nie überschätzt. Ein relatives Risiko von 1 bleibt bei einer von der Krankheit unabhängigen Fehlklassifikation auch 1, es wird gar nicht verzerrt. Erst wenn, wie das z.B. in Retrospektivstudien leicht passiert, Abhängigkeiten zwischen der Zuordnung zur Pillenstatus-Kategorie und zur Krankheit bestehen, treten möglicherweise Verzerrungen auf. Da kann man dann theoretisch nicht viel weiter kommen, das sollte man empirisch in den Pilotstudien stärker herausarbeiten.

ÜBERLA: Ich habe eine Frage, Dr. Shapiro. Können Sie mir einen Themenkreis nennen, den wir untersuchen sollten und nicht in die Fragebogen oder Untersuchungsbogen aufgenommen haben?

SHAPIRO: Meine Kritik ging nicht in diese Richtung. Soweit ich beim kurzen Durchblättern sehen konnte, fehlt nichts, aber wenn Sie mir Zeit geben, werde ich schon was finden.

DIE MÜNCHNER PILOTSTUDIE AN PATIENTINNEN DER AMBULANZ DER I. UNIVERSITÄTSFRAUENKLINIK MÜNCHEN IM VERGLEICH MIT PILOT I

Heinz Letzel, Fritz Krauß, Christina Sattler

Im Rahmen der 2. Pilotstudie des Projekts "Nebenwirkungen oraler Kontrazeptiva - Entwicklungsphase" wurden 1976 330 Frauen untersucht, die als Patientinnen in die Ambulanz der I. Universitätsfrauenklinik München kamen.

Auch bei diesem 2. Pilotprojekt standen medizinisch-inhaltliche Gesichtspunkte noch im Hintergrund. In erster Linie sollten vielmehr weitere methodische Fragen geklärt werden, die sich auf Durchführbarkeit und organisatorische Probleme bei der Rekrutierung von Patientinnen einer Klinikambulanz beziehen. Für die Planung einer Langzeitstudie über Nebenwirkungen oraler Kontrazeptiva ist es darüber hinaus wichtig zu wissen, wie stark sich das Patientengut der Klinikambulanz vom Bevölkerungsdurchschnitt unterscheidet. Diese Frage soll im folgenden diskutiert werden. Dazu werden exemplarisch ausgewählte soziodemographische und medizinische Merkmale aus Pilot II mit den entsprechenden Ergebnissen von Pilot I verglichen.

Methodische Probleme

Die Aussagekraft dieses Vergleiches ist einigen Einschränkungen unterworfen. So dürfen beispielsweise die hier vorgelegten Zahlen aus Pilot I letztlich nicht als bevölkerungsrepräsentativ angesehen werden; denn erstens wurde die Stichprobe haushaltsrepräsentativ (bezogen auf Haushalte mit wenigstens einer Zielperson) gezogen und zweitens waren nur 411 der 639 erfaßten Frauen und Mädchen zu einer gynäkologischen Untersuchung bereit.

Nachdem bei Pilot II kaum Patientinnen unter 20 Jahren erfaßt wurden, erschien die Einengung auf den Altersbereich von 20 bis 45 Jahre im Interesse vergleichbarer Gruppen notwendig.

Schließlich ist bei einigen medizinischen Merkmalen ein ausgeprägter Untersuchereinfluß anzunehmen: Die Pilot-II-Patientinnen wurden alle

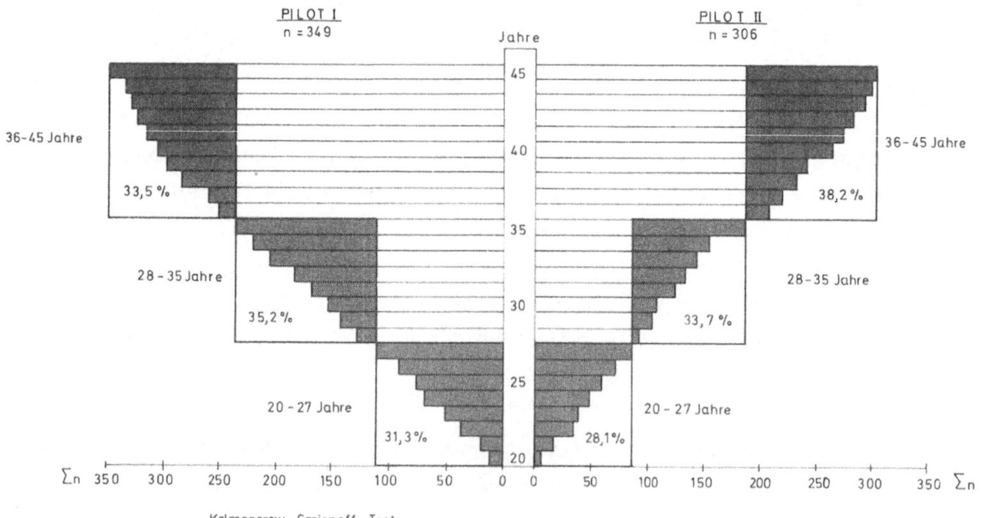

Kolmogorow - Smirnoff - Test
nicht signifikant

stand, Berufsausübung, Besitz eines Autos oder Farbfernsehgerätes. Auch die Kinderzahl ist in beiden Kollektiven gleichverteilt (Abb.2).

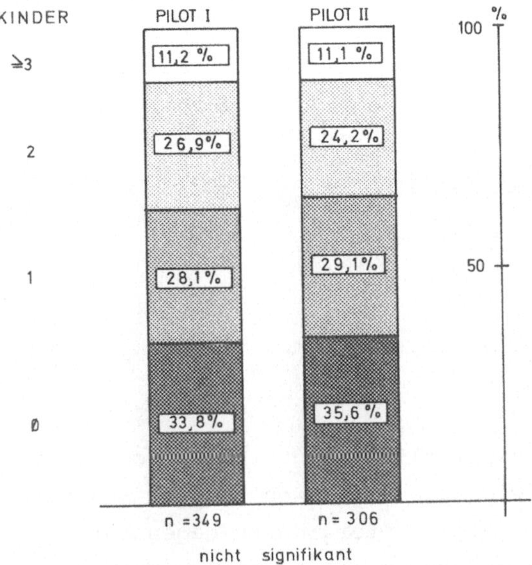

ABB.2 : KINDERZAHL

Etwa ein Drittel der Frauen hat überhaupt keine Kinder; nur ca. 11% haben drei oder mehr Kinder.

Beim Rauchen ergeben sich dagegen auf dem 5%-Niveau Hinweise auf Unterschiede zwischen beiden Gruppen. Zwar ist der Prozentsatz der Raucherinnen mit 35,8% in Pilot I bzw. 31,3% in Pilot II nicht signifikant verschieden, doch finden sich in Pilot II mehr schwache (1-5 Zig./Tag) und sehr starke (mehr als 30 Zig./Tag) Raucherinnen als bei Pilot I. Bei letzteren sind dagegen leichte (6-10 Zig./Tag) und mäßig starke (11-20 Zig./Tag) Raucherinnen häufiger ($p < 0,05$). (Abb.3)

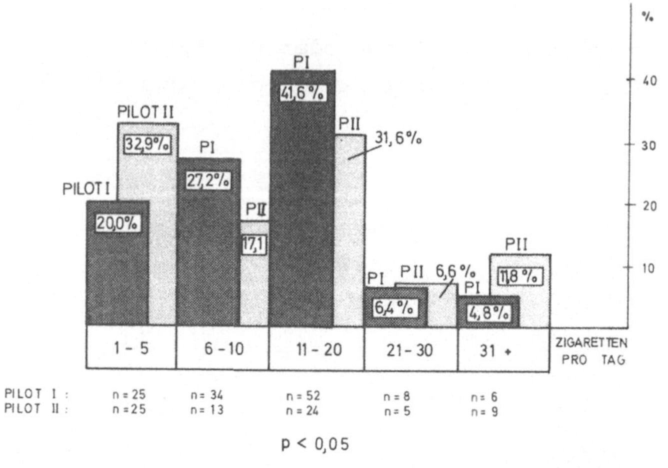

ABB. 3: ZIGARETTEN PRO TAG

Die Untersuchung des Kontrazeptionsverhaltens ergibt, daß sowohl die Rhythmusmethode nach Knaus-Ogino wie auch die Anwendung von Kondomen bei den Pilot-II-Patientinnen in einigen Untergruppen gegenüber Pilot I überwiegen. Bezüglich aller anderen nichthormonalen Methoden ist kein signifikanter Unterschied zwischen den beiden Stichproben zu erkennen. Auch die hormonale Kontrazeption wird in beiden Gruppen etwa gleich häufig angewendet (Abb. 4). "Jetztnehmerinnen" bilden jeweils mit 46,7% bzw. 42,2% die größte Untergruppe. "Nienehmerinnen" sind beide Male selten (17,2% bzw. 17,3%).

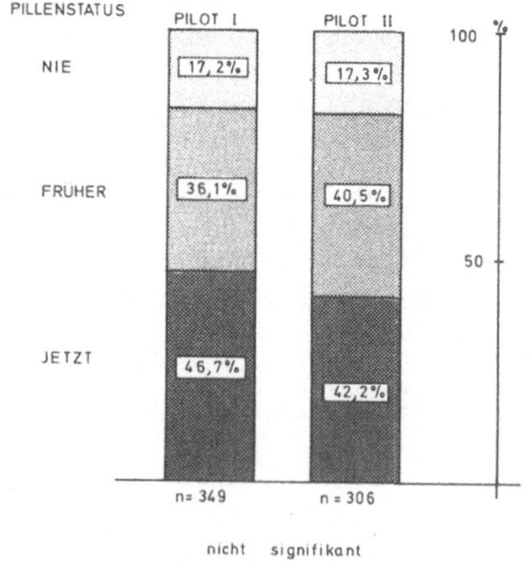

ABB. 4 : HORMONALE KONTRAZEPTION

Die Pillenanamnese zeigt in beiden Pilotstudien eine starke, aber gleichförmige Altersabhängigkeit, die am Beispiel von Pilot II illustriert wird (Abb. 5). In der Altersgruppe von 20 - 27 Jahre sind mit 55,8% mehr als die Hälfte der Patientinnen derzeitige Pillennehmerinnen. Mit zunehmendem Alter verringert sich die Zahl der Jetztnehmerinnen dann. Im Alter von 36 - 45 Jahren nehmen nur noch 30,8% die Pille. Bei den Nienehmerinnen zeigt sich ein gegenläufiger Trend. Sie sind in den beiden jüngeren Altersgruppen (bis 35 Jahre) mit 7,0% bzw. 8,7% recht selten. Dieser Prozentsatz steigt erst in der Altersgruppe 36 - 45 Jahre deutlich an (32,4%).

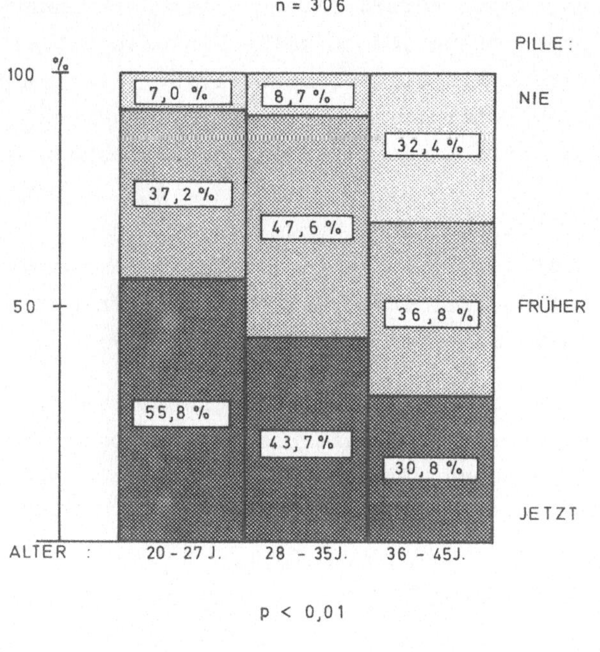

ABB. 5: P II, PILLENSTATUS IN ALTERSGRUPPEN

Die Berücksichtigung dieser Altersabhängigkeit der Pilleneinnahme ist für die Planung einer Langzeitstudie über Nebenwirkungen oraler Kontrazeptiva sehr wichtig. Denn aus den vorliegenden Daten ergibt sich, daß es erst bei Frauen ab Mitte dreißig möglich ist, noch eine genügend große Kontrollgruppe von Frauen zu erfassen, die noch nie die Pille genommen haben.

Medizinische Anamnese

Derzeitige oder frühere Erkrankungen der Frauen lassen sich schlecht vergleichen. Das liegt zum einen an der geringen Inzidenz, zum anderen an einer ungenügend differenzierten Befragung und drittens an einer teilweise verschiedenen Struktur der Untersuchungsbögen: bei Pilot I waren mehr offene Nennungen möglich, bei Pilot II wurde aufgrund der häufigeren Nennungen aus Pilot I mit mehr Vorgaben gearbeitet. Insofern sind diese Daten für einen Morbiditätsvergleich, für den sie an sich wichtig wären, nicht hart genug. Auf eine Darstellung und Interpretation im einzelnen wird deshalb hier verzichtet. Die wichtigen Krankheitsgruppen Herz-, Leber-, Nierenerkrankungen sowie arterielle Hypertonie zeigen jedoch keine Hinweise auf ein unterschiedlich häufiges Auftreten in Pilot I bzw. II. Das Problem einer aussagekräftigen Erfassung jetziger und früherer Krankheiten muß jedenfalls im Hinblick auf eine Langzeitstudie noch gelöst werden.

Als weiterer wichtiger Morbiditätsindikator wurde die Häufigkeit von Arbeitsunfähigkeit in den letzten zwölf Monaten vor der Untersuchung erfaßt. Bei Pilot II waren mit 40,5% fast doppelt so viele Frauen mindestens einmal arbeitsunfähig krank als bei Pilot I (22,9%).

Dieser Unterschied zeigt sich konsistent in allen drei Alters- und Pilleneinnahmegruppen (Abb.6, Abb.7). Am deutlichsten ist dieser Unterschied bei den jungen Patientinnen (20 - 27 Jahre) und bei den Jetztnehmerinnen.

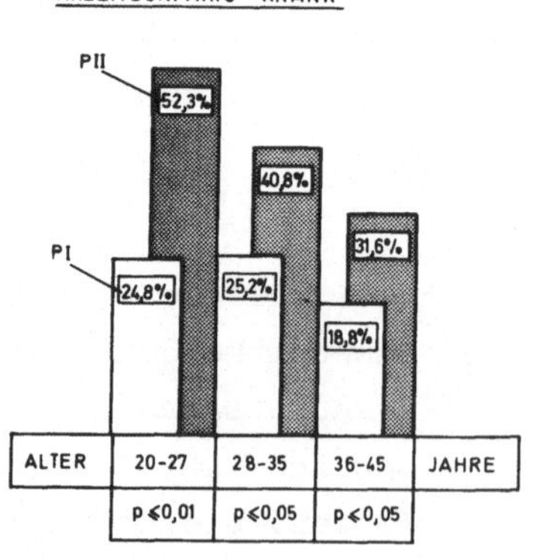

ABB. 6 : ARBEITSUNFÄHIGKEIT IN ABHÄNGIGKEIT VOM ALTER

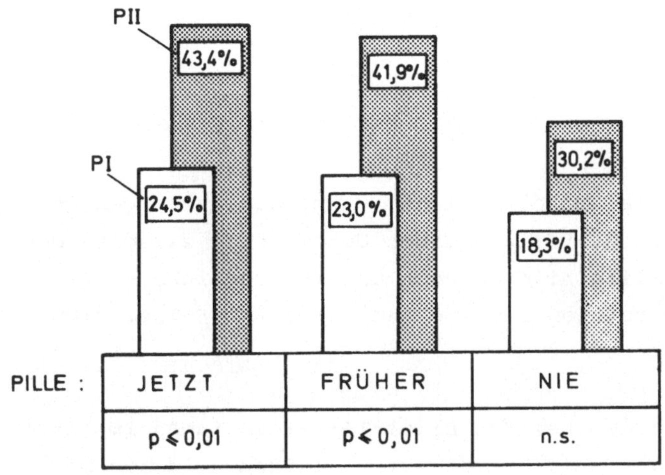

ABB.7: ARBEITSUNFÄHIGKEIT IN ABHÄNGIGKEIT VON DER PILLENEINNAHME

Ähnlich wie bei der Arbeitsunfähigkeit bestehen auch Unterschiede bezüglich früher durchgemachter Operationen. Nur 7,8% der Pilot-II-Patientinnen waren im Vergleich zu 22,6% der Pilot-I-Patientinnen noch nie operiert worden ($p < 0,01$). Zur aussagekräftigen Interpretation müßte man allerdings auch die Art der Operationen miteinander vergleichen können. Dies ist aufgrund unterschiedlicher Dokumentation nicht möglich.

Ein ähnliches Bild zeigt sich bei der Zahl der durchgemachten Fehlgeburten und Abtreibungen. Beide Möglichkeiten wurden nämlich gemeinsam erfaßt und lassen sich nachträglich nicht mehr aufschlüsseln. Insofern ist der statistisch signifikante Unterschied ($p < 0,01$) zwischen 17,6% (Pilot I) und 30,1% (Pilot II) Patientinnen, die mindestens eine Fehlgeburt oder Abtreibung hinter sich haben, letztlich nicht interpretierbar.

Aus den hier im Vergleich vorgelegten anamnestischen Daten ergeben sich zusammenfassend zwar Hinweise auf eine etwas höhere Morbidität der Pilot-II-Patientinnen zumindest in der Vergangenheit. Inwieweit dieser Unterschied für die Konzeption einer Langzeitstudie über Nebenwirkungen der Pille jedoch von Bedeutung ist, läßt sich angesichts der Datenstruktur nur schwer beurteilen.

Medizinische Untersuchung

Einige allgemeine Daten wie Größe, Gewicht, Pulsfrequenz zeigen weder im Mittelwert noch in der Varianz einen Unterschied zwischen den beiden Kollektiven. Auffällig sind dagegen unterschiedliche Blutdruckmittelwerte (Abb.8) bei jeweils gleicher Varianz (F-Test nicht signifikant).

Der systolische Blutdruck ist bei den Pilot-II-Patientinnen im Mittel um etwa 4 mmHg niedriger als bei den Pilot-I-Frauen, deren Mittelwert dem klassischen Lehrbuchblutdruck von 120 mmHg entspricht. Der t-Test ergibt eine Signifikanz auf dem 1%-Niveau. Bei einer Überprüfung der Blutdruckverteilung in 5 mmHg-Gruppen (wie es den Ablesegewohnheiten entspricht) mit dem Test nach Kolmogoroff-Smirnoff ergaben sich Verteilungsunterschiede. Die weitere Analyse zeigte, daß Hypotonikerinnen mit einem $RR_{sys} \leq 110$ mmHg bei Pilot II signifikant häufiger vorkommen als bei Pilot I ($p < 0,01$).

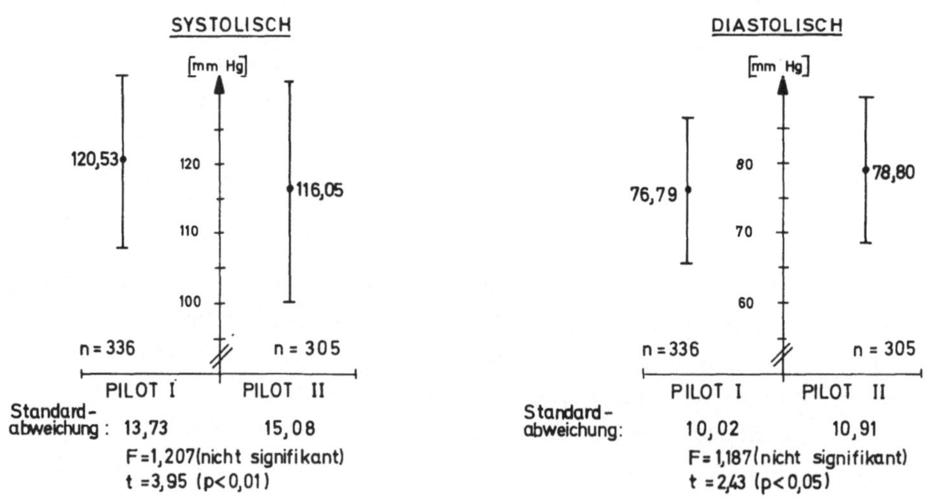

ABB. 8 : BLUTDRUCKMITTELWERTE

In einer Langzeitstudie, die auch den Zusammenhang zwischen Pille und kardiovaskulären Erkrankungen untersuchen will, könnte eine überrepräsentativ große Zahl von Hypotonikerinnen ceteris paribus das Bild verzerren. Doch muß berücksichtigt werden, daß besonders bei Pilot I keine standardisierten Meßbedingungen vorlagen. Wir wissen insbesondere nicht, ob die 124 Untersucher (mit 124 verschiedenen Blutdruckapparaten und möglicherweise unterschiedlichen Ablesegewohnheiten) den Blutdruck im Liegen, Sitzen oder Stehen gemessen haben. Auch in den nur auf dem 5%-Niveau signifikant um 2 mmHg höheren diastolischen Blutdruck bei Pilot II sollte man nichts hineininterpretieren.

Die Vergleichbarkeit der Laborwerte ist grundsätzlich dadurch eingeschränkt, daß nur bei den 97 in der Ambulanz der II.Universitäts-Frauenklinik München untersuchten Frauen Blut abgenommen wurde. Die Mittelwerte der hämatologischen Daten (Abb.9) liegen gut im Normbereich und unterscheiden sich auch nicht voneinander. Lediglich beim Hämatokrit wird aufgrund der großen Fallzahl und der kleinen Streuung der medizinisch vollkommen belanglose Unterschied von 1,29% statistisch signifikant ($p < 0{,}01$).

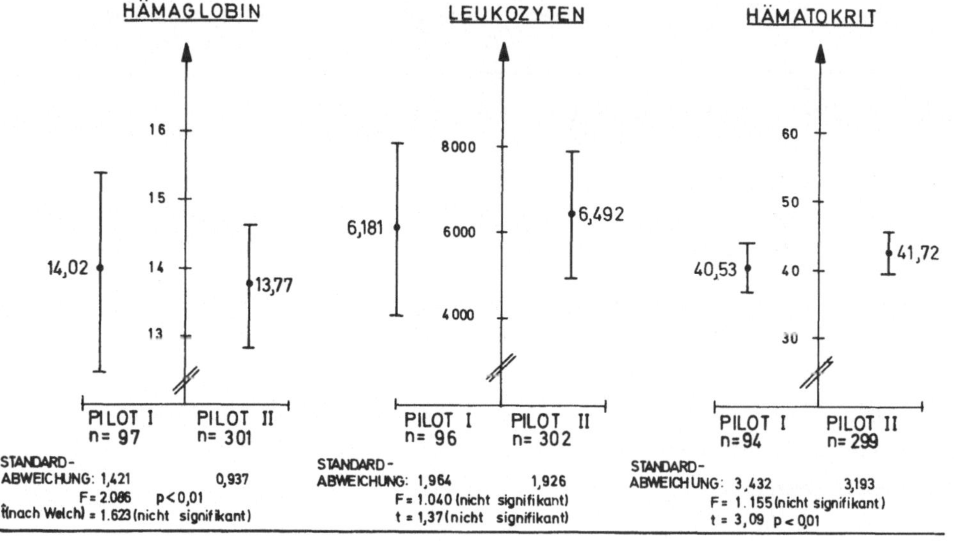

ABB.9 : HÄMATOLOGISCHE DATEN

Unter den Leberfunktionsparametern (Abb.10) läßt nur das Bilirubin einen signifikanten Unterschied erkennen ($p < 0,01$): 6,4% der Pilot-II-Patientinnen hatten Werte von mehr als 1,0 mg%. Der Prozentsatz erhöhter Transaminasewerte (SGOT bzw. SGPT) unterschied sich dagegen nicht signifikant. Bei der Interpretation muß die starke Selektion bei Pilot I berücksichtigt werden. Es läßt sich also aus den vorliegenden Daten nicht entnehmen, ob zwischen den Gesamtkollektiven Unterschiede in der Leberfunktion bestehen, die für eine Langzeitstudie relevant sein könnten.

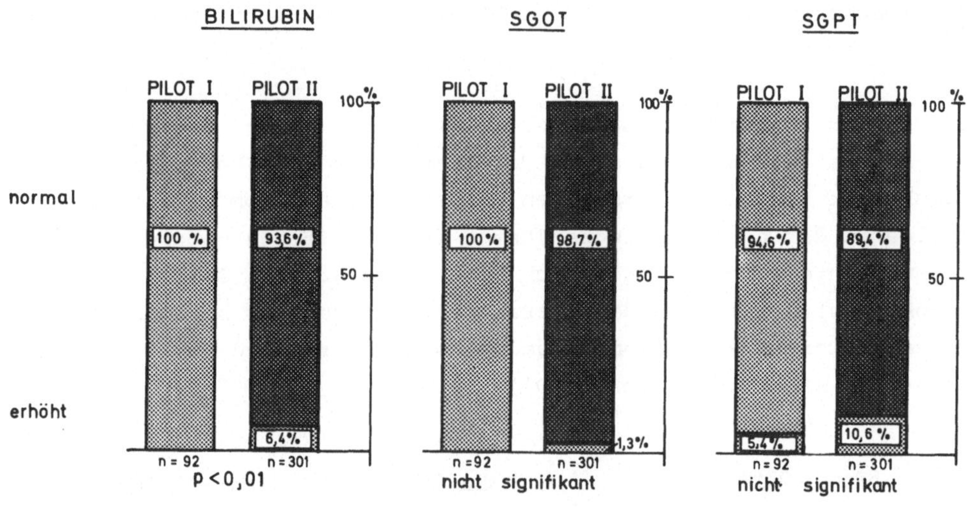

ABB.10 : LEBERFUNKTIONSPARAMETER

Gynäkologische Untersuchung

1. Vulva und Vagina

Die Zahl der virgines war mit 3 bzw. 2 praktisch gleich. Fluor vaginalis wurde in Pilot I mit 37,5% aller Frauen auf dem 1%-Niveau signifikant häufiger diagnostiziert als bei Pilot II (21,6%). Dieser Unterschied ist auch in je zwei der drei Alters- und Pillenstatusgruppen signifikant und gleichförmig (Ausnahme: 28-35jährige und Jetztnehmerinnen).

2. Uterus

Bezüglich Größe, Lage und myomatösen Veränderungen wurden keine signifikanten Unterschiede erkennbar. Dies gilt ebenso für Ulzerationen und polypöse Veränderungen der Portio. Lediglich Erythroplakien wurden mit 42,5% bei Pilot II signifikant häufiger ($p < 0,01$) als Befund dokumentiert (Pilot I: 19,2%). Der Unterschied zeigt sich gleichförmig in allen sechs Untergruppen. Maligne Veränderungen wurden jedoch im Abstrich nicht festgestellt. Man darf daher annehmen, daß dieser Häufigkeitsunterschied auf unterschiedlichem Dokumentationsverhalten der beteiligten Untersucher beruht und nicht Ausdruck unterschiedlich häufiger pathologischer Veränderungen ist.

3. Ovarien

Der Ovarialtastbefund wurde bei Pilot I in 87,1%, bei Pilot II dagegen nur in 79,7% der Fälle als normal dokumentiert. Dieser Unterschied ist auf dem 5%-Niveau signifikant. Tumoröse Veränderungen wurden bei Pilot I in 2,3%, bei Pilot II in 9,2% vermutet ($p < 0,01$). In den Untergruppen besteht dieser Unterschied jedoch nur bei den beiden jüngeren Altersgruppen und bei den Jetztnehmerinnen. Aus methodischer Sicht muß jedoch auch an dieser Stelle darauf hingewiesen werden, daß der Unterschied auch Ausdruck eines Untersucherbias sein könnte. Es handelt sich schließlich um Tastbefunde ohne laparoskopische oder histologische Bestätigung.

4. Mammae

Brustknoten wurden in beiden Gruppen gleich selten getastet. Sekret wurde bei der Palpation jedoch in Pilot II mit 5,22% gegenüber 1,8% bei Pilot I signifikant häufiger gefunden ($p < 0,01$). Dieser Unterschied kommt auch in den Untergruppen der 28-35jährigen und der früheren Pillennehmerinnen zum Ausdruck. Außerdem fällt auf, daß bei Pilot-II-Patientinnen in 25,8% der Fälle eine Mammographie für notwendig erachtet wurde, bei Pilot I dagegen nur in 8,6%. Dieser Unterschied ist mit Ausnahme der 20-27jährigen in allen Untergruppen gleichförmig und ebenfalls auf dem 1%-Niveau signifikant (Abb.11).

Bei der Interpretation dieser Zahlen ist jedoch zu berücksichtigen, daß die Klinikpatientinnen möglicherweise gerade zum Zweck einer Mammographie an die Ambulanz überwiesen wurden. Ansonsten wäre es auch möglich, daß der Klinikarzt die Indikation zur Mammographie etwas weiter stellt als der niedergelassene Kollege, dem auch in der Regel die erforderliche Ausrüstung fehlen dürfte. Bemerkenswert ist jedenfalls, daß die Mammographie bei gleicher Zahl verdächtiger Tastbefunde in beiden Stichproben unterschiedlich häufig für erforderlich gehalten wurde.

MAMMOGRAPHIE ERFORDERLICH: MAMMOGRAPHIE ERFORDERLICH:

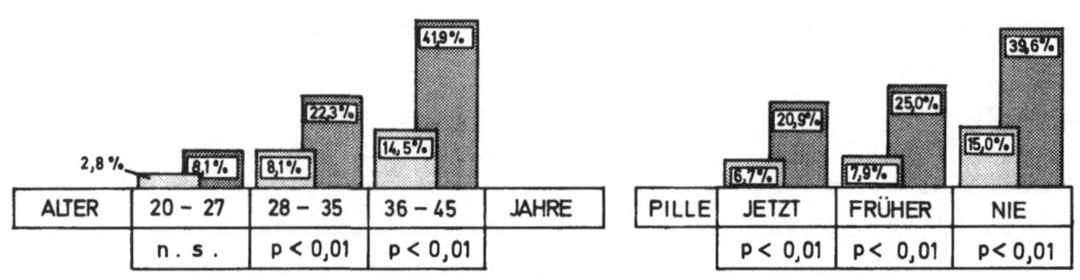

ABB.11 : HÄUFIGKEIT ERFORDERLICHER MAMMOGRAPHIEN IN ABHÄNGIGKEIT VON ALTER UND PILLENSTATUS

5. Gynäkologische Behandlung

Es ist nicht weiter verwunderlich, daß die Klinikpatientinnen zu einem höheren Prozentsatz (53,9%) einer gynäkologischen Behandlung bedurften als die Pilot-I-Frauen (36,1%). Der Unterschied ist auf dem 1%-Niveau signifikant. Abbildung 12 stellt die Verhältnisse für die einzelnen Untergruppen dar. Daraus geht hervor, daß sich weder die einzelnen Alters- noch die Pillengruppen wesentlich voneinander unterscheiden.

GYN. BEHANDLUNG ERFORDERLICH:

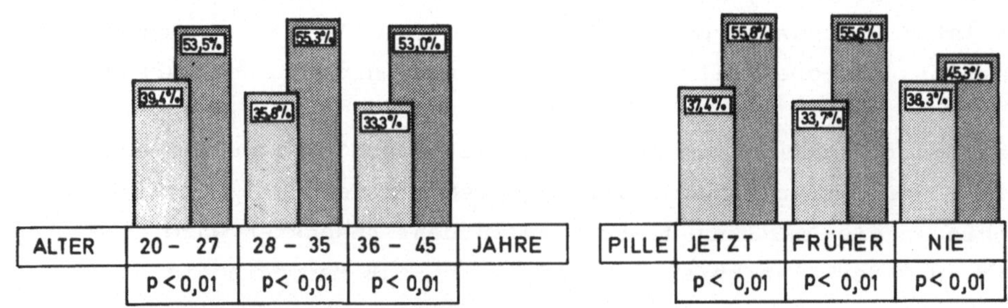

ABB.12 : NOTWENDIGKEIT GYNÄKOLOGISCHER BEHANDLUNG IN ABHÄNGIGKEIT VON ALTER UND PILLENSTATUS

Konsequenzen für eine Langzeitstudie

Diese offensichtlich unterschiedliche gynäkologische Morbidität könnte bei der Planung einer Langzeitstudie zu gegensätzlichen Konsequenzen führen. Man könnte sich einerseits auf den Standpunkt stellen, daß gynäkologische Erkrankungen und ihre Behandlung etwaige Nebenwirkungen der Pille überdecken könnten. Andererseits könnten diese Patientinnen aus Pilot II aber auch als "high-risk-Gruppe" angesehen werden, bei denen sich Nebenwirkungen der Pille auf dem Boden von Vorschädigungen vielleicht eher manifestieren würden.

Es gibt jedoch auch einige Argumente, die gegen die Durchführung einer Langzeitstudie über Klinikambulanzen sprechen: Die so gezogene Stichprobe wäre z.B. nicht bevölkerungsrepräsentativ. Ja, es könnte sogar sein, daß sie nicht einmal klinikrepräsentativ wäre; denn wir wissen nicht, ob die ambulanten Patientinnen der I. Universitäts-Frauenklinik München auch für die anderen deutschen Frauenkliniken repräsentativ sind. Auch würden die Klinikambulanzen durch eine wahrscheinlich erforderliche sehr hohe Fallzahl möglicherweise überlastet.

Auf der anderen Seite wäre die Organisation bei der Durchführung einer Langzeitstudie über Kliniken einfacher, der finanzielle Aufwand möglicherweise geringer. Dazu käme, daß die Untersuchungstechnik durch eine geringere Zahl von Untersuchern besser standardisiert werden könnte.

Schließlich ist eine bevölkerungsrepräsentative Langzeitstudie letztlich ein Phantom. Denn durch die Ausfälle könnte sie immer nur zu einem bestimmten Zeitpunkt repräsentativ sein.

Die Entscheidung über den einzuschlagenden Weg wird man letztlich erst dann treffen können, wenn die genaue Zielsetzung der Langzeitstudie, die dazu erforderlichen Mittel und Verfahren sowie die nötige Fallzahl feststehen.

Diskussion

WALLNER: Herr Letzel, Sie haben den Unterschied in der Fluor-Diagnostik zwischen Klinik und niedergelassenen Gynäkologen angesprochen. Wie Prof. Richter bei anderer Gelegenheit schon sagte, ist da eine klare Definition des Begriffs "Fluor" überhaupt die Voraussetzung, daß wir uns weiter über dieses Symptom unterhalten können.

LETZEL: Ich hätte natürlich an der Stelle darauf hinweisen sollen, daß von 120 Untersuchern im Pilot I und einem Untersucher in Pilot II bei einem so subjektiven Symptom nur begrenzt vergleichbare Ergebnisse zu erwarten sind.

WALLNER: Man kann das aber auch objektivieren.

WEILAND: Ich glaube, daß es vernünftig ist, anzunehmen, daß nicht nur häufigere Krankheit die Möglichkeit von Absentismus einschließt, sondern daß längere Krankheit noch eine viel geschicktere Form von Absentismus ist.

LETZEL: Herr Weiland, ich habe auf den Einwand gewartet, kann ihm aber leider nicht begegnen. Die Krankheitsdauer in Pilot II ist differenziert nach Krankheitsdauer zuhause und im Krankenhaus erfaßt und damit zu Pilot I nicht direkt vergleichbar.

DETERING: Ich glaube, daß in Deutschland Krankheitsdauer, Verweildauer im Krankenhaus und Krankheitshäufigkeit nicht nur vom Gesundheitszustand der Bevölkerung bestimmt werden, da spielen bisweilen auch noch andere Faktoren eine Rolle.

LETZEL: Das versuchte ich mit dem Hinweis auf eventuell unterschiedliches Sozialverhalten anzudeuten.

KOLLER: Vielleicht sollte ich gegenüber der Skepsis hinsichtlich Krankheit und Krankmeldung doch erwähnen, daß die Sterblichkeit derer, die häufig krank sind und derer die invalidisiert sind, wesentlich höher ist als die der anderen. Es steckt also schon ein gerüttelt Maß an tatsächlicher Krankheit hinter den Krankheitsausfällen, das ist nicht nur Drückebergertum oder ein soziales Problem.

LETZEL: Das habe ich nicht behauptet, Herr Professor Koller. Die Inzidenz ist eindeutig höher bei Pilot II, aber die Prävalenz ist gleich.

KOLLER: Nun, das haben wir in der allgemeinen Krankheitsartenstatistik ohnehin, daß z.B. zwischen Männern und Frauen oder zwischen verschiedenen Altersklassen Inzidenz und Dauer unterschiedlich sind. Mich würde noch interessieren, wie es in Pilot II mit Fragen nach dem Geschlechtsverkehr steht. Soweit ich gesehen habe, sind da auch in den Klinikbogen keine Fragen dazu enthalten?

LETZEL: Wir haben diese Fragen später noch in den Untersuchungsbogen hineingestempelt. Wir gehen dem Thema in dem Fragebogen nach, den die Patientin zuhause ausfüllt. Aber sicher könnten wir gerade bei der vita sexualis in der Anamnese noch etwas präziser fragen, um evtl. auch psychische Beschwerden und Störungen im Zusammenhang mit der Pille herauszukriegen.

KELLHAMMER: Wir hatten bei dem ersten Fragebogen von Pilot I das Problem der Tabufragen schon diskutiert und uns damals auf die Erhebung der Bekanntheit von Kontrazeptionsmethoden beschränkt. Frau Professor Blohmke war z.B. zu diesem Zeitpunkt sehr skeptisch, ob man zu Sexualverhalten in Deutschland überhaupt etwas in Umfragen erfassen könne. Da dies sich aber als problemlos erwies, haben wir dann stufenweise mehr Tabufragen aufgenommen. Die erste Erweiterung waren die Fragen nach Alter bei erstem Geschlechtsverkehr und nach Häufigkeit des Geschlechtsverkehrs. In einem nächsten Bogen haben wir dann Fehlgeburten und Schwangerschaftsabbrüche, die vorher zusammen erfaßt wurden, in getrennte Fragen aufgegliedert. Trotzdem gibt es sicher noch mehr Punkte in dem Bogen, wo man in der Detaillierung weiter gehen könnte.

KOLLER: Was meinen unsere Englisch sprechenden Kollegen, soll man eine Studie über Mamma- oder Zervixkarzinom durchführen, wenn man über Sexualverhalten nur ganz wenige Fragen hat?

ORY: Für Zervixkarzinom sind das sicher die entscheidenden Fragen.

BERENDES: Es besteht Grund zu der Annahme, daß Pillenkonsum und sexuelle Aktivität zusammenhängen und da Sexualverhalten so ein bedeutender Risikofaktor für das Zervixkarzinom ist, würde ich dieses Untersuchungsthema fallen lassen, wenn ich die Daten über Sexualverhalten nicht erheben kann. Aber es gibt dazu mehrere Erhebungsmöglichkeiten.

Man kann, wenn es prospektiv nicht geht, eine Fall-Kontroll-Studie ansetzen; man muß nicht alles gleichzeitig erfassen.

ORY: Und man braucht bloß ein paar Fragen.

KELLHAMMER: Unsere Fragen zum Geschlechtsverkehr sind recht gut gelaufen. Wir hatten z.B. bei "Häufigkeit des Geschlechtsverkehrs pro Woche" nur 3% 'keine Angabe', allerdings bei "Häufigkeit im bisherigen Leben" 36% 'keine Angabe'.

LETZEL: Wir wissen nicht, wie reliabel diese Daten sind. Die Inzidenz von Geschlechtsverkehr kann man wahrscheinlich ganz einfach über das Kontrazeptionsverhalten prüfen, aber die Häufigkeit ist meines Erachtens schwer faßbar.

BERENDES: Wahrscheinlich sind die Anzahl der Partner und das Alter, ab dem regelmäßiger Geschlechtsverkehr stattfindet, die entscheidenden Kriterien.

SHAPIRO: Zervixkarzinome sind ein so schwieriges Thema, daß wir meinen, sie verdienen eine eigene ad hoc - Studie. Ich würde sie nicht in einer Mehrzweckstudie unterbringen. Das Zervixkarzinom muß untersucht werden, es ist ein sehr wichtiger Krebs. Ich würde für die Hauptstudie einen getrennten Untersuchungsplan vorsehen, der sich ausschließlich mit dem Zervixkarzinom beschäftigt, weil die Schwierigkeiten bei der Sexualanamnese, wenn man die erwähnten keine Angabe-Anteile unterschreiten will, enorm sind.

KOLLER: Wir brauchen also einen Vorschlag, in dem für verschiedene Ziele separate Sonderstudien vorgesehen sind.

SHAPIRO: Das Zervixkarzinom ist wegen der Einstellung der Gesellschaft zur Sexualität so schwierig zu untersuchen, daß eine eigene Studie dazu nötig ist.

BERENDES: Die Fragen zum Sexualverhalten sind nicht das einzige Problem. Das andere Problem liegt in der Vergleichbarkeit der Pathologiebefunde, besonders mit den diagnostischen Möglichkeiten, den Abstrichen und Biopsien und einer bei verschiedenen Stadien einsetzenden Therapie.

EINE ZWISCHEN PILLE UND IUD RANDOMISIERTE STUDIE (PILOT III)

Ursula Kellhammer, Heinz Letzel, Karl Überla, Hanns-J. Wallner

Vor einigen Wochen haben wir mit einer zwischen Pille und IUD randomisierten Studie begonnen. Bei der Studie "Pille - Spirale", wie sie der Kürze halber genannt wird, befinden wir uns also noch in der Erhebungsphase. Im folgenden soll geschildert werden, welche Überlegungen zu dieser Studie geführt haben und wie der augenblickliche Stand der Dinge ist.

Wir verfolgen mit der Studie "Pille - Spirale" 4 Ziele:

- Wir möchten den experimentellen Ansatz "Zufallszuteilung" außerhalb des dafür typischen Umfelds auf seine Realisierbarkeit prüfen.
- Wir möchten Pille und IUD unter statistisch optimalen Bedingungen vergleichen.
- Wir möchten feststellen, inwieweit die mit einem solchen Ansatz verbundenen Experimentbedingungen in der Praxis niedergelassener Gynäkologen eingehalten werden, und
- wir möchten herausfinden, ob Patientinnen zur Kooperation in so einer Studie zu gewinnen sind.

Die Zufallszuteilung ist für uns als statistischer Ansatz besonders im Hinblick auf eine Longitudinalstudie von Bedeutung, da sich vergleichende Schlußfolgerungen so am genauesten, d.h. mit den wenigsten Störfaktoren, ziehen ließen. Da wir aus Pilot I (2) wissen, daß sich, wenn die Alternativen gegeben sind, fast 3/4 der Patientinnen (73 % der Untersuchten) für die Untersuchung beim niedergelassenen Gynäkologen entscheiden, bot es sich an, das Experiment mit niedergelassenen Ärzten durchzuführen. Entsprechend den Zielen der Entwicklungsphase erweitern wir mit der Studie "Pille - Spirale" die Palette der Erhebungstechniken, die hinsichtlich ihrer Eignung für die Hauptstudie geprüft werden sollen, um einen nach unseren Informationen bisher in Deutschland noch nicht versuchten Ansatz.

Bei der Auswahl der "Therapien", die in dem Experiment verglichen werden sollten, haben wir, ausgehend von der "Pille" nach der am ehesten infrage kommenden anderen Kontrazeption gesucht und uns aufgrund der Daten aus Pilot I für das IUD entschieden.

Von den 411 Frauen aus Pilot I, die sich 1975 haben untersuchen lassen, nahmen 44 % die Pille, 4 % trugen ein IUD und 2 % waren sterilisiert. Daß das IUD von der Verbreitung her die einzige Alternative zur Pille darstellt, wenn man sich auf den Vergleich der effizienten Kontrazeptionsmethoden beschränkt, zeigt sich vielleicht noch deutlicher in der folgenden Tabelle.

TAB.1

Pilot I, 3. Befragung

PILLE jetzt	PILLE früher	PILLE nie	Virgo	kA
32,7 %	36,9%	16,4%	10,7%	3,3%

Erfahrung mit Kontrazeptionsmethoden

(PI, 3.Fragebogen)

METHODE:	PILLE jetzt abs.	%	PILLE früher abs.	%	PILLE nie abs.	%
IUD	4	2,7%	31	18,7%	1	1,4 %
Sterilisation der Frau	/	/	14	8,4%	4	5,4%
andere Methoden	65	44,2%	42	25,3%	33	44,6%
keine	79	53,7%	79	47,6%	36	48,6%
Gesamt	148*	100,6%	166	100,0%	74	100,0%

* = 1 Mehrfachnennung

PIII, PILLE-SPIRALE: BENUTZUNG VON KONTRAZEPTIONSMETHODEN IN PILOT I, 1977

Wir haben in der dritten Befragung der Pilot I - Stichprobe 1977 die Erfahrung mit anderen Kontrazeptionsmethoden als der Pille erhoben. Dabei zeigt sich deutlich, daß von der Quantität her nur die Spirale als Vergleichsmethode zur Pille infrage kommt.Es zeigt sich aber auch, daß es eine typische Reihenfolge in der Benutzung der Kontrazeptionsmethoden gibt. Die Pille ist meist die erste effiziente Methode: 53,7 % der derzeitigen Pillennehmerinnen haben keine Erfahrung mit anderen Kontrazeptionsmethoden. Die Spirale folgt häufig auf die Pille: 18,7 % der früheren Pillennehmerinnen haben oder hatten ein IUD gegenüber nur 2,7 % der derzeitigen Pillennehmerinnen. Frauen, die noch nie die Pille genommen haben, haben auch kaum (nur zu 1,4 %) Erfahrung mit IUDs. Diese Reihenfolge in der Anwendung von Pille und IUD könnte für eine randomisierte Studie problematisch sein und zwar in all den Fällen, in denen der Arzt dieses Muster der Verabreichung von Kontrazeption für medizinisch notwendig hält.

TAB. 2

GEPLANTE STICHPROBEN-GRÖSSE:	N = 500 (N = 50 PRO PRAXIS)
AUFNAHMEKRITERIEN:	- ALTER, 16 - 35 JAHRE - STABILER ZYKLUS - "KONTRAZEPTIONSBERATUNG"
AUSSCHLUSSKRITERIEN:	- KONTRAINDIKATION(EN) GEGEN PILLE ODER IUD - PROGESTASERT ZUR ZEIT - SCHWERE KRANKHEIT (z.B. KREBS)

P III, PILLE-IUD, STICHPROBEN-BESCHREIBUNG

Wir führen das Experiment der Studie Pille - Spirale in einer gut überschaubaren Größenordnung durch: Wir arbeiten mit 9 Münchner Praxen zusammen und streben insgesamt etwa 500 Fälle an. Für die Aufnahme in die Studie haben wir 3 Bedingungen gesetzt: Die Patientin muß zwischen 16 und 35 Jahre alt sein, einen stabilen Zyklus haben und "Kontrazeptionsberatung" benötigen. Den Begriff "Kontrazeptionsberatung" haben wir bewußt so unscharf gewählt. Unser Ziel war dabei, den Zugang in die Studie für ein typisches Kollektiv dieser Altersgruppe offen zu halten und nicht etwa auf erstmalige Kontrazeption oder auf Wechsel der Methode einzugrenzen, da die Studie ja Aufschluß über die Akzeptanz der Zufallszuteilung in der Bevölkerung geben soll. Als Ausschlußkriterien haben wir vereinbart: 1.) Kontraindikationen gegen Pille oder IUD, da bei Vorliegen einer Kontraindikation ja keine Zufallszuteilung zwischen den Methoden angeboten werden kann. 2.) haben wir Trägerinnen von Progestasert-IUDs ausgeschlossen, da uns die systemische Wirkung dieses Hormons nicht mit hinreichender Sicherheit ausgeschlossen erschien. Ferner haben wir auch schwere Allgemeinerkrankungen wie z.B. Ca ausgeschlossen, da diese die Situation der Patientin so verändern, daß eine Zufallszuteilung von einer der beiden Therapien ausgeschlossen werden muß.

Der Erhebungsansatz (Abb. 1) ist im wesentlichen der gleiche wie in den anderen Pilotstudien. Die Studie beginnt mit der ersten gynäkologischen Untersuchung und der Erhebung soziodemografischer Daten mit einem Fragebogen, nach einem Jahr werden medizinische Untersuchung und Erhebung der soziodemografischen Daten wiederholt.

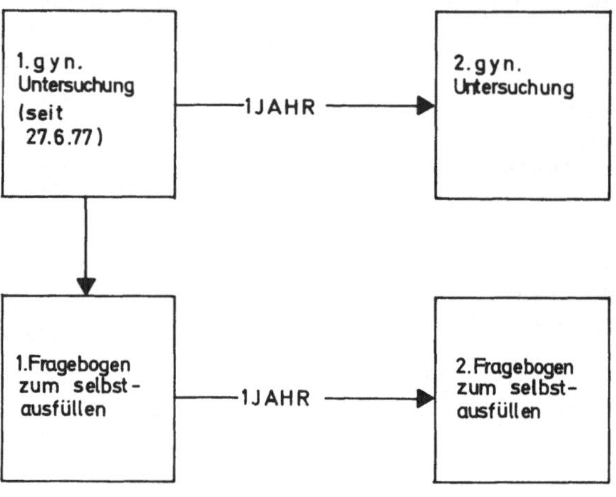

ABB.1 : PIII , PILLE-SPIRALE : ANLAGE DER STUDIE

Im Untersuchungsteil umfaßt das medizinische Programm - wie in den anderen Pilotstudien - all das, was für die gesetzliche Früherkennungsuntersuchung (1) vorgeschrieben ist (Tab. 3). Das sind Blutdruckmessung, Brustuntersuchung (Inspektion und Palpation), Genitaluntersuchung mit einem zytologischen Abstrich, die Tastuntersuchung des Rektums und die Urin-Analyse. Zusätzlich werden bei uns Puls, Größe und Gewicht dokumentiert. Wesentlich breiter als in den gesetzlichen Untersuchungen ist in der Studie Pille-Spirale die Erhebung der Anamnese gestaltet. Neben der Erfassung von Krankheiten, Operationen und Medikamentenkonsum haben wir ein ausführliches Kapitel über orale Kontrazeptiva und IUDs. Insbesondere haben wir bei den IUDs die Gründe für den Wechsel der Kontrazeptionsmethode im einzelnen erfaßt sowie zwischen gezogenen und ausgestoßenen IUDs unterschieden. Geburten, Fehlgeburten und Schwangerschaftsunterbrechungen werden ausführlich dokumentiert. Die Erfassung der Zyklusanamnese erfolgt getrennt für Zeiten ohne Pille oder Spirale, für Zeiten unter Pille und für Zeiten unter Spirale. Gynäkologische Beschwerden, Sexualverhalten und Erfahrung mit anderen Kontrazeptionsmethoden sind weitere Kapitel des besonders auf Kontrazeption ausgerichteten Anamneseteils. Die Dokumentation der gynäkologischen Untersuchung erfolgt in allen Praxen nach einem einheitlichen, von der Studiengruppe entwickelten Untersuchungsbogen.

TAB.3

ANAMNESE:	UNTERSUCHUNG:
KRANKHEITEN, OPERATIONEN	GRÖSSE, GEWICHT
KRANKHEITSPERIODEN WÄHREND DES LETZTEN JAHRES	PULS, BLUTDRUCK
MEDIKAMENTE	BRUST (INSPEKTION, PALPATION)
PILLE: EINNAHME, NEBENWIRKUNGEN	GYNÄKOLOGSICHE UNTERSUCHUNG EINSCHLIESSLICH ZYTOLOG. ABSTRICH
IUD: NEBENWIRKUNGEN, GRÜNDE FÜR ABSETZEN	REKTUM (PALPATION)
ZYKLUS	URINANALYSE
SCHWANGERSCHAFTEN, GEBURTEN	
FEHLGEBURTEN	
INTERRUPTIONES	
GYNÄKOLOGISCHE BESCHWERDEN	
SEXUALVERHALTEN	
ERFAHRUNGEN MIT KONTRAZEPTIONS-METHODEN	

P III, PILLE-SPIRALE: PROGRAMM DER GYNÄKOLOGISCHEN UNTERSUCHUNG

Auch der Entscheidungsablauf, wie eine Patientin in die Studie gelangt, ist in den wesentlichen Teilen für alle Praxen gleich. Wir haben dazu ein Flußdiagramm entwickelt:

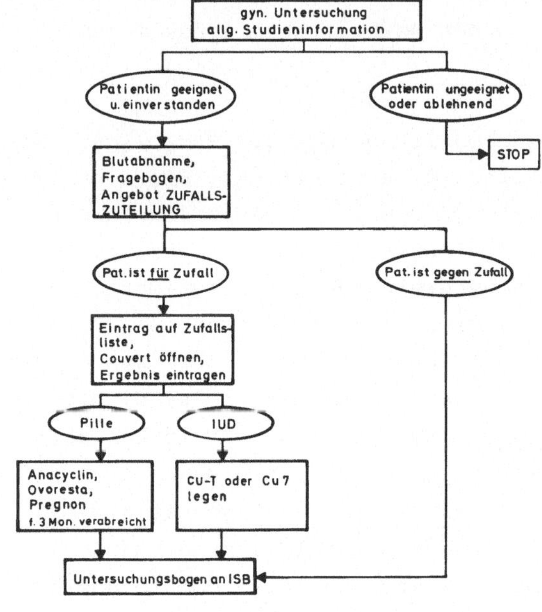

ABB. 2 : PIII, PILLE-SPIRALE: ABLAUFSCHEMA DER 1. UNTERSUCHUNG PRO PRAXIS

Eine Patientin zwischen 16 und 35 Jahren wird zuerst gynäkologisch untersucht und, wenn sich herausstellt, daß sie hinsichtlich der Aufnahme- und Ausschlußkriterien infrage kommt, allgemein über die Studie informiert. An dieser Stelle scheiden ungeeignete Patientinnen aus sowie solche, die ihre Daten nicht zur Verfügung stellen. Den Patientinnen, die einverstanden und geeignet sind, wird Blut abgenommen, der Fragebogen überreicht und die zwischen Pille und IUD randomisierte Wahl der Kontrazeption angeboten.

Die Blutproben werden an zwei Tagen in der Woche nach einem festen Zeitplan per Taxi von den Praxen abgeholt, in einem Thermosgefäß in das Klinikum Großhadern transportiert und dort im Institut für Klinische Chemie Großhadern (Vorstand Prof. Dr. Maximilian Knedel) automatisch ausgewertet. Unser vornehmliches Interesse gilt hierbei wiederum der Erhebungstechnik. Taxis gibt es überall, und wenn sich dieser Weg als gangbar erweist, könnte man in der Hauptstudie das Untersuchungsprogramm so auf Praxis und Klinik verteilen, daß der breite Zugang zum Patientengut und die spezialisierte medizinische Untersuchung gleichzeitig in einer Studie ermöglicht werden.

Der Fragebogen wird mit einem Freiumschlag an das ISB überreicht, die Patientin soll ihn zuhause ausfüllen, da hier weniger verzerrte Angaben als in der Sondersituation eines Besuchs beim Gynäkologen zu erwarten sind.

Die Zufallszuteilung wird als <u>eine</u> mögliche Form der Beteiligung an der Studie angeboten, nicht als einzige. Patientinnen, die sich allgemein einverstanden erklärt haben und die Zufallszuteilung ablehnen, bleiben also weiterhin in der Studie. Sie sind wichtig für uns im Hinblick auf das Ziel, "Kooperationsbereitschaft der Patientinnen herausfinden", da der Vergleich ihrer Daten mit denen der "Zufallspatientinnen" zeigen wird, ob in der Patientin begründete Hypothesen über die Akzeptanz der Zufallszuteilung wahrscheinlich sind. Die Patientinnen, die sich für den Zufall entschieden haben, werden auf die sogenannte "Zufallsliste" eingetragen. Dann wird das Kuvert mit der entsprechenden Zeilennummer geöffnet und das Ergebnis auf die Zufallsliste eingetragen. Ist das Ergebnis "Pille", so erhält die Patientin Anacyclin oder Ovoresta oder Pregnon für 3 Monate überreicht. Ist das Ergebnis "IUD", so bekommt die Patientin ein Cu-T oder Cu-7. Wann das IUD gelegt wird, also ob bei Pillennehmerinnen vorher eine Pause gemacht wird oder wann ein liegendes IUD ersetzt wird, entscheidet der Arzt.

Das verwendete Randomisierungsverfahren soll an einem Beispiel verdeutlicht werden. Der Arzt erhält das Ergebnis der in der Studienzentrale durchgeführten Randomisierung in einem verschlossenen Umschlag.

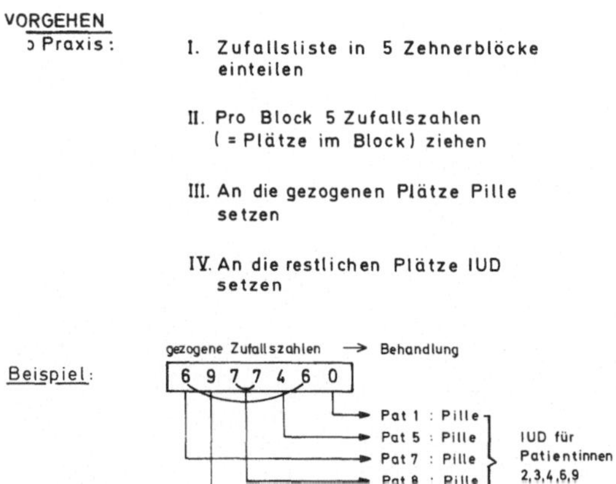

ABB.3 : PIII, PILLE-SPIRALE: DAS ZUFALLSZUTEILUNGSVERFAHREN

Wir wollten pro Praxis möglichst gleichviel zufällige Pille- und IUD-Patientinnen haben, unabhängig davon, wieviele Zufallspatientinnen es in der Praxis gibt. Deshalb haben wir zunächst die Zufallsliste in 5 Zehnerblöcke eingeteilt. Pro Block haben wir dann fünf einstellige Zufallszahlen gezogen und damit 5 von den 10 Plätzen für Behandlung "Pille" festgelegt. Die restlichen 5 Patientinnen erhalten ein IUD. So würden z.B. mit den hier gezogenen Zufallszahlen von den ersten 10 Zufallspatientinnen die Patientinnen 1, 5, 7, 8 und 10 "Pille" erhalten, die restlichen Patientinnen bekämen IUDs. Da Zufallszahlen von 0 bis 9 den Positionen von 1 bis 10 entsprechen, ist die Position der Patientin immer um 1 höher als die entsprechende Zufallszahl. Eine gezogene 6 bedeutet also, daß Patientin 7 die Pille bekommt. Kommen in der Abfolge der Zufallszahlen mehrmals gleiche Werte (und damit schon vergebene Positionen) vor, so müssen zusätzliche Zahlen gezogen werden. Wegen der doppelten 6 und 7 in dem Beispiel waren 7 Zufallszahlen nötig, um die 5 Pillenpositionen zu bestimmen.

Welche Ergebnisse im Hinblick auf unser Ziel III erreicht werden, d.h. wie gut die Experimentbedingungen in der niedergelassenen Praxis eingehalten werden, läßt sich erst nach Abschluß der Studie endgültig beurteilen. Die Informationen, die wir in dieser Richtung durch die organisatorische Abwicklung des Blutprobentransports schon besitzen, stimmen uns optimistisch.

TAB. 4

BEGINN: ENDE JUNI 1977, 9 PRAXEN

STAND DER FELDARBEIT

12 WOCHEN NACH BEGINN

ANZAHL DER PATIENTINNEN PRO PRAXIS	ANZAHL DER PRAXEN
KEINE PATIENTIN	2
1-10 PATIENTINNEN	4
11-20 PATIENTINNEN	1
21 ODER MEHR PATIENTINNEN	2

P III, PILLE-SPIRALE: STAND DER FELDARBEIT

In Tab. 4 ist der Stand der Feldarbeit 12 Wochen nach Studienbeginn dargestellt. Zwei der beteiligten neun Praxen haben bis dahin keine Patientin in die Studie eingebracht. Vier Praxen haben zwischen 1 und 10 Patientinnen, eine Praxis 11 bis 20 Patientinnen und in zwei Praxen sind bereits 21 oder mehr Patientinnen in die Studie aufgenommen. Bei der Bewertung dieser Ergebnisse sollte man im Auge behalten, daß wir aus Planungsüberlegungen der Entwicklungsphase gezwungen waren, mit der Studie im Sommer zu beginnen, und daß das Sommerquartal sowohl für die Patientinnen wie für die Ärzte (vor allem aufgrund der großen Schulferien) die Jahreszeit ist, in der Besuche beim Gynäkologen ein saisonales Tief aufweisen.

In Tab. 5 sehen wir die Ergebnisse zur Kooperationsbereitschaft der Frauen bei der Zufallszuteilung. Das Patientenkollektiv erscheint, wenn man es anhand des Alters betrachtet, in den beteiligten Praxen durchaus vergleichbar. Aber der Anteil der "Zufallspatientinnen" pro Praxis schwankt zwischen 0 und 100 Prozent.

TAB. 5

PRAXIS	ANZAHL DER PATIENTINNEN	ALTER MIN	MAX	MITTELWERT	ZUFALLSPATIENTINNEN (PROZENTUIERT JEWEILS AUF DIE PRAXIS)
1	21	19	34	24,9	19%
2	2	17	21	19,0	100%
3	8	18	38	24,8	13%
4	19	16	33	21,8	0%
5	4	20	24	22,5	25%
6	3	26	33	28,0	33%
7	23	17	37	25,1	96%

P III. PILLE-SPIRALE: VERGLEICH DER PRAXEN NACH ALTER DER PATIENTINNEN UND NACH ANTEIL DER ZUFALLS-PATIENTINNEN

Wir meinen, unter diesen Gesichtspunkten läßt sich die Hypothese vertreten, daß allein der Arzt darüber bestimmt, wie sich die Patientin bezüglich Randomisierung verhält. Das bedeutet aber, daß randomisierte Studien größeren Umfangs mit der Bevölkerung der BRD durchführbar sind. Wenn es gelingt, auch nur 10% aller Gynäkologen in der BRD von der Idee der Zufallszuteilung zu überzeugen, dann sind Studien mit einem solchen Ansatz in der Größenordnung von 2000 Fällen realisierbar.

Literatur

1. Kay, C.R.: Oral Contraceptives and Health. An Interim Report from the Oral Contraception Study of the Royal College of General Practitioners, Pitman Medical Publishing, 1974

2. Überla, K. et al.: Nebenwirkungen oraler Kontrazeptiva, Querschnittsauswertung der Repräsentativbefragung und der ärztlichen Untersuchung (Pilot-Projekt I), Materialienband Nr.3 des Instituts für medizinische Informationsverarbeitung, Statistik und Biomathematik, München, 1976.

Diskussion

HAMMERSTEIN: Eine prospektive randomisierte Studie ist sicherlich das, was sich jeder wünscht. Trotzdem frage ich mich, ob das ethisch vertretbar ist. Es genügt nicht, die Kontraindikationen auszuschließen. Es gibt nämlich auch das Gegenteil, daß eine bestimmte Methode für eine Patientin besonders günstig ist. Unsere ganzen Bemühungen sind ja darauf gerichtet, Kontrazeption zu individualisieren. Es gibt eine große Zahl junger Frauen, die unter gar keinen Umständen schwanger werden wollen und die werden bei Ihnen randomisiert mit Verfahren, die, bei richtiger Anwendung, nachweislich Unterschiede in der Zuverlässigkeit haben. Was wollen Sie tun, wenn bei einem randomisiert zugeteilten IUD eine Patientin schwanger wird? Ich weiß, daß die WHO, besonders in der mit der Fertilitätskontrolle befaßten Institution meint, bei diesem Gesichtspunkt brauche man nicht so kleinlich sein. Ich glaube aber, daß es da erhebliche rechtliche Probleme gibt und daß diese der Grund sind, warum solche prospektiven randomisierten Studien bisher nicht durchgeführt wurden.

ÜBERLA: Herr Hammerstein, die Frage ist immens wichtig und wir haben es uns nicht leicht gemacht. Wir haben lange mit den beteiligten Ärzten diskutiert und sind gemeinsam zu dem Schluß gekommen, daß wir es probieren sollten. Ich persönlich meine nicht, daß die deutsche Hauptstudie eine randomisierte Studie sein könnte. Aber ich glaube, wir sollten in der Pilotphase die Grenzen des Durchführbaren herausfinden. Und dazu gehört auch, daß wir feststellen, was die Beteiligten ethisch für vertretbar halten. Die Frauen werden über die verschiedenen Risiken und auch Chancen von Pille und IUD voll informiert; erst wenn sie danach zustimmen, wird randomisiert. Die rechtlichen Gesichtspunkte wiegen schon schwer, aber ich sehe nicht, wie man unter der jetzt und auch im nächsten Jahr geltenden Arzneimittelgesetzgebung eine Randomisierung für rechtlich unzulässig erklären will, wenn die Einwilligung der Betroffenen vorliegt. Wir sind überrascht vom Umfang der Beteiligung an der Randomisierung. Aber trotzdem sollte das im Hauptstudien-Programm nur für eine spezielle Thematik, eine kleine Gruppe von Frauen und wenige Ärzte in Erwägung gezogen werden.

KELLHAMMER: Zur rechtlichen Seite sollte man vielleicht ergänzen, daß jeder Patientin ein Informationsblatt ausgehändigt wurde, in dem der Pearl-Index für Pille und IUD verglichen wird. Jede Patientin konnte sich also ihre Entscheidung in Ruhe zuhause überlegen.

HAMMERSTEIN: Das ist Voraussetzung.

WALLNER: Ich möchte dazu auch noch kurz Stellung nehmen. Wir stimmen Ihnen völlig zu, Herr Professor Hammerstein, daß wir auf eine Individualisierung der Kontrazeption zusteuern und in Fällen wie z.B. einer Drittpara, die nicht mehr schwanger werden will und nicht mehr schwanger werden soll, wählen wir die sicherste Methode, da lassen wir es nicht auf eine Randomisierung ankommen. Es gibt aber, da werden Sie mir zustimmen, Fälle, wo ich - aufgrund der physischen Voraussetzungen - keinen Anlaß sehe die eine oder andere Methode vorzuziehen. Wir sind davon ausgegangen, nur diese kleine Gruppe zur Randomisierung heranzuziehen. Wir sehen ja auch aus der unterschiedlichen Bereitschaft der Ärzte und Patientinnen zur Randomisierung, wie kritisch diese Frage durchdacht wird.

KAY: Ich mache mir immer noch über die Ziele Gedanken, besonders bei diesem randomisierten Versuch. Der einzige Vorteil dabei ist, daß Sie die Selektions-Verzerrung los werden. Aber alle anderen verzerrenden Faktoren werden sich ganz rasch einschleichen, vielleicht schon vor Ablauf eines Monats. Sie stehen dann vor einer genauso vielschichtigen Situation wie ohne Randomisierung, aber mit dem Nachteil, daß Ihr Patientengut - wegen der Einwilligung zur Randomisierung - extrem atypisch ist.

ÜBERLA: Wir wissen noch nicht, wie sich die Frauen, die der Randomisierung zustimmen, von den anderen unterscheiden, das wollen wir ja gerade durch die Pilotstudie herausfinden. Wenn es eine hochgradig selektierte Gruppe sein sollte, wäre das schon ein Punkt, der gegen eine solche Studie sprechen würde. Aber wir sind der Meinung, daß sich so ein Ansatz für besondere Fragen aus dem Bereich kurzfristig auftretender Nebenwirkungen eignen könnte, z.B. für eine Studie bei Frauen von 35-45 Jahren mit einer Beobachtungsdauer von 1 bis 5 Jahren.

SHAPIRO: Dr. Überla, das ist eine 6000er-Stichprobe über 5 Jahre!

ÜBERLA: Nun, ich sagte 4000 bis 6000. Wenn wir mit 4000 anfangen, hätten wir nach 5 Jahren wahrscheinlich noch etwa die Hälfte davon in der Studie.

SHAPIRO: Was wollen Sie mit so einer Studie herausfinden?

<u>ÜBERLA</u>: Denken Sie z.B. an die Frage, ob orale Kontrazeptiva Hypertonie erzeugen.

<u>SHAPIRO</u>: Dafür brauchen Sie eine Stichprobe von 20.000 Patientinnen.

<u>ÜBERLA</u>: Das hängt davon ab, zu welchem Anteil die Patientinnen Nebenwirkungen haben. Wenn eine Nebenwirkung z.B. bei 20% der Patientinnen auftritt, könnte man meines Erachtens mit ziemlich niedrigen Fallzahlen auskommen. Hypertonie oder zumindest gestiegener Blutdruck ist ja recht häufig.

<u>KAY</u>: Da müßten Sie die Frauen dazu bekommen 5 Jahre mitzumachen und das ist zu lange.

<u>ÜBERLA</u>: Aber für 1 Jahr könnte man das erreichen.

<u>KAY</u>: Ich glaube nicht, daß Sie das auch nur 1 Jahr lang durchhalten, nicht mit der ganzen Stichprobe.

<u>ÜBERLA</u>: Sicher gibt es Ausfälle. Die Frage ist lediglich, ob das 10% oder 30% sind.

<u>KAY</u>: 50%.

<u>ORY</u>: Dann sind Sie wieder beim Problem der Verzerrung, weil die Ausfälle groß genug sind um Ergebnisse zu verändern.

<u>ÜBERLA</u>: Ich glaube, in einem Jahr können wir diese Frage besser diskutieren, dann wissen wir, welche Selektion wir haben und wieviele Patientinnen bei der zugeteilten Methode geblieben sind.

<u>SHAPIRO</u>: Dr. Überla, wird diese Diskussion morgen fortgesetzt?

<u>ÜBERLA</u>: Ja.

EINE BREITENSTUDIE DER ORALEN KONTRAZEPTION MIT PATIENTENPAAREN AUS DEN PRAXEN NIEDERGELASSENER GYNÄKOLOGEN

Ursula Kellhammer

Die Pilot III - Breitenstudie ist die letzte unserer Pilotstudien und somit auch die letzte Möglichkeit vor der Hauptstudie Erhebungstechniken oder Tabufragen zu erproben. Bei der Studie wird im November mit der Patientenuntersuchung begonnen und wir haben uns entschieden einen Ansatz zu verwirklichen, der dem des Royal College of General Practitioners (1) hinsichtlich der Patienten doch recht ähnlich ist. D.h. wir haben Gynäkologen angeboten, ihre eigenen Patientinnen in die Studie einzubringen und zwar in Paaren, die jeweils aus einer Pillennehmerin und einer Nichtnehmerin bestehen.

I. BEURTEILUNG DER GYNÄKOLOGEN-STICHPROBE ALS EIN WEG ZUR PAARWEISEN AUSWAHL VON PATIENTINNEN (BETEILIGUNG, EINHALTUNG DES PATIENTENAUSWAHLVERFAHRENS)

II. VERGLEICH DIESER PATIENTINNEN-STICHPROBE MIT DATEN ANDERER PILOTSTUDIEN

III. IN EINER UNTERSTICHPROBE (n = 20): ERPROBUNG DES PRAXISTAGEBUCHS ALS MÖGLICHKEIT DER HOCHRECHNUNG AUF ALLE PATIENTINNEN

P III- BREITE, ZIELE DER STUDIE

Wir verfolgen mit dieser Studie vor allem drei Ziele:

Wir möchten in einer für die bayerischen Gynäkologen repräsentativen Stichprobe herausfinden, wieweit die Kooperationsbereitschaft der Ärzte trägt. Ob es Unterschiede in der Mitarbeit gibt nach der Lage der Praxis (in der Stadt oder auf dem Land), ob das Niederlassungsjahr des Arztes eine Rolle spielt und die Ärzte bereit sind, die von uns ohne vorherige Absprache gestellten Bedingungen zur paarweisen Patientenauswahl zu berücksichtigen. Darin, daß Patientinnen nach Vorgaben selektiert werden, ist diese Studie der der General Practitioners ähnlich. Aber sie unterscheidet sich darin, daß die beteiligten Ärzte eine Zufallsstichprobe darstellen und daß deshalb aus den Ergebnissen Rückschlüsse auf das Verhalten aller bayerischen Gynäkologen möglich sind. Diese Möglichkeit der Verallgemeinerung hielten wir für so wesentlich, daß wir trotz der bereits vorhandenen Erfahrung bereitwilliger Kooperation von seiten der niedergelassenen Ärzte im Pilot I (2) der Erprobung dieser Erhebungsform unsere letzte Pilotstudie gewidmet haben.

Als weiteres Ziel haben wir den Vergleich des hier mehr indirekt gewonnenen Patientenguts mit den Patientinnen aus Pilot I. Dieser Vergleich wird uns Aufschluß darüber geben, inwiefern man im Querschnitt über die Ärzte ein anderes Patientengut erhält als z.B. über eine bevölkerungs-repräsentative Stichprobe. Außerdem wird, wenn der Längsschnitt von Pilot III-Breite abgeschlossen ist, zu analysieren sein, ob der unterschiedliche Zugang zu den Patientinnen unterschiedliche Auswirkungen auf die Ausfälle hat - eine Hypothese, die nach den bisher aus Pilot I vorhandenen Informationen sehr wahrscheinlich ist.

Und als drittes Ziel haben wir uns vorgenommen, an einer Unterstichprobe von 20 Ärzten zu versuchen, Informationen auch über die Patientinnen zu bekommen, die nicht in die Studie aufgenommen werden, und zwar entweder, weil sie eine Teilnahme ablehnen, oder weil sie nicht geeignet sind. Dieser unter dem Stichwort "Praxis-Tagebuch" laufende Ansatz wäre, wenn er realisierbar ist, für uns deshalb von so großer Bedeutung, weil damit der direkte und kostensparende Zugang zu den Patientinnen über ihre eigenen Ärzte kombinierbar wäre mit den entscheidungstheoretisch für die Gesundheitspolitik wichtigen Rückschlüssen von der so gewonnenen Patientinnenstichprobe auf alle Patientinnen.

Wir haben 160 Gynäkologen in ganz Bayern mit einem Brief vom 2. September 1977 um ihre Mitarbeit an der Studie gebeten. Das sind 21,5 % aller bayerischen Gynäkologen mit Kassenzulassung, Stand August 1977. Wir möchten an dieser Stelle der Kassenärztlichen Vereinigung Bayerns dafür danken, daß sie uns die Adressen zusammen mit der Angabe der Gemeindegröße und des Niederlassungsjahrs überlassen hat. Ohne diese freundliche Unterstützung wäre uns mit den knapperen Informationen der öffentlich zugänglichen Kassenarztverzeichnisse nur eine sehr viel weniger differenzierte Stichprobenplanung möglich gewesen.

TAB. 2

ZIEL: Eine Zufallsstichprobe der bayrischen Gynäkologen mit Kassenzulassung, geschichtet nach Gemeindegrösse und Niederlassungsjahr.

Stichprobenplan: 20 Zellen, 8 Gynäkologen pro Zelle

Niederlassungsjahr \ Gemeinde Grösse	-19.999	20.000 -49.999	50.000 -99.999	100.000 -999.999	1Million und mehr	Gesamt
-1960	42	22	17	37	57	175
1961-1965	34	13	15	13	25	100
1966-1970	34	16	14	19	32	115
1971-1977	133	56	30	55	81	355
Gesamt	243	107	76	124	200	745

Die Daten dieser Tabelle (Stand August 1977) wurden uns freundlicherweise von der Kassenärztlichen Vereinigung Bayerns zur Verfügung gestellt.

PIII-BREITE: DIE GYNÄKOLOGEN-STICHPROBE

Die 160 angeschriebenen Ärzte sind eine geschichtete Zufallsstichprobe aus allen 745 Ärzten. Dazu haben wir die Gesamtheit in 20 Zellen aufgeteilt. Die Zellen ergeben sich aus den 4 Klassen des Niederlassungsjahrs: -1960, 1961-65, 1966-70 und 1971-77 sowie aus den 5 Gemeindegrößenklassen: bis 20.000 , 20-50 Tsd., 50-100 Tsd., 100 Tsd. bis 1 Million und 1 Million und mehr (d.h. München). Aus jeder dieser 20 Zellen haben wir 8 Ärzte zufällig ausgewählt. Da unsere kleinsten Zellen immer noch fast doppelt soviele Fälle enthalten, ist zu erwarten, daß wir den Stichprobenplan einhalten, auch wenn der eine oder andere Arzt ersetzt werden muß. Für das Experiment mit dem Praxistagebuch haben wir aus den 8 Ärzten pro Zelle jeweils einen Arzt wiederum zufällig bestimmt.

Der Erhebungsansatz gleicht dem der übrigen Pilotstudien insofern, als zweimal im Abstand von einem Jahr eine gynäkologische Untersuchung erfolgt und soziodemografische Daten in einem Fragebogen erfaßt werden. Neu ist der Ansatz darin, daß die Frauen nur paarweise in die Studie aufgenommen werden. Jedes Paar besteht aus einer Pillennehmerin und einer Nichtnehmerin, das ist durch die Kreis- und Dreieckssymbole im linken Block (Abb.1) angedeutet. Von jedem Arzt sollen 5 Patientinnenpaare aufgenommen werden. Nach einem Jahr wird die Paarzugehörigkeit jeder Patientin zwar bekannt sein, aber es werden nicht mehr alle Paare vollständig vorhanden sein. Manche Paare werden ganz ausfallen, von manchen wird die Pillennehmerin fehlen und von manchen die Nichtnehmerin.

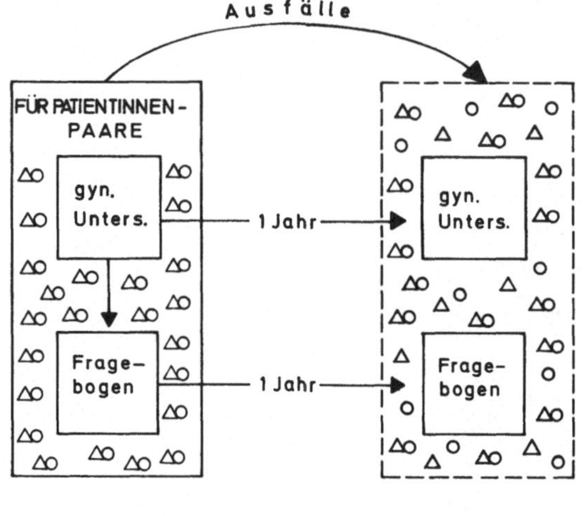

ABB.1 : PIII-BREITE , ERHEBUNGSANSATZ

Wie groß die Ausfälle überhaupt sind, wird ebenso von Interesse sein wie die Feststellung, ob eine der beiden Gruppen rascher "abbröckelt" als die andere, da der Erfolg der Pilotstudie im Vergleich zu den bisherigen Ansätzen hauptsächlich im Langzeitergebnis zu bewerten ist.

TAB. 3

ALTERSGRUPPE:	16 - 35 JAHRE
PILLENNEHMERIN :	- NAHM DIE PILLE WÄHREND DER LETZTEN 6 MONATE VOR GYN. UNTERSUCHUNG - PLANT, DIE PILLE FÜR EIN JAHR WEITER ZU NEHMEN
NICHT-PILLENNEHMERIN:	- HAT GESCHLECHTSVERKEHR - HAT KEINE ABSOLUTEN KONTRAINDIKATIONEN FÜR DIE PILLE - NAHM KEINE PILLE WÄHREND DER LETZTEN 6 MONATE VOR GYN. UNTERSUCHUNG - PLANT, FÜR EIN WEITERES JAHR KEINE PILLE ZU NEHMEN
MATCHING:	- NACH ALTER; MAXIMALER UNTERSCHIED PRO PAAR: 1 JAHR

P III - BREITE: DEFINITION DER PATIENTINNEN-PAARE

Die Patientinnen von Pilot III Breite sollen zwischen 16 und 35 Jahre alt sein. Für die Paare haben wir die Pillennehmerin definiert als eine Frau, die in den letzten 6 Monaten vor Untersuchung die Pille genommen hat und plant, die Pille ein weiteres Jahr zu nehmen. Als Nichtnehmerin haben wir eine Frau definiert, die Kontrazeptionsbedarf hat, keine absoluten Kontraindikationen gegen die Pille aufweist, in den letzten 6 Monaten vor Untersuchung aber keine Pille genommen hat und plant, auch ein weiteres Jahr keine Pille zu nehmen. Der Altersunterschied soll in einem Paar maximal 1 Jahr betragen. Wir sind uns darüber klar, daß die wesentliche Einschränkung bei diesen Vorgaben in der Definition der Nichtnehmerin liegt. Trotzdem erschien uns diese relativ enge Beschränkung notwendig, um wirklich gut vergleichbare Paare zu erhalten, und es ist wahrscheinlich außerdem nur eine Frage der Zeit, bis die Nichtnehmerinnen der Pille (in so einer Abgrenzung, d.h. auch frühere Nehmerinnen) häufiger werden.

Um etwas genauer abzuschätzen, wie stark die Einschränkungen bei dieser Paardefinition nun wirklich sind, haben wir die Bedingungen - soweit das möglich war - auf die Patientinnendaten von Pilot 1 (2) abgebildet.

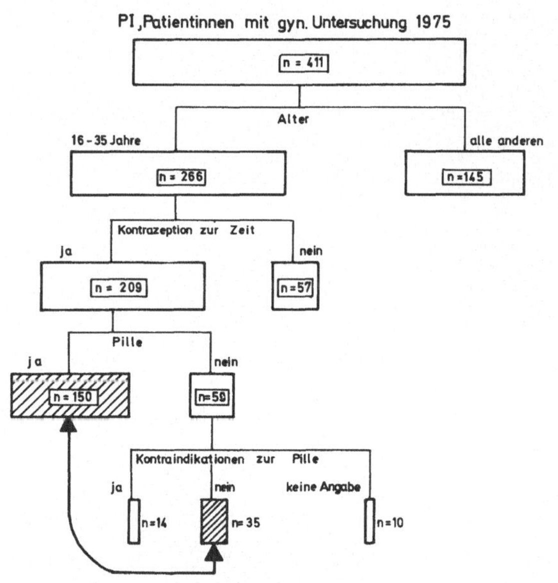

ABB.2 : PIII - BREITE : PATIENTINNENPAARE ALS UNTERGRUPPE DER BEVÖLKERUNG

Von den 411 Frauen aus Pilot I, die sich 1975 der gynäkologischen Untersuchung unterzogen, waren 64,7% zwischen 16 und 35 Jahren. 50,9% erfüllten zusätzlich die Bedingung, irgendeine Kontrazeption zu benutzen, und 36,5% der 411 Frauen gaben an, die Pille zu nehmen. Von denen, die eine andere Kontrazeption als die Pille angaben, wiesen 35 Frauen, das sind 8,5% der 411 Frauen, keine Kontraindikationen gegen die Pille auf. Nun sind die Zahlen sicher nur als grobe Richtgrößen aufzufassen. Auf der einen Seite fehlen die Zeitgrenzen, die wir jetzt mit vorgeben wollen (6 Monate vor Untersuchung, 1 Jahr danach), auf der anderen Seite wurden gerade bei der Frage nach Kontraindikationen im damaligen Untersuchungsbogen häufig auch einfach Nebenwirkungen als Grund z.B. für einen Präparatewechsel genannt, und schließlich war das Kontrazeptionsverhalten in der BRD in den letzten 2 Jahren auch Veränderungen unterworfen. Im schlimmsten Fall würden wir also damit rechnen müssen, daß der Arzt für die Breitenstudie etwa die Hälfte seines Patientenguts in Erwägung ziehen kann, und daß er, wenn er ein durchschnittliches Patientengut hat, aus jeweils 5 Patientinnen der Altersgruppe ein Paar zusammenstellen kann, da auf eine Nichtnehmerin 4 Pillennehmerinnen treffen.

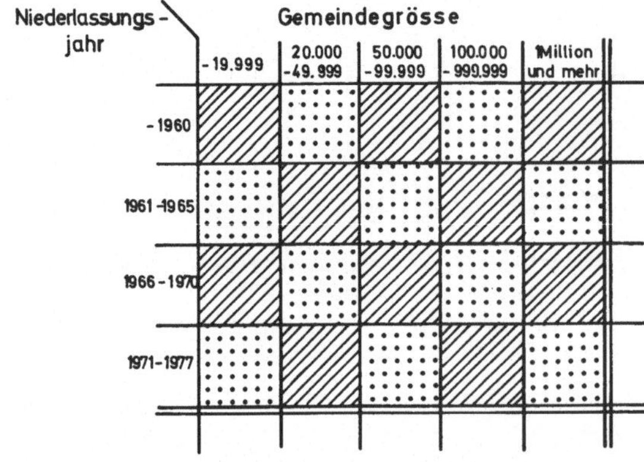

ABB.3 : PIII-BREITE DIE ZWEI VERSIONEN DES PRAXISTAGEBUCHS

Wie vorhin schon erwähnt, versuchen wir in einer Unterstichprobe mit einem Fall pro Zelle des Stichprobenplans das Experiment des Praxistagebuchs. Zu ergänzen bleibt, daß wir diese 20 Fälle "schachbrettartig" auf zwei Fassungen des Tagebuchs aufgeteilt haben. Die Ärzte in den schraffierten Feldern sollen im ersten Monat der Patientenpaarsammlung alle Patientinnen, die ihre Sprechstunde aufsuchen, in das Praxistagebuch eintragen und zwar möglichst mit einer Kurzdiagnose oder einer auf die Studie bezogenen erklärenden Bemerkung. Für das Führen des Praxistagebuchs in dieser Version 1 haben wir dem Arzt DM 800,- angeboten. In den gepunkteten Feldern haben wir das Praxistagebuch in der Version 2 vorgeschlagen, bei der nur die Patientinnen zwischen 16 und 35 Jahren einzutragen sind. Umfang und Laufzeit der Eintragungen sind wie bei Version 1 geplant. Für die Führung des Praxis-Tagebuchs in der Version 2 bieten wir DM 500,-. Die schachbrettartige Anordnung gewährleistet, daß jede Version für sich - wenn auch mit einem gröberen Raster - den Schichtenplan widerspiegelt.

Wir erproben das Praxis-Tagebuch in zwei Fassungen, weil wir auf der einen Seite gerne über alle Patientinnen Daten hätten, auf der anderen Seite aber nicht sicher sind, wieweit die Ärzte sich dazu bereit finden, ihr gesamtes Patientengut zu dokumentieren. Ein weiterer Punkt, der im Zusammenhang mit dem Praxis-Tagebuch zu klären ist, ist das 1978 in Kraft tretende Datenschutzgesetz. Man sollte, um allen Schwierigkeiten aus dem Weg zu gehen, bei der Anlage des Praxis-Tagebuchs streng darauf achten, daß der Arzt nur anonymisierte Daten weitergibt (BDSG § 31 Abs.1, S.1 Nr.2).

Wir sind mit der Studie seit dem 2. September im Feld und wir hatten 2 Wochen nach Feldbeginn bereits 63 Antworten, die sich wie folgt verteilen:

TAB.4

Brutto - Ansatz : n = 160 Arztadressen

Ja = Zusage
N = nein = Verweigerung
* = Fall mit Praxistagebuch

Niederlassungsjahr \ Gemeindegrösse	-19.999	20.000 -49.999	50.000 -99.999	100.000 -999.999	1Million und mehr	Gesamt
-1960	1Ja	1Ja	1Ja	1Ja,2N 1Ja*	2Ja,1N 1Ja*	8Ja,3N
1961-1965	3Ja	3Ja	2Ja,1N	4Ja	1Ja,1N	13Ja,2N
1966-1970	3Ja	3Ja	2Ja	1Ja	3Ja,1N	12Ja,1N
1971-1977	3Ja,1N	5Ja 1Ja*	3Ja 1Ja*	4Ja	6Ja	23Ja,1N
Gesamt	10Ja,1N	13Ja	9Ja,1N	11Ja,2N	13Ja,3N	56Ja,7N

Reaktion insgesamt : 39,3% nach 2 Wochen
Mitarbeit : 35,0%
Verweigerung : 4,4%

PIII-BREITE: STAND DER FELDARBEIT NACH 2 WOCHEN

Lassen Sie mich kurz rekapitulieren, was von der Studie bereits festliegt und in welchen Punkten wir Ihre Anregungen gerne noch mit einbeziehen würden:

Der Stichprobenplan, die Paardefinition und der Fragebogen liegen fest. Offen sind - zumindest in den Grenzen, in denen eine Vergleichbarkeit zu den anderen Pilotprojekten erhalten bleibt - das Programm der gynäkologischen Untersuchung, die genaue Abgrenzung der zulässigen Kontrazeptionsmethoden in der Nichtnehmergruppe (hier wäre insbesondere an Sterilisation zu denken) sowie der Aufbau des Praxis-Tagebuchs im Detail.

Literatur

1. Kay,C.R.:Oral Contraceptives and Health, An Interim Report from the Oral Contraception Study of the Royal College of General Practitioners. Pitman Medical Publishing, London, 1974

2. Überla, K. et al.: Nebenwirkungen oraler Kontrazeptiva, Querschnittsauswertung der Repräsentativbefragung und der ärztlichen Untersuchung (Pilot-Projekt I), Materialienband Nr.3 des Instituts für medizinische Informationsverarbeitung, Statistik und Biomathematik, München, 1976

Diskussion

ORY: Ich finde die Nichtnehmerdefinition mit der Einschränkung auf die letzten 6 Monate vor Untersuchung problematisch. Da könnte ja z.B. folgendes passieren: Eine 35-jährige Frau, die zwar die letzten 6 Monate die Pille genommen hat, aber nie zuvor, wird als Pillennehmerin aufgenommen. Und als Nicht-Nehmerin bekommen Sie dazu eine Frau, die gerade die letzten 6 Monate keine Pille genommen hat, die aber zusammengerechnet über ihr bisheriges Leben 10 Jahre Pillennehmerin war. Ich glaube, wenn Sie diesen Ansatz wählen, müssen Sie Dr. Kay's Kriterium benutzen, die Nicht-Nehmerinnen müssen Nie-Nehmerinnen sein.

KELLHAMMER: Ich stimme Ihnen zu, daß Nie-Nehmen die sauberste Definition von Nicht-Nehmen ist. Aber bei den Altersgrenzen der Studie (16-35 Jahre) befinden wir uns in einer schwierigen Situation insofern, als dem Ziel "reine Nicht-Nehmerinnen finden" das Ziel "eine gut angepaßte Kontrollgruppe finden" entgegensteht. Ich glaube, wenn wir da nur Nie-Nehmerinnen zulassen, werden wir eine für dieses Alter ganz atypische Kontrollgruppe erhalten.

ORY: Das Problem haben wir auch in den USA. Vielleicht könnten Sie einen Kompromiß wählen, derart, daß eine Nicht-Nehmerin insgesamt nicht länger als 1 Jahr die Pille genommen haben darf.

DIE LITERATURDOKUMENTATION ZUM PROJEKT "NEBENWIRKUNGEN ORALER KONTRAZEPTIVA - ENTWICKLUNGSPHASE"

Ralf Pfeifer

1. Die Literatur-Datenbank

Seit Beginn des Projektes wurden ca. 3300 Bibliographische Einheiten (BE) gesammelt, die über ein on-line Information-Retrieval-System abfragbar sind (siehe 3.). Die jährliche Zuwachsrate beträgt derzeit etwa 500 BE.

1.1 Thematische Abgrenzung

Eine beim Start des Projektes durchgeführte Literaturanalyse ergab, daß zum einen unter dem Aspekt "Nebenwirkungen" häufig verschiedene kontrazeptive Methoden verglichen werden, zum andern, daß auch die therapeutische Anwendung kontrazeptiv wirksamer Substanzen berücksichtigt werden mußte.
Dementsprechend ergaben sich für die Literaturermittlung die Themenkreise

- Wirkungsweise und Nebenwirkungen kontrazeptiver Maßnahmen,
- Therapeutischer Einsatz kontrazeptiv wirksamer Substanzen und
- Methodik der Planung und Durchführung von Studien

(s.a.2).

1.2 Die retrospektive Literaturermittlung

Die Literatur wurde retrospektiv ermittelt durch

- Anfragen bei Dokumentationsstellen (Deutsches Institut für Medizinische Dokumentation und Information -DIMDI- in Köln,
  Institut für Dokumentation und Information über Sozialmedizin und öffentliches Gesundheitswesen -IDIS- in Bielefeld und
  Deutsches Krebsforschungszentrum -DKFZ- in Heidelberg),
- Auswertung der Zitate in Übersichtsarbeiten und Monographien,
- Auswertung von Bibliographien und Referateblättern.

1.3 Die laufende Literaturversorgung

Aus den bisher erfaßten Arbeiten wurden die Kernzeitschriften ermittelt, d.h. diejenigen Zeitschriften, aus denen die meisten der für das Projekt einschlägigen Arbeiten stammen (Abb. 1).

```
***O AUSWERTUNG FUER LITERATUR PILLE
0-0538  ANFORDERUNG: OG-LI10;
NR. ZEITSCHRIFTEN (VOLL)                          HAEUFIGK.
000 000 AM J OBSTET GYNECOL                          257
001 001 BR MED J                                     199
002 002 LANCET                                       153
003 003 FERTIL STERIL                                121
004 004 OBSTET GYNECOL                                76
005 005 JAMA                                          74
006 008 GEBURTSHILFE FRAUENHEILKD                     69
007 007 INT J FERTIL                                  65
008 006 CONTRACEPTION                                 65
009 009 ZENTRALBL GYNAEKOL                            62
010 011 N ENGL J MED                                  54
011 012 DTSCH MED WOCHENSCHR                          53
012 010 J REPROD MED                                  44
013 013 MED J AUST                                    43
```

ABB.1 : KERNZEITSCHRIFTEN NACH DER HÄUFIGKEIT IHRES VORKOMMENS IM GESAMTPOOL (SCHNELLDRUCKER - PROTOKOLL DER BILDSCHIRMAUSGABE)

Die wichtigsten dieser Zeitschriften wurden - soweit nicht vorhanden - abonniert und werden nun laufend ausgewertet. Die einschlägigen Artikel werden kontinuierlich deskribiert und über Bildschirm-Terminal oder per Lochkarte eingespeichert. Parallel dazu laufen bei DIMDI und DKFZ SDI-Dienste (Selective Dissemination of Information) in den Datenbanken MEDLARS und CANCERNET, so daß auch die nicht zu den Kernzeitschriften zählenden bzw. nicht im Institut für medizinische Informationsverarbeitung, Statistik und Biomathematik vorhandenen Publikationen abgedeckt sind. Eine weitgehend vollständige und aktuelle Literaturermittlung ist somit gewährleistet. Die Versorgung mit Schrifttum, das nicht im Buchhandel erhältlich ist ("graue" Literatur) wird erreicht durch Kontakte mit Wissenschaftlern und Institutionen im In- und Ausland.

1.4 Der Beschaffungsdienst

Jede als einschlägig eingestufte Arbeit wird bzw. wurde als Sonderdruck oder Kopie beschafft und erst dann indexiert und eingespeichert, so daß dem Nutzer von jeder nachgewiesenen Arbeit sofort eine Kopie zur Verfügung gestellt werden kann.

2. Der Schlagwortkatalog

Alle Arbeiten werden nach dem von der Projektgruppe entwickelten Schlagwortkatalog verschlagwortet. Dem unter 1.1 skizzierten Aufgabenspektrum des Projektes entsprechend wurden bei der Konzeption dieses Schlagwortkataloges demographische, statistische, medizinische und pharmakologische Gesichtspunkte berücksichtigt. Dies verdeutlicht die Gliederung in folgende Obergruppen:

0 Bibliographie und Dokumentenform
1 Thematische Charakterisierung
2 Beobachtungsmethode
3 Probanden
4 Beobachtete Merkmale und Befunde
5 Kontrazeption - spezifisch
6 statistische Auswertung
8 Wirkstoffe
9 Handelspräparate

3. Das Information-Retrieval-System MINDIUS

MINDIUS (Medizinisches INformationssystem zur DIagnostikUnterStützung) wurde konzipiert für Aufgaben der klinischen Dokumentation (1,2) und ermöglicht folgende Arbeitsgänge:

3.1 Die Durchführung von Literatur-Recherchen

3.1.1 Deskriptorensuche

Die Deskriptoren des Schlagwortkataloges werden als 4-stellige Notationen abgespeichert und bei der Suche mit den Boole'schen Operatoren UND - ODER - NICHT am Bildschirmterminal zu einer logischen Frageformulierung verknüpft.

3.1.2 Freitextsuche

Es besteht die Möglichkeit, nach Autorennamen und Zeitschriften zu suchen. Die Freitextsuche kann außerdem im Titel sowie in den miterfaßten Kurzreferaten durchgeführt werden, wobei alternativ nach Wortstämmen (z.B. ...carc...) oder nach ganzen Wörtern (z.B.Adenocarcinom) gesucht werden kann. Diese Freitextsuche kann wiederum mit Deskriptorensuchen verknüpft werden.

3.2 Die Ausgabe von Bibliographien

Die Ausgabe von Literaturnachweisen und Bibliographien erfolgt über Bildschirm oder per Schnelldrucker; Ausgabeformat und Sortierungskriterien sind variabel, die Standard-Ausgabe für Literaturnachweise erfolgt nach dem abgebildeten Schema (Abb. 2).

```
    ********************************************************
029 ****** LITERATUR NEBENWIRKUNGEN ORALER KONTRAZEPTIVA***
    * LIT, DOK, NR.:    3373                               *
    * VERFASSER: TRAUB,R.F, BRANDT,M, HOFMANN,K.D.         *
    *                                                      *
    * TITEL:     BEEINFLUSSUNG DER THROMBOZYTENFUNKTION    *
    *            DURCH HORMONALE KONTRAZEPTION.            *
    *            1. MITTEILUNG                             *
    *                                                      *
    * QUELLE:    ZENTRALBL GYNAEKOL 98 (1976) 161-165      *
    *                                                      *
    ********************************************************

    ********************************************************
030 ****** LITERATUR NEBENWIRKUNGEN ORALER KONTRAZEPTIVA***
    * LIT. DOK. NR.:    3387                               *
    * VERFASSER: VESSEY,M.P. MCPHERSON,K. JOHNSON,B.       *
    *                                                      *
    * TITEL:     MORTALITY AMONG WOMEN PARTICIPATING IN    *
    *            THE OXFORD FAMILY PLANNING                *
    *            ASSOCIATION CONTRACEPTIVE STUDY           *
    *                                                      *
    * QUELLE:    LANCET 2 (1977) 731-733                   *
    *                                                      *
    ********************************************************
```

ABB. 2 : LITERATURNACHWEIS (SCHNELLDRUCKERAUSGABE)

3.3 Die Durchführung formaler Literatur-Analysen

Von seiner Konzeption her bietet MINDIUS in diesem Punkte Möglichkeiten, die über die der herkömmlichen Information-Retrieval-Systeme hinausgehen und auf die deshalb an diesem Ort nur kurz eingegangen werden kann. Einige Beispiele dafür sind:

3.3.1 Berechnung von Häufigkeitsverteilungen definierter Merkmale, wie

- Verteilung der Deskriptoren im Gesamtpool (Abb. 3)

```
         ***O AUSWERTUNG FUER LITERATUR FILLE
         VERTEILUNG     ZU G004   DESKR.ANZAHL      (0-3028)
         AUSW.:03283/03402   KW:0119 KB:0000
(1)      ANZAHL DER WERTE:              3283
(2)      SUMME          :   0.72252937E 05
(3)      MITTELWERT     :   0.22008209E 02
         STANDARDABW.   :   0.11310515E 02
         VARIANZ        :   0.12792776E 03
(4)      MINIMUM        :   0.30000000E 01
(5)      MAXIMUM        :   0.11900000E 03
         :
```

ABB. 3 : HÄUFIGKEITSVERTEILUNG DER DESKRIPTOREN (SCHNELLDRUCKERPROTOKOLL DER BILDSCHIRMAUSGABE)

Die Abbildung besagt, daß (1) 3283 Arbeiten mit (2) 72252 Deskriptoren verschlüsslt wurden; im Mittel wurden (3) 22 Deskriptoren vergeben, und zwar (4) mindestens 3, (5) höchstens 119.

- Gegenüberstellung von Deskriptorenverteilungen in definierten Untermengen (Abb.4)

DESKRIPTORENVERGLEICH BEI ORALEN UND LOKALEN KONTRAZEPTIVA

DESKRIPTOR	ORAL TOTAL	LOKAL TOTAL	ORAL PROZENT	LOKAL PROZENT	DIFF ABSOLUT	DIFF PROZENT
0422 ERKRANKUNG DER GALLENWEGE	63.	6.	0.13 %	0.11 %	57.	0.02 %
0423 GASTROINTESTINALE ERKRANKUNG	335.	39.	0.70 %	0.71 %	296.	-0.00 %
0424 HEPATOPATHIE	286.	27.	0.60 %	0.49 %	259.	0.11 %
0425 ERKRANKUNG DES PANKREAS	31.	0.	0.06 %	0.00 %	31.	0.06 %
0426 ERKRANKUNG DES PERITONEUM	13.	0.	0.03 %	0.00 %	13.	0.03 %
0427 KRANKHEITEN DER MUNDHOEHLE UND.	8.	3.	0.02 %	0.05 %	5.	-0.04 %
0428 KRANKHEIT DER MUNDHOEHLE	7.	2.	0.01 %	0.04 %	5.	-0.02 %
0429 KRANKHEITEN DER ATEMWEGE	81.	14.	0.17 %	0.25 %	67.	-0.08 %
0430 LUNGENKRANKHEIT	73.	13.	0.15 %	0.24 %	60.	-0.08 %
0431 STOERUNG DES GASAUSTAUSCHES	16.	2.	0.03 %	0.04 %	14.	-0.00 %
0432 GASAUSTAUSCH (HYPERSENSITIVITA.	3.	2.	0.01 %	0.04 %	1.	-0.03 %
0433 HNO-KRANKHEITEN	6.	2.	0.01 %	0.04 %	4.	-0.02 %
0434 OHRENKRANKHEIT	6.	2.	0.01 %	0.04 %	4.	-0.02 %
0435 NASENKRANKHEIT	3.	2.	0.01 %	0.04 %	1.	-0.03 %
0436 KRANKHEITEN UND STOERUNGEN DES.	161.	20.	0.34 %	0.36 %	141.	-0.02 %
0437 KRANKHEITEN UND STOERUNGEN DES.	131.	17.	0.27 %	0.31 %	114.	-0.03 %
0438 GEISTIGE BEHINDERUNG	2.	0.	0.00 %	0.00 %	2.	0.00 %
0439 NEUROLOGISCHE MANIFESTATION	56.	2.	0.12 %	0.04 %	54.	0.08 %
0440 PERIPHERE NEUROPATHIE	22.	1.	0.05 %	0.02 %	21.	0.03 %
0441 AUGENKRANKHEITEN	106.	16.	0.22 %	0.29 %	90.	-0.07 %
0442 KATARAKT	9.	1.	0.02 %	0.02 %	8.	0.00 %
0443 EXOPHTHALMUS	4.	2.	0.01 %	0.04 %	2.	-0.03 %
0444 GLAUKOM	6.	4.	0.01 %	0.07 %	2.	-0.06 %
0445 OPTIKUSNEUROPATHIE	26.	2.	0.05 %	0.04 %	24.	0.02 %
0446 KRANKHEIT DER NETZHAUT	25.	4.	0.05 %	0.07 %	21.	-0.02 %
0447 STEVEN-JOHNSON SYNDROME	0.	0.	0.00 %	0.00 %	0.	0.00 %
0448 SEHSTOERUNG	73.	10.	0.15 %	0.18 %	63.	-0.03 %
0449 UROLOGISCHE KRANKHEITEN	40.	8.	0.08 %	0.14 %	32.	-0.06 %
0450 KRANKHEIT DER ABLEITENDEN HARN.	35.	6.	0.07 %	0.11 %	29.	-0.04 %
0451 GYNAEKOLOGISCH/GEBURTSHILFL.ER.	771.	106.	1.62 %	1.92 %	665.	-0.30 %
0452 GYNAEKOLOGISCHE ERKRANKUNG	736.	85.	1.54 %	1.54 %	651.	0.00 %
0453 SCHWANGERSCHAFTSKOMPLIKATION	55.	32.	0.12 %	0.58 %	23.	-0.46 %
0454 HERZ/KREISLAUFKRANKHEITEN UND .	499.	43.	1.05 %	0.78 %	456.	0.27 %

ABB. 4: GEGENÜBERSTELLUNG DER DESKRIPTORENVERTEILUNG BEI ORALEN UND LOKALEN KONTRAZEPTIVA

- Aufbau und Auszählung von sortierten Listen (z.B. zur Ermittlung von Kernzeitschriften für den Gesamtpool oder für definierte Fragestellungen).

4. Die Nutzung der Literaturdokumentation

Die Literaturdokumentation des Projektes bietet folgende Dienste:

- die Durchführung retrospektiver Literatursuchen,
- die Erstellung von Bibliographien,
- die Beschaffung von Primär- und Sekundärliteratur,
- ein Referateblatt, das alle 2-3 Wochen erscheint und über die neu in den Speicher aufgenommenen Arbeiten informiert.

Nutzer der Literaturdokumentation sind in erster Linie die Wissenschaftler des Projektes und des Instituts für medizinische Informationsverarbeitung, Statistik und Biomathematik. Andere interessierte Wissenschaftler erhalten auf Anfrage ein Suchauftrag-Formular (Abb.5), auf dem sie eine Anfrage formulieren können. Die Beantwortung der Anfrage ist kostenfrei.

Studie Nebenwirkungen
oraler Kontrazeptiva
– LITDOK –
Marchioninistraße 15
8000 MÜNCHEN 70

AUFTRAG FÜR EINE LITERATUR-SUCHE

Name/Titel :

Dienststelle :

Anschrift :

Tel. :

1. Frageformulierung:

2. Die angeforderte Literatur wird benötigt für :

1 ☐ Allg. Information 2 ☐ Forschungsvorhaben
3 ☐ Gutachten 4 ☐ Dissertation
5 ☐ Klinischer Fall 6 ☐ Habil.-Schrift
7 ☐ Vortrag 8 ☐ Zeitschriftenartikel
9 ☐ Monographie 10 ☐ Sonstiges

3. Bitte nennen Sie nach Möglichkeit eine Ihnen bekannte Arbeit, die für Ihre Fragestellung einschlägig ist :

Autor(en):

Titel:

Quelle:

4. Höchstalter der angeforderten Literatur:

20 ☐ 1 Jahr
21 ☐ 2 Jahre
22 ☐ 3 Jahre
23 ☐ 5 Jahre
24 ☐ 10 Jahre
25 ☐ keine Altersgrenze

Bitte den folgenden Raum nicht beschriften!

Search-Nr.: /

Bearb.:

Suchlogik:

Zeit: (31) Formulierung:
(32) CPU - sec.:

Treffer: (35) Lit-Dok:
(36) Bibl.:
(37) Orig.:

Bemerkg.:

ABB. 5 : SUCHAUFTRAGS-FORMULAR FÜR LITERATUR-SUCHE

Literatur

1. Hölzel, D.; Karrer, R.: Medizinisches Informationssystem zur Diagnostikunterstützung (MINDIUS). Technischer Bericht Nr.5 des Instituts für medizinische Informationsverarbeitung, Statistik und Biomathematik, München 1976

2. Hölzel, D.: Computerunterstützte Diagnosendokumentation. Methods Inf Med 16: 1977, S.205-210

3. PLANUNG EINER DEUTSCHEN LANGZEITSTUDIE

VORSITZ: ERWIN JAHN

GESICHTSPUNKTE UND ALTERNATIVEN FÜR EINE DEUTSCHE LANGZEIT-STUDIE ÜBER NEBENWIRKUNGEN ORALER KONTRAZEPTIVA

Karl Überla

Zuerst möchten wir unsere Gäste um die Teilnahme an einer kleinen Umfrage bitten. Für die Gestaltung des Modells wird es eine wertvolle Unterstützung sein, Ihre Meinung auf dem Stand vor der Diskussion festzuhalten. Die Mitglieder der Projektgruppe sind von der "Mini-Umfrage" ausgeschlossen, weil es uns um eine unabhängige Beurteilung von außen geht. Die Ergebnisse werden im Lauf der Diskussion zur Verfügung stehen.

Bei der Planung von Studien über Nebenwirkungen oraler Kontrazeptiva muß eine Reihe von Kriterien und Bedingungen berücksichtigt werden. Gestern haben wir über die wichtigsten zur Zeit vorliegenden Ergebnisse und bisherige Erfahrungen aus den Pilot-Studien berichtet. Heute wollen wir uns auf die Planung der Hauptstudie konzentrieren.

Ich möchte im folgenden nicht fest umrissene Ansätze vortragen, sondern vielmehr Anregungen für die Diskussion geben. Nach der Betrachtung der Ziele und einiger methodisch interessanter Gesichtspunkte werde ich Ihnen einen Rahmenplan für Studien vorstellen, der beschreibt, auf welchen Wegen wir zu einem besseren Verständnis von Nebenwirkungen der Kontrazeption, insbesondere der oralen Kontrazeption, gelangen wollen.

1. Ziele

Da unser Hauptinteresse der oralen Kontrazeption gilt, könnten folgende Themenkreise den Schwerpunkt der Untersuchungen enthalten:

- Herzinfarkt und andere schwere kardiovaskuläre Erkrankungen
- Mammakarzinom
- Zervixkarzinom
- Leberadenome
- Gesamt-Morbidität
- Gesamt-Mortalität

Um hinsichtlich eines eventuellen Confoundings Kontroll-Möglichkeiten zu haben, sollten wir nicht nur den Konsum oraler Kontrazeptiva erfassen, sondern auch Daten über ausgewählte sonstige Medikamente erheben.

Von der Diskussion erhoffen wir uns Hinweise auf die relative Bedeutung der genannten Untersuchungsthemen.

2. Methodisch wichtige Punkte

2.1 Die Altersgrenzen der Stichproben

Die ganz jungen Mädchen (ab Menarche-Alter bis etwa 17 Jahre) sind insofern interessant, als man sie theoretisch vom ersten Benutzen oraler Kontrazeptiva bis zum Auftreten schwerer Krankheiten beobachten könnte. Aus praktischen Erwägungen glauben wir allerdings, daß diese Altersgruppe für die Langzeit-Studie über Nebenwirkungen oraler Kontrazeptiva nicht infrage kommt. Einer der Gründe ist, daß es schwierig wäre, so junge Mädchen zur Teilnahme an einem medizinischen Untersuchungsprogramm für mehrere Jahre zu motivieren. Das zweite wesentliche Argument gegen einen solchen Ansatz liegt in dem langen Zeitraum, der hier im allgemeinen vor Auftreten der ersten Ereignisse verstreichen würde.

Junge Frauen zwischen 18 und 24 Jahren sollten eine Stichprobe bilden, in der Daten über Kontrazeptionsverhalten sowie die erste Schwangerschaft erhoben werden. Diese Stichprobe möchten wir aber mehr für mitlaufende Sonderuntersuchungen ansetzen, die Hauptmasse an Information soll woanders herstammen.

Das Hauptproblem bei der Festlegung der Altersgrenzen für eine Studie mit einer Laufzeit von 5 - 10 Jahren liegt in dem Zeitraum zwischen Alter bei Benutzung von Kontrazeptiva und Alter bei Auftreten schwerer Krankheiten und eventueller Nebenwirkungen.

Als Kompromißlösung zwischen dem geeignetsten Alter für das Erheben einer exakten Kontrazeptionsanamnese und dem geeignetsten Alter zur Erfassung der Inzidenz von Herzinfarkt, Mamma- und Zervixkarzinom schlagen wir vor, daß Frauen im Alter von mindestens 35 Jahren und höchstens 45 oder 50 Jahren in die Studie aufgenommen werden sollten.

Ein weiterer Gesichtspunkt zugunsten solcher Altersgrenzen ist die

Tatsache, daß diese Frauengruppe - wie Pilot I deutlich zeigt - die letzte Altersgruppe ist, aus der wir eine Kohorte mit Nie-Nehmerinnen oraler Kontrazeptiva bilden können. Etwa 90% der Frauen im Alter von 20 - 35 Jahren haben Pillenerfahrung im Vergleich zu nur 60% der 36- bis 45jährigen. Dies ist in Deutschland also wirklich die letzte Möglichkeit, eine Prospektivstudie mit einer ausreichenden Anzahl von Nie-Nehmerinnen aufzubauen.

2.2 Beobachtungszeitraum

Eine Laufzeit von 2 Jahren ist bei prospektiven Studien - wie die Pilotstudien gezeigt haben - gut durchführbar. Eine Laufzeit von 10 Jahren wäre wünschenswert unter der Voraussetzung, daß man einen Großteil der Ausgangsstichprobe über diesen Zeitraum in der Studie halten kann. Leider ist das nicht sehr wahrscheinlich. Aus unseren Daten kann man nicht genau schätzen, welche Untermenge wir nach 10 Jahren noch in der Studie hätten, aber so über den Daumen gepeilt würde ich behaupten, daß wir mindestens 30% der Ausgangsstichprobe über 10 Jahre in der Studie halten könnten, wahrscheinlich viel mehr.

Es besteht kein Zweifel darüber, daß die organisatorischen Aufgaben einer solchen Studie mit der Laufzeit wachsen. Von daher halten wir eine retro-basierte prospektive Studie für eine gute Lösung. Wir schlagen eine Gesamt-Beobachtungszeit von 10 Jahren vor. 5 dieser 10 Jahre sollten prospektiv erfaßt werden. Zusätzlich wollen wir die medizinische Anamnese bis zu vorgegebenen Ereignissen, also individuell verschieden lange, zurückverfolgen. Solche Ereignisse könnten z.B. sein: Erste Anwendung einer Kontrazeptionsmethode, erster Geschlechtsverkehr oder Menarche.

Nach 5 Jahren prospektiver Beobachtung könnten wir feststellen, ob das ausreicht, oder ob weitere 5 Jahre prospektiver Untersuchung nötig sind.

2.3 Fallzahlen

Bei prospektiven Studien braucht man wesentlich mehr Fälle als bei retrospektiven, da man vorab keine Risikogruppen auswählen kann. Lassen Sie uns einige grobe Schätzungen der Fallzahl versuchen. Im allgemeinen müßten 80.000 Frauen prospektiv über 10 Jahre für die meisten Untersuchungsgebiete ausreichen, um einen wesentlichen Risiko-Anstieg zu entdecken. Jede der Pillenstatusgruppen (Nehmerinnen, Nie-Nehmerinnen usw.) würde dann 25.000 - 30.000 Fälle umfassen. Um diese Fallzahlen nach 10 Jahren noch aufzuweisen, müßten wir mit 150.000 bis 200.000 Frauen beginnen.

Grobe Schätzungen wie die eben angestellte reichen natürlich nicht aus; vor allem werden hier mögliche Selektionseffekte der Ausfälle völlig vernachlässigt. Trotzdem sind solche ungenauen Berechnungen nützlich zu einer ersten Abgrenzung des Bereichs, in dem man sich bewegen wird. Meine Vermutung ist, daß wir, wenn wir mit 200.000 Frauen zwischen 40 und 50 Jahren anfangen, nach 5 Jahren noch mindestens 36.000 Nicht-Nehmerinnen und mindestens 58.000 Nehmerinnen zu erwarten haben. Aufgrund unserer Pilotdaten schätzen wir, daß die Frauen in der Gruppe der Nehmerinnen bei Abschluß der Studie im Durchschnitt etwa 10 - 11 Jahre Pillenerfahrung aufweisen werden.

2.4 Erhebungstechniken

Die Erhebung über eine bevölkerungsrepräsentative Zufallsstichprobe haben wir in Pilot I erprobt, den Zugang über die Ambulanz einer Universitäts-Frauenklinik testeten wir in Pilot II. In der Feldstudie von Pilot III nehmen niedergelassene Gynäkologen die Frauen in die Studie auf. Jede dieser Methoden hat ihre eigenen Vorzüge.

Die Rekrutierung auf Haushalts-Basis (wie in Pilot I) funktioniert sehr gut, aber sie ist teuer und unter Umständen zeitaufwendig. Dieses Verfahren hat (wegen der Zufallsstichprobe) den Vorteil, daß man Pilleneinnahme und Kontrazeptionsverhalten allgemein auf die Bevölkerung hochrechnen kann. Für Sonderstudien zur Verfolgung des Kontrazeptionsverhaltens in der Bevölkerung wäre das der richtige Ansatz. Diese Erhebungstechnik als einziges Rekrutierungsverfahren für die Hauptstudie zu verwenden, halte ich nicht für ratsam und auch nur unter Einschränkungen für durchführbar.
Als möglichen Nachteil (je nach den Zielen der Studie) sollte man im Auge behalten, daß man nur eine selbst-selektierte Unterstichprobe zur Teilnahme an der medizinischen Untersuchung motivieren kann.

Die Vor- und Nachteile der Erhebung über Krankenhaus-Ambulanzen (wie in Pilot II) sind fast umgekehrt verteilt wie bei der Zufallsstichprobe auf Haushaltsbasis. Hier sind alle Fälle auch Patienten und

das medizinische Untersuchungsprogramm ist aufgrund der besseren Ausrüstung meist breiter (insbesondere im Bereich der Labordaten). Des weiteren hat diese selbst-selektierte Gruppe oft eine höhere allgemeine Morbidität, Gruppen hohen Risikos sind im Verhältnis zum Bevölkerungsdurchschnitt überrepräsentiert. Die Datenerfassung ist bei Krankenhaus-Studien, insbesondere was das Labor angeht, meist besser standardisierbar als bei Feldstudien.
Ein Nachteil dieser Erhebungstechnik ist, daß man aus den Daten keine Rückschlüsse auf die Bevölkerung ziehen kann, da man nicht genau angeben kann, welches Bevölkerungssegment man untersucht hat. Ein weiterer Nachteil besteht darin, daß in den meisten Ambulanzen organisatorische Schwierigkeiten die Durchführung von Studien mit hohen Fallzahlen unmöglich machen. Ich glaube z.B. nicht, daß wir 100.000 bis 200.000 Frauen in einem Jahr über Krankenhäuser erfassen könnten. Aber ich meine, wir sollten das geballte Wissen und die hochspezialisierte Ausrüstung der Universitätskrankenhäuser in der Zusammenarbeit bei kleinen Sonderstudien nutzen.

Wir erproben nunmehr in Pilot III eine dritte Erhebungstechnik. Die Patientinnen werden von ihrem eigenen Gynäkologen in die Studie aufgenommen. Wenn dieses Erfassungsverfahren funktioniert und wir erwarten, daß es das tut, dann wäre das für eine große prospektive Studie die geeignetste Methode. Wir haben in Deutschland ungefähr 4000 niedergelassene Gynäkologen. Wenn 3000 von ihnen teilnähmen (und das erscheint möglich) und jeder Arzt 60-70 Frauen in die Studie einbrächte, würden wir eine Fallzahl von 200.000 Frauen erreichen. Dies wäre auch die obere Grenze dessen, was wir anstreben; wir würden damit etwa 4% der Frauen der entsprechenden Altersgruppe in Deutschland erfassen. Die bayerische Feldstudie wird zeigen, ob dieser Weg gangbar ist.

2.5 Fragebogen und medizinische Untersuchung

Wir haben in Pilot I und in Pilot II gezeigt, daß man die Anamnese und das Kontrazeptionsverhalten über Fragebogen erfassen kann. Postalische Fragebogen sind anwendbar, in offenen Fragen sind sie dem durch eine Interviewerin abgefragten Fragebogen sogar teilweise überlegen. Diese Art der Datenerfassung ist billiger als die Erfassung in einer Arztpraxis und das Ausmaß fehlender Werte ist zumindest im Durchschnitt niedriger.

Trotzdem halten wir die ärztliche Untersuchung für unabdingbar. Wir brauchen die medizinische Untersuchung, um den Gesundheitsstatus der Frau beurteilen zu können. Aber wir schlagen vor, die Erhebung der Einzelangaben soweit wie möglich auf den Fragebogen zu verlagern und so den Arzt zu entlasten.

2.6 Studienanlage

Wie oben schon erwähnt, braucht man für Fall-Kontroll-Studien weniger Fälle als für Prospektivstudien. Fall-Kontroll-Studien sind wesentlich billiger, aber sie haben auch einige schwerwiegende und allgemein bekannte Nachteile wie z.B. Verzerrungen in der Kontrollgruppe oder Verzerrungen der Erinnerung. Aus methodischer Sicht sind Prospektivstudien vorzuziehen.

Wir hoffen sogar eine experimentelle Studie mit Randomisierung zwischen Pille und IUD durchführen zu können. Ich glaube nicht, daß diese Technik für Studien mit großen Fallzahlen infrage kommt. Aber wir könnten wahrscheinlich mit 100 bis 200 Gynäkologen in Deutschland rechnen, die bereit wären, 10 - 20 Frauen in so eine Studie einzubringen. Damit sind experimentelle Studien mit 2000 bis 4000 Fällen denkbar, als Laufzeit halte ich 2 - 5 Jahre für möglich. Dieser experimentelle Ansatz wäre für noch zu definierende Sonderstudien in den jüngeren Altersgruppen von Interesse.

Einige Krankenhäuser haben in ihren Labors das Allerneuste an technischer Ausstattung. Dort besteht eine Möglichkeit zur Untersuchung besonderer Fragestellungen, die man nutzen sollte. Sonderstudien in Zusammenarbeit mit Universitätskliniken sollte man vorsehen.

3. Rahmenplanung für die Untersuchung von Nebenwirkungen der oralen Kontrazeption

Nebenwirkungen oraler Kontrazeptiva kann man nur in einer ausgewogenen Kombination von Studien effektiv und effizient untersuchen. Wir könnten heute noch keine Feinplanung machen, da das empirische Material von den Pilotstudien zum Teil noch aussteht. Wir sollten heute die Hauptrichtungen diskutieren und vielleicht die Diskussion schon in Vorschläge umsetzen. Wir schlagen die Verwendung folgender 5 Untersuchungsansätze vor:

1. Zufallsstichproben auf Haushaltsbasis, um Trends im Kontrazeptionsverhalten der Bevölkerung zu verfolgen;
2. randomisierte Versuche, um genaue Vergleichbarkeit medizinischer Ergebnisse zu gewährleisten;
3. Fall-Kontroll-Studien, um seltene Krankheiten zu erforschen;
4. klinische Studien für Sonderprobleme;
5. Eine Prospektiv-Studie mit hoher Fallzahl (Datenerhebung über Gynäkologen und/oder Umfragen), um kardiovaskuläre Krankheiten sowie Mamma- und Zervixkarzinom im Verlauf zu untersuchen.

Es wird auf die richtige Mischung dieser Studientypen ankommen. Die Kombination verschiedener Ansätze erlaubt es uns, eine flexible Strategie bezüglich neuer, eventuell erst in den kommenden Jahren auftretender Nebenwirkungen zu verfolgen.

3.1 Zufallsstichproben auf Haushaltsbasis

Mit solchen Studien sollen der Konsum oraler Kontrazeptiva, die Benutzung anderer Maßnahmen zur Fertilitätskontrolle sowie Medikamentekonsum allgemein bei der weiblichen Bevölkerung über 10 Jahre verfolgt werden.

Während dieses Zeitraums würden wir jedes Jahr eine für die weibliche Bevölkerung im Alter von 15 - 45 Jahren repräsentative Stichprobe vom Umfang n = 2000 ziehen. Die Stichproben würden nach Stadt/Land geschichtet. Die Beobachtungszeit pro Stichprobe betrüge 2 Jahre. Da sich die Studien bei jährlichem Beginn und zweijähriger Laufzeit zeitlich überlappen würden, bekämen wir eine kontinuierliche Information über auftretende Veränderungen.

Es steht zur Diskussion, ob man diese Frauen interviewen müßte oder ob ein Fragebogen zum Selbstausfüllen genügen würde. Auch sollte man darüber diskutieren, ob medizinische Untersuchungen in diesen Studien erforderlich sind.

3.2 Randomisierte Versuche

Randomisierte Versuche sollten zur Überprüfung von rasch auftretenden Nebenwirkungen, wie z.B. der Hypertonie bei jungen Frauen, unter Bedingungen exakter Vergleichbarkeit eingesetzt werden. Verschiedene orale Kontrazeptiva oder IUDs könnten so verglichen werden. Als Laufzeit stelle ich mir 2 - 5 Jahre vor.

Wenn wir von dem ausgehen, was wir aus Pilot III über solche Versuche schon wissen, so erscheinen randomisierte Studien mit 2000 bis 4000 Fällen und der Mitarbeit von 100 bis 200 Gynäkologen über 6 bis 12 Monate für durchführbar. Unseres Erachtens sollte dieser Ansatz vor allem für die Studien bei jüngeren Frauen (unter der Altersgrenze der Prospektivstudie) vorgesehen werden. Man könnte dabei etwa an 17- bis 22jährige denken. Eine engere Altersbegrenzung wäre vorzuziehen, würde aber andererseits das Patientengut, aus dem der Gynäkologe auswählen kann, zu stark einengen.

3.3 Fall-Kontroll-Studien

Fall-Kontroll-Studien mit 600 bis 2000 Fällen pro Studie sollte man ansetzen, um Zusammenhänge zwischen oralen Kontrazeptiva und ihnen als Nebenwirkung zugeschriebenen, seltenen Krankheiten zu testen. Fälle könnten z.B. sein: Frauen mit einem nach WHO-Kriterien gesichertem Herzinfarkt, Frauen mit Zervixkarzinom oder histologisch gesicherten Vorstadien davon, Frauen mit Mammakarzinom oder mit Leberadenom. Die Kontrollgruppen müßten sorgfältig gematcht werden. Man sollte vielleicht diskutieren, welche Krankheiten in der Kontrollgruppe jeweils zugelassen sein sollen.
Des weiteren sollten Fall-Kontroll-Studien zur Überprüfung neu auftauchender Nebenwirkungshypothesen eingesetzt werden.
Wenn wir jedes Jahr zwei solche Studien mit wechselnden klinischen Partnern in Gang brächten, wären wir in der Lage, auch auf neu auftretende Verdachtsmomente rasch mit Empfehlungen zu reagieren.

3.4 Klinische Sonderstudien

Klinische Sonderstudien mit 300 - 800 Fällen sollten für Probleme vorgesehen werden, zu deren Erforschung die hochspezialisierte Laborausstattung erforderlich ist. Die anwesenden Kliniker können uns vielleicht einen Rat geben, welche Themen ihrer Meinung nach so untersucht werden sollten. Wir denken daran, etwa 2 solche Studien pro Jahr in Zusammenarbeit mit den Ambulanzen verschiedener Universitätskliniken durchzuführen.

3.5 Die Prospektivstudie mit hoher Fallzahl

In einer großen Prospektivstudie mit zurückverlagertem Ausgangspunkt könnte man Gesamt-Morbidität und Mortalität auf breiter Basis untersuchen. Uns interessieren dabei besonders die kardiovaskulären Erkrankungen, das Mamma- und das Zervixkarzinom. Wir halten die Rekrutierung von 150.000 bis 200.000 Frauen im Alter von 35 - 45 Jahren über etwa 3000 niedergelassene Gynäkologen für einen Weg, diese Studie zu beginnen. Die andere Möglichkeit bestünde darin, die Frauen wie in Pilot I über eine Zufallsstichprobe zu erfassen. Wir müssen die Ergebnisse von Pilot III abwarten, um uns zwischen diesen Erhebungsalternativen zu entscheiden. Die Laufzeit der Studie sollte 5 - 10 Jahre betragen.

Erwartete Fälle nach .... Jahren in % der Ausgangsstichprobe	0	1	2	3	4	5	6	7	8	9	10 Jahre
		.80	.70	.61	.53	.47	.43	.39	.35	.32	.30
Anzahl Frauen unter Beobachtung nach .... Jahren.											
- 1. Kohorte	200	160	140	122	106	94	83	78	70	64	60
- 2. Kohorte						200	160	140	122	106	94
Gesamt	200	160	140	122	106	294	243	218	192	170	154

ABB.1 : DENKBARE FALLZAHLEN AUSGEHEND VON EINER 200.000er KOHORTE

Wenn wir Annahmen über die Ausgangsfallzahl und die jährlichen Ausfälle machen, können wir errechnen, wieviele Frauen wir jeweils in jedem Studienjahr noch unter Beobachtung haben werden. Ich bin von 200.000 Frauen ausgegangen, und ich erwarte im ungünstigsten Fall, daß davon nach 10 Jahren noch 30% in der Studie sind (Abb.1).
Die Abfolge der Ausfälle kann natürlich leicht von der hier angenom-

menen abweichen, aber für eine pessimistische Schätzung sind diese Annahmen meines Erachtens realistisch. Man sollte diskutieren, ob sich bei solchen Ausfallraten eine derartige Studie lohnt. Ich bin der Meinung, sie sei es wert und zwar aus mehreren Gründen.

Wir haben den Ansatz mit einer großen Kohorte am Anfang (wie in Abb. 1) diskutiert im Vergleich zu einem Ansatz mit jeweils einer neuen Kohorte pro Jahr. Eine Studie der letzteren Art hätte den Vorteil, daß sich die Erhebung der Fälle über mehrere Jahre verteilt. Sie hätte den Nachteil, daß man länger braucht, um ausreichend viele Fälle mit längerer Beobachtungsdauer anzusammeln. Wir halten es für besser, mit einer großen Kohorte zu beginnen und Trends in der Bevölkerung - wie oben schon beschrieben - davon unabhängig in kleineren Zufallsstichproben zu verfolgen. Wenn man mit 200.000 Frauen beginnt, hätten wir nach unseren Annahmen nach 5 Jahren immer noch 94.000 Frauen unter Beobachtung.

Falls diese Fallzahl nicht ausreicht, könnte man dann eine zweite Kohorte von 150.000 bis 200.000 Fällen ansetzen und mit der Beobachtung weitere 5 Jahre fortfahren. Nach den 10 Jahren hätte man dann insgesamt etwa 188.000 Frauen unter Beobachtung.

Wir können nicht sagen, ob die von den Pilotstudien abgeleiteten Annahmen über Ausfälle in etwa 10 Jahren noch als realistisch gelten können. Deshalb meinen wir, wir sollten die Möglichkeit haben, mit einer zweiten Kohorte nach 5 Jahren das Bild wo nötig zu korrigieren.

Aus so einer Hauptstudie könnte man kleinere Folgestudien mit sehr differenzierter Information über Untergruppen abspalten. Einen Teil der Frauen könnte man auch als Kontrollfälle in Fall-Kontroll-Studien benutzen.

Die vorgeschlagene Kombination von Studien ist unser Lösungsansatz zur Einschätzung der Bedeutung, die der Langzeitverbrauch oraler Kontrazeptiva für die Gesundheit der Nehmerinnen hat. Durch den Einsatz verschiedener Studientypen versuchen wir die Vorzüge der einzelnen Typen zu nutzen und ihre Nachteile in der Kombination der Studien aufzufangen.

Die große Prospektivstudie ist hauptsächlich dazu gedacht, die Frauen zu erfassen, die Nebenwirkungen, falls es sie gibt, am ehesten in den nächsten 5 - 10 Jahren zeigen werden. Die hohe Fallzahl und die vorgeschlagenen Untersuchungsthemen gewährleisten eine ausreichende Sensitivität dieser Studie bei der Erkennung von Gruppen mit hohem Risiko.

Der Tatsache, daß diese Studie nicht zu Hochrechnungen auf die Bevölkerung benutzt werden kann, wird durch die Durchführung der Studien auf Haushaltsbasis Rechnung getragen. Diese Studien wird man benutzen, um Verzerrungen der Prospektivstudie zu erkennen. Des weiteren können diese Studien als Frühwarnsystem bezüglich wichtiger und unerwarteter, sich außerhalb der Prospektivstudie abspielender Entwicklungen dienen.

Auch ein experimenteller Vergleich zwischen den zwei attraktivsten Kontrazeptionsmethoden wird vorgeschlagen. Klinische Versuche mit der Pille und dem IUD könnten besonders bei steigender Verbreitung des IUD in Deutschland wertvolle Informationen liefern.

Diese 3 Studientypen bilden das Gerüst unseres Lösungsansatzes. Im Lauf der Zeit werden sich natürlich auch neue Entwicklungen anbahnen, deshalb haben wir zusätzlich "Sonderstudien" und Fall-Kontroll-Studien vorgesehen. Sie könnten rasch und mit wenig Aufwand durchgeführt werden, wann immer eine neue Hypothese eine Erweiterung und Verzweigung des Hauptuntersuchungsansatzes rechtfertigt.

Natürlich muß ein Projekt über Nebenwirkungen oraler Kontrazeptiva von dieser Größenordnung Zugriff auf die erforderliche Computerzeit haben und ein effektives Literatursystem benutzen können. Auf diese Dinge bin ich hier nicht weiter eingegangen, weil darüber wohl kaum gegensätzliche Meinungen bestehen dürften. Worauf es mir ankäme, wäre, daß wir das Kombinationsmuster der Studien ausführlich diskutieren, da wir das relative Gewicht, das der einzelne Studientyp erhält, für die Gestaltung des Modells für entscheidend halten.

Sie können sicher sein, daß wir allen Alternativen gegenüber aufgeschlossen sind. Wir sind nicht auf diese Vorstellungen fixiert, sondern ich wollte lediglich den Rahmen für eine lebhafte Diskussion aufspannen.

DISKUSSION DER ALTERNATIVEN FÜR EINE DEUTSCHE LANGZEITSTUDIE

Vorsitz: Erwin Jahn

JAHN:

Danke, Dr. Überla. Ich eröffne die Diskussion. Gibt es Verständnisfragen zu dem Vortrag von Dr. Überla?

KAY:

Organisation

Sie haben ein enormes Spektrum möglicher Studien umrissen. Stellen Sie sich vor, daß auch andere Gruppen Studien zu dem Thema machen werden, oder wird die deutsche Forschung hier zentralisiert?

ÜBERLA:

Ich stelle mir vor, daß gemeinsame Anstrengungen unternommen werden. Man muß eine Stelle haben, die alle Studien organisiert. Die Studien sollten ausgeschrieben werden. Die Studien sollten koordiniert, aber an verschiedenen Stellen ablaufen. Wir sollten die Studien nicht nur in München durchführen, aber es sollte irgendwo ein Koordinationszentrum geben, und wir könnten uns dafür bewerben. Auch andere Stellen könnten daran interessiert sein. Mein Ziel ist es nur, während der Entwicklungsphase Vorschläge zur Organisationsform zu machen. Wir wollen sicher nicht alle diese Studien in München machen; ich wäre ganz zufrieden, wenn wir einen Teil davon hier machen würden.

PRATT:

Finanzierung

Könnten Sie auf die Organisationsform näher eingehen?

ÜBERLA:

Das hängt auch mit von der Forschungsfinanzierung in unserem Land ab. Es sieht so aus, als ob so eine Studie in den wesentlichen Teilen weder von der Industrie noch über Früherkennungsprogramme der Gesundheitsversicherungen (wie z.B. die Vorsorgeuntersuchung) getragen werden könnte, aber wir halten es für möglich, daß das Bundesministerium für Forschung und Technologie die Hauptlast der Finanzierung für die Hauptstudie übernimmt und teilweise auch die medizinischen Untersuchungen finanziert. Wenn wir uns für eine Stichprobe von Frauen ab 30 Jahren und jährliche Untersuchungsabstände entscheiden, brauchen wir gynäkologische Untersuchungen nicht zu bezahlen, da diese ja unter das oben erwähnte Früherkennungsprogramm fallen. Dann hätten wir nur die zentralen Kosten für die Studiengruppe, die Organisation, für Sonderstudien und ähnliches.

KAY: Ich habe eine andere Frage. Woher bekommen Frauen in Deutschland die Pille?

Pillenverschreibung

ÜBERLA: 87% der Frauen erhalten die Pille auf Rezept vom Gynäkologen. Nur 13% bekommen sie vom praktischen Arzt verschrieben. Nachdem wir das aus Pilot I wußten, haben wir Studien in Zusammenarbeit mit Gynäkologen weiter ausgebaut. Praktische Ärzte wären in Deutschland dafür keine geeignete Stichprobe.

KAY: Haben Sie Familienplanungs-Ambulanzen?

ÜBERLA: Ja, aber ganz wenige, nicht genügend um auf diesem Weg eine große Studie durchzuführen.

KAY: Viel weniger als die 13 % Pillenrezepte vom praktischen Arzt?

SCHMID-TANNWALD: Ja, viel weniger.

JAHN: Andere Fragen?

TEILNEHMER: Was halten Sie von Risikoraten? Welche Risiken sollte man vor allem überprüfen?

Risikoraten

ÜBERLA: Natürlich muß man Risikoraten berechnen, aber nicht bei der Fallzahl der Pilotstudien. Wir können in der Hauptstudie Risiken erkennen, die bei etwa 30.000 Pillennehmerinnen gegen 30.000 Kontrollfälle sichtbar werden. Die entscheidende Frage der Planungsphase ist also weniger die Höhe von Risikoraten als vielmehr die Frage, welche Risiken man bei den genannten Fallzahlen untersuchen sollte. Die ganzen Berechnungen, wie viele Frauen man braucht, um ein zweifaches oder ein fünffaches Risiko für Brustkrebs nach 5 Jahren oder für Zervixkarzinom nach 2-10 Jahren zu finden, sind momentan in dieser Detailliertheit noch verfrüht. Aber ich würde grob schätzen, daß wir bei Frauen zwischen 35 und 45 Jahren und Gruppengrößen von 30.000 bis 35.000 Fällen in der Lage sind, ein 3- bis 4faches relatives Risiko für schwere kardiovaskuläre Krankheiten oder für Brustkrebs zu erkennen.

ORY: *Todesursachenstatistik*

Wie ist die Registrierung der Todesfälle in Deutschland geregelt?

ÜBERLA:

Wir haben da die gleichen Probleme wie andere Länder. Der offizielle Totenschein wird von einem Arzt ausgestellt und von Gemeindebehörden statistisch verarbeitet. Die Todesursache ist nach ICD/E gekodet und steht im allgemeinen mit einem halben Jahr Verzögerung zur Verfügung. Wenn wir diese Information mit all ihren bekannten Schwächen haben wollten, könnten wir sie wahrscheinlich bekommen, aber vielleicht kann Professor Koller dazu etwas sagen, er war an einer internationalen Studie zum Vergleich von Totenscheinen in europäischen Ländern beteiligt.

PRATT:

Steht der Name auf diesen Totenscheinen? Sind sie auf nationaler Basis durchnumeriert?

ÜBERLA:

Nein, nicht bundesweit. Man müßte jeweils mit den einzelnen Behörden Kontakt aufnehmen, und wir könnten die Scheine länderweise erhalten.

ORY: *Morbiditätsstatistik*

Wie sieht es bei der Einweisung ins Krankenhaus aus? Ist das bundesweit organisiert? Könnten Sie z.B. die Krankenblätter der stationären Patienten durchgehen, um herauszufinden, was die Leute haben?

ÜBERLA:

Das ist eine weitere Schwäche des Systems. Wir haben keine Morbiditätsstatistik der Krankenhäuser, die diesen Namen verdient. Die großen Versicherungsgesellschaften, bei denen etwa 90% der Bürger versichert sind, haben natürlich statistische Auswertungen der Krankheiten ihrer Mitglieder. Es gibt auch eine kleine Krankenhausstichprobe (nicht bundesrepräsentativ), in der Diagnosen verkodet werden. Aber der Fehlerbereich ist da sehr hoch. Wir sollten wegen dieser Schwierigkeiten darauf verzichten, eine Hauptstudie über Krankenhauseinweisungen zu organisieren.

ORY: Das klingt überzeugend. Was mich zu der Frage veranlaßte, war der riesige Anteil an Ausfällen. Sind das Auswanderer oder Ausfälle innerhalb des Landes? Könnte man nicht diese Rate wenigstens dadurch reduzieren, daß man stationäre Patienten und Todesfälle identifiziert?

Ausfälle

ÜBERLA: Unsere Chancen bei der Nachverfolgung der Frauen sind gut. Aber man muß im Auge behalten, daß wir die freie Arztwahl haben, und daß die Raten des Arztwechsels, je nach Gegend, in einem Jahr zwischen 25 und 40% betragen. Dies ist ein wesentliches Merkmal unseres Gesundheitssystems, das können wir nicht ändern. Aber wir können herausfinden, wer umgezogen ist. Wir haben das in Pilot I untersucht. Frau Kellhammer kann vielleicht etwas über unsere Möglichkeiten der Nachverfolgung sagen. Wir sind in der Richtung optimistisch. Ich habe die hohen Ausfallraten in meiner Schätzung genommen, weil ich da vorsichtig bin. Ich möchte nicht jetzt sagen, wir haben 5 bis 10% Ausfälle pro Jahr, und dann 30% vorfinden. Wenn ich 70% über 10 Jahre hinschreibe, bin ich ziemlich sicher, daß wir höchstens dabei landen werden. Meiner Schätzung nach könnten wir davon noch ein Drittel dahingehend aufklären, ob sie am Leben oder tot sind.

KAY: Sie haben gerade ein anderes Stichwort gegeben. Mehr als 80% der Bevölkerung sind irgendwo versichert?

ÜBERLA: Ja, bei ca. 500 verschiedenen Versicherungsgesellschaften.

KAY: Können die Frauen die Versicherung wechseln?

ÜBERLA: Jedes Jahr, wenn sie weniger oder mehr bezahlen wollen. Aber das ist nicht häufig, die meisten bleiben ihr ganzes Leben bei einer Versicherung.

KAY: Können sie identifiziert werden?

ÜBERLA: Ja, aber nur über eine Zusammenarbeit mit all diesen Gesellschaften und das ist nicht durchführbar. Wir identifizieren Frauen lieber direkt über Adresse, Geburtsdatum, Adresse ihres Arztes und der Person, die bei einem Unfall zu benachrichtigen ist. Mit zwei bis drei Adressen, die wir so von jeder Frau haben, bekommen wir ein Gutteil der Information.

KAY:

Gibt es politische Gründe dafür, daß die Versicherungsgesellschaften nicht mitarbeiten?

ÜBERLA:

Es ist nicht so, daß sie nicht mitarbeiten würden, sondern vielmehr so, daß sie bei dem von unserer Sicht erforderlichen Aufwand nicht mitarbeiten würden. Die Gesellschaften sind unterschiedlich strukturiert. Bundesweit kämen etwa 3-4 Gesellschaften infrage, aber auch die müßten sich dann in den lokalen Büros an ihre Mitglieder wenden und das ist nicht praktikabel. Ein Adressenaustausch mit den Krankenversicherungen ist zu schwierig. Hingegen könnte man mit den Versicherungsgesellschaften die Herabsetzung des Berechtigungsalters für die Früherkennungsuntersuchung von 30 auf 20 Jahre diskutieren.

KOLLER:

Sie haben über die Probleme der Diagnosen auf Totenscheinen gesprochen. Natürlich gibt es da auch Schwierigkeiten mit dem Datenschutz, aber wenn es uns gelingt, den behandelnden Gynäkologen ausfindig zu machen und dieser an der Studie mitarbeitet, dann sollte es möglich sein, Informationen zu erhalten, die über die Todesursache auf dem Totenschein hinausgehen.

FRENTZEL-BEYME:

Erinnere ich mich richtig, daß Sie mit 10% Ausfällen pro Jahr über die ganze Laufzeit der Studie gerechnet haben? Ist das realistisch?

KELLHAMMER:

In Pilot I hatten wir 19% Ausfälle im ersten Jahr und 17% der gleichen Gruppe im zweiten Jahr.

ÜBERLA:

Wir haben in den ersten beiden Jahren nahezu 20% verloren, und wir nehmen an, daß die Ausfälle nach der Anfangsphase absinken, möglicherweise auf etwa 3% pro Jahr bei denen, die man nach 5 Jahren noch in der Studie hat.

FRENTZEL-BEYME:

Eine zutreffende Schätzung der Ausfälle ist für eine Kohortenstudie sehr wichtig. Ich erinnere mich an Studien, bei denen die Ausfälle in den ersten beiden

Jahren sehr hoch waren, um dann auf ein Ausmaß ohne Bedeutung abzufallen. Haben unsere ausländischen Kollegen ähnliche Erfahrungen?

SHAPIRO:

deutsche epidem. Forschung aus engl.-amerikanischer Sicht

Ich muß gestehen, ich bin in einem Dilemma, und zwar seit gestern nachmittag. Ich glaube,wir sollten offen sein und konstruktive Kritik üben. In Deutschland hat es bis jetzt außer sporadischen Versuchen keine ernstzunehmende epidemiologische Forschung gegeben. Was wir in den letzten zwei Tagen auf diesem Symposion gehört haben, stellt meines Erachtens die ersten Anzeichen eines ernsthaften Versuchs dar, Epidemiologie in die medizinische Wissenschaft zu integrieren. Insofern ist das erfreulich und offensichtlich finden wir aus Übersee die Entwicklung sehr vielversprechend. Aber es gibt zwei Arten, epidemiologische Forschung zu betreiben. Die eine ist, ex cathedra ein Untersuchungsschema hinzustellen, in dem es alles gibt, angefangen von prospektiven Studien über randomisierte Versuche, Fall-Kontroll-Studien und Umfragen bis zu komplexen Pilot-Studien ohne klares Ziel, sich vorab eine verwickelte Zentrale vorzustellen, die mit allem fertig wird, angefangen von Herzinfarkt, über Zervixkarzinom, Mammakarzinom, und kardiovaskuläre Krankheiten im allgemeinen bis zu Leberadenomen. Die andere Art ist die, wie anderswo epidemiologische Forschung in der Vergangenheit erbracht worden ist.

Organisch gewachsene Untersuchungspläne in England und in USA

Wenn man die Geschichte epidemiologischer Erforschung oraler Kontrazeption in den Vereinigten Staaten und England, wo etwa 95% dieser Arbeit geleistet wurde, betrachtet, so zeigt sich, daß der Anfang vor allem Beobachtungen von Klinikern waren.Dann folgten Studien des Fall-Kontroll-Typs durch das College of General Practitioners. Weitere Fall-Kontroll-Studien und die Veranlassung einer Longitudinalstudie durch das General Practitioners' College sind zu erwähnen. Das Attraktivste an der englischen Langzeitstudie war die Klarheit des Studienansatzes und die Bescheidenheit der gesetzten,von den Ergebnissen übertroffenen Ziele. Ich glaube, Dr. Kay wird zugeben, daß er sich nicht hätte träumen lassen, daß die Studie, die er - hauptsächlich als ihr Leiter - in Gang setzte, all das erreichen könnte, was sie erreicht hat.

In den Vereinigten Staaten sieht die Geschichte genauso aus. Philip Sartwell von der Johns-Hopkins-University stellt eine Hypothese auf und organisiert eine Studie, um diese eine Hypothese zu prüfen. Andere Leute interessieren sich dafür, es ergibt sich ein organisches Wachstum.

Mir scheint, das Grundproblem bei der Planung epidemiologischer Arbeit besteht darin, sich zwischen zwei Wegen zu entscheiden, dem Weg des großen Rahmenplans mit 15 Studien vom ersten Tag an und dem Weg organischen Wachstums, wo man mit einer Studie anfängt. Und dann zwei versucht und ausgehend von dieser Erfahrung dann vier und dann vielleicht acht Studien anlegt.

Empfehlungen für epidemiologische Studien in Deutschland

Wenn ich an Ihrer Stelle wäre, würde ich wahrscheinlich eine Hypothese nehmen, die jedermann für erwiesen hält, wie z.B. den Zusammenhang zwischen Pille und tiefe-Venen-Thrombose oder Lungenembolie oder Schlaganfall. Ich würde die entsprechenden Fälle ermitteln, die Kontrollfälle erheben, ein Zentrum hier in Deutschland einrichten und eine einfache, billige Studie durchführen und abwarten, wie das funktioniert,das wäre meine Pilot-Studie. Ich würde daraus entnehmen, ob ich in Deutschland die Methoden zur Bestätigung dessen, was alle anderen getan haben, entwickeln kann. Danach könnte ich mir die Planung einer prospektiven Kohortenstudie vorstellen. Das ist eine viel schwierigere Aufgabe und es ist klar, daß die Definition einer prospektiven Kohorte Erfindungsgabe gepaart mit der Kenntnis der lokalen Gegebenheiten verlangt. Dr. Kay's Kenntnis der lokalen Bedingungen besteht darin zu sehen, daß die Patienten die ganze Behandlung über den praktischen Arzt erhalten und daß deshalb praktische Ärzte eine ausgezeichnete Quelle zur Beschaffung der erforderlichen Daten sind. Die Oxford 'Record Linkage'-Studie hat eine andere Vorgehensweise, aber beide Studien sind empirisch, praxisnah und überschaubar, sie können in einer kleinen Stichprobe getestet und dann versucht werden.

In der letzten halben Stunde habe ich eine Liste von Projekten gehört, die alle so anspruchsvoll sind, daß mir persönlich der Gedanke verhaßt wäre, sie alle von einem Koordinationszentrum aus verfolgen zu müssen. Zum Beispiel war von einer zehnjährigen Longitudinalstudie die Rede, die jetzt beginnen soll. Wenn das Latenzintervall für Brustkrebs, sagen wir einmal, 10 Jahre ist, dann reichen 10 Jahre nicht aus. Man könnte für eine retrospektive Kohortenstudie mit Frauen, die die Pille schon 10 Jahre genommen haben, argumentieren, aber eine retrospektive Kohortenstudie bietet, wie bei näherer Überlegung deutlich wird, keinen Vorteil gegenüber einer Fall-Kontroll-Studie. Der Vorteil der Kohortenstudie ist, daß man die Risiko-Exposition sehr genau definieren kann und daß man übrige Einflußfaktoren der Ausgangssituation viel genauer bekommt als in einer Fall-Kontroll-Studie. Sobald eine Kohorte retrospektiv definiert ist, unterliegt sie den gleichen Beschränkungen wie eine Fall-Kontroll-Studie, es gibt keinen Vorteil mehr.

Pilotstudien versus Studien der Durchführbarkeit

Die gestrigen Vorträge hinterließen bei mir den Eindruck, daß zwar ungeheuer viel Wissen über die Ausführung statistischer Tests vorhanden ist - ich habe in meinem Leben nie mehr p-Werte gesehen -, daß aber wenig Verständnis für die geeignete Anwendung besteht, und daß genau definierte Zielsetzungen bei der Durchführung der Pilotstudien fehlten. Für mich ist eine Pilotstudie zum Testen da. Wir gehen von einer Hypothese aus, wir glauben z.B., daß orale Kontrazeptiva Leberadenome verursachen. Dann besteht die erste Aufgabe der Pilotphase darin festzustellen, ob wir eine Datenquelle für Leberadenome ausfindig machen können. Wie effizient können wir sein? Finden wir die Patienten? Können wir sie interviewen? Wie zuverlässig wird die Information sein? Können wir geeignete Kontrollfälle aussuchen? Wie gut wird die Kontrollgruppe passen? Ich habe das Gefühl, daß wir gestern nichts über Pilot-Studien gehört haben und daß das einfach Durchführbarkeits-Studien in einem prospektiven oder einem Fall-Kontroll-Studien-Ansatz waren. Nebenbei, ich habe nichts über Fall-Kontroll-Studien gehört.

Ich glaube fernerhin, daß es ein großer Vorteil ist,die

Fehler anderer Leute nutzen zu können, wenn man dabei ist, sich auf eine Reihe sehr komplexer epidemiologischer Studien einzulassen. Alle ausländischen Gäste an diesem Tisch haben Fehler gemacht, schwere Fehler. Wir würden Leute bei uns zur Mitarbeit für 6 Monate oder 1 Jahr willkommen heißen, damit sie unsere Fehler kennenlernen und Studien unter Vermeidung dieser Fehler in Gang setzen. Sie können später ihre eigenen Fehler machen, aber das werden dann wenigstens neue Fehler sein. In dieser Disziplin gibt es keine Perfektion. Vielmehr müssen wir dauernd Sinn für das Richtige haben und ad hoc-Methoden einsetzen sowie Behelfslösungen finden, um mit sehr schwierigen Problemen fertigzuwerden.

Aus fremden Fehlern lernen

Vor mir liegt die Liste, die verteilt wurde (der Minifragebogen, Anm.des Hrsg.) und ich bezweifle, daß ein Zentrum von sich behaupten kann, es beginne morgen oder sogar in den nächsten 5 Jahren mit all diesen Studien. Das muß organisch wachsen, und ich würde Ihnen für den Anfang dringend zu einer Studie auf dem Boden der Tatsachen, mit bekannter Hypothese und bereits bekannten Resultaten raten.

Ich habe eine weitere Bemerkung. Ich kann, provokativ formuliert, absolut keinen Vorteil in einer randomisierten Studie oraler Kontrazeption sehen. Meines Erachtens gibt es nichts, was wir aus so einer Studie mit 2000 - 4000 Fällen erfahren könnten, was nicht schon aus der Walnut-Creek-Studie bekannt ist. Meiner Ansicht nach bietet die Randomisierung nicht nur keinerlei erkennbaren Vorteil, sondern sie könnte sogar so ernstzunehmende ethische Probleme aufwerfen, daß die Durchführung unmöglich wird.

Randomisierte Versuche

Wir haben gehört, daß Sie z.B. das Zervixkarzinom untersuchen wollen. Das Zervixkarzinom ist die Krebsart, an der, ich glaube, die meisten Epidemiologen gescheitert sind. Wir wissen seit 50 Jahren, daß die Häufigkeit des Geschlechtsverkehrs und Promiskuität Risikofaktoren für das Zervixkarzinom sind. Mir ist keinerlei darüber hinausgehender epidemiologischer Fortschritt bekannt außer vielleicht der neuen Arbeit über virus-bedingten Herpes, der vielleicht venerisch übertragen wird. Ich glaube, daß die Untersuchung des

Zervix-Karzinom

Zervixkarzinoms sich auch für den erfahrensten Epidemiologen als äußerst schwierig erweisen wird. Wahrscheinlich kann man das noch am ehesten in einer Gesellschaft, die zu absoluter Offenheit bezüglich ihres Sexualverhaltens bereit ist. Das gilt sicher nicht für die Vereinigten Staaten und meiner Vermutung nach vielleicht auch nicht für Deutschland. Nun, ich glaube, ich habe genug gesagt.

ÜBERLA:

Ich stimme Ihnen weitgehend zu, aber in dem einen oder anderen Gesichtspunkt bin ich nicht Ihrer Meinung.

Randomisierte Versuche

Bezüglich der randomisierten Studie liegen unsere Ansichten wohl nicht sehr weit auseinander. Ich habe diese Studienart vorgeschlagen, weil es einige Sonderfragen geben könnte, für die ein randomisierter Ansatz notwendig ist.

Zervixkarzinom

Ich bin wie Sie der Meinung, daß die Untersuchung des Zervixkarzinoms sehr schwierig ist, aber andererseits kann man schwerlich explizit erklären, man wolle deshalb nicht nach Zervixkarzinom suchen.

Gastforschung in USA

Ich begrüße Ihren Vorschlag, Projektmitglieder von uns als Gastforscher zu Ihren Studiengruppen zu senden, sehr und glaube, wir sollten das versuchen. Eine Mitarbeiterin unserer Gruppe war bereits zur Vorbereitung des Symposions in den Vereinigten Staaten, aber wir sollten die internationale Zusammenarbeit und den Ideenaustausch viel stärker betreiben. Ich bin sehr froh, daß Sie diese Anregung gegeben haben.

Fall-Kontroll-Studien

Es gibt eine einfache Erklärung dafür, warum wir Fall-Kontroll-Studien nicht gesondert vorgestellt haben. Wir haben zu Beginn des Jahres zwei Fall-Kontroll-Studien begonnen. Da hier nur vorläufige Ergebnisse vorliegen, hatten wir uns entschieden, zugunsten von mehr Spielraum für die Diskussion an dieser Stelle auf eine getrennte Berichterstattung zu verzichten.

Ich finde Ihre Definition einer Pilot-Phase recht re-

Definition von Pilot-Studien

striktiv. Wenn bei der Gestaltung einer Pilotphase das medizinische Untersuchungsziel schon genau festliegt, also daß z.B. feststeht, daß Mammakarzinome oder Leberadenome untersucht werden sollen, dann würden wir die Pilotphase dazu benutzen herauszufinden, wie man z.B. eine Fall-Kontroll-Studie am besten anlegt. Das setzt aber voraus, daß die Entscheidung über Inhalt und Erhebungsmodell der Hauptstudie bereits gefallen ist. Dies war nicht der Fall, als wir mit der Pilotphase begannen. Deshalb haben wir unsere Pilotstudien breit angelegt, um Informationen zur Entscheidungsfindung beizutragen. Meine Ansicht über diese Pilotphase deckt sich also nicht ganz mit Ihrer Einschätzung. Ich denke, beide Standpunkte können richtig sein, je nachdem, von welchen Informationen man bei Beginn der Pilotphase ausgehen kann.

Beschränkung der Untersuchungsinhalte

Ihrem Vorschlag, die Untersuchungsinhalte einzuengen, stimme ich voll und ganz zu. Allerdings würde ich in dem Ausmaß der Beschränkung nicht so weit gehen, daß wir in einer ersten Studie nur Ergebnisse nachvollziehen, die Sie schon gefunden haben, ehe wir uns neuen Zielen zuwenden. Niemand würde so eine Studie finanzieren wollen, und sie wäre auch vom wissenschaftlichen Standpunkt nicht besonders reizvoll. Wir haben einige Fall-Kontroll-Studien, die zum Beispiel die gleichen Ergebnisse erbracht haben wie Fall-Kontroll-Studien in Ihrem Land. Diese Forschungsarbeit ist auch nötig, da bin ich Ihrer Meinung. Wenn wir aber in Deutschland bezüglich epidemiologischer Forschung einen Rückstand von sagen wir einmal 10 Jahren aufzuholen haben, dann sollten wir Anstrengungen auf breiter Linie unternehmen und uns nicht die ersten 5 Jahre darauf beschränken Studien zu wiederholen, die in anderen Ländern schon gelaufen sind. Wir müssen bisher Unbekanntes in Angriff nehmen, andernfalls wäre es keine Forschung. Ich gebe zu, daß es schwierig ist, ein Gleichgewicht zwischen alt und neu auf dem Weg zur Epidemiologie in diesem Land zu finden. Man muß sorgfältig abwägen, was zu tun ist, aber bitte haben Sie Verständnis dafür, daß wir nicht sagen können, wir wollen für die nächsten 5 Jahre einfach bekannte Studien nachmachen.

SHAPIRO:

Ich möchte darauf kurz antworten. Wenn ich an die außer-

Der historische Vorsprung der englischsprachigen Welt

ordentlichen Probleme oraler Kontrazeptiva denke, so muß man meines Erachtens anerkennen, daß in der englisch sprechenden Welt die Forschung auf diesem Gebiet aus historischen Gründen 1964,65,66 begonnen hat und daß seit dieser Zeit Fortschritte gemacht wurden. Ein Großteil dessen, was wir schon wissen, ist für meine Begriffe ausreichend dokumentiert und bedarf keiner weiteren Studien, es sei denn, eine neue Gruppe will so ihre Kraft erproben und die Dinge in der Hand behalten lernen. Es gibt zwei wirklich überragende Problembereiche hinsichtlich oraler Kontrazeptiva: der eine ist Brustkrebs, Krebs des Uterus und der Eierstöcke und vielleicht andere Krebsarten, darüber bin ich mir nicht sicher, aber bestimmt die 3 erstgenannten; der andere Problemkreis besteht aus den Wechselwirkungen zwischen Risikofaktoren. Gibt es eine Risikoverstärkung, eine Potenzierung zwischen z.B. Zigarettenrauchen und oralen Kontrazeptiva bei bestimmten Krankheiten?

Wie man in Epidemiologie Erfahrung gewinnt

Das epidemiologische Fingerspitzengefühl für diese Arbeit - und ich meine epidemiologische Erfahrung, nicht statistische, Sie haben zweifellos glänzende Statistiker -, dieses Fingerspitzengefühl bekommt man nur durch jahrelanges Umgehen mit dieser Art von Daten. Dafür gibt es keinen Ersatz. Mir scheint, daß man durch das Untersuchen bekannter Hypothesen Erfahrung gewinnen kann. Es ist keineswegs eine Schande, eine Studie vorzubereiten, die bestätigt, was andere Forscher gefunden haben oder bei der die Bestätigung auch ausbleibt. Ich glaube nicht, daß jede epidemiologische Studie ein so neues Ergebnis erbringen muß, daß sie den Nobelpreis dafür bekommt. Wir sind nicht in diesem Geschäft. Unsere Aufgabe ist es dafür zu sorgen, daß der Datenfluß stimmt, daß Methoden zur Kontrolle der Computer-Arbeit entwickelt werden, und daß die Hunderte von Alpträumen durchgestanden werden, die Teil dieser Arbeit sind. Um diese Art von Arbeit zu lernen, sollte jemand für 1 Jahr bei uns oder bei Dr. Ory oder bei Dr. Kay arbeiten und selbst sehen, was so täglich passiert.

BERENDES:

Ich habe das Gefühl, daß wir Dr. Überla mißverstanden

haben. In gewisser Weise haben Sie ein nationales Programm umrissen so, wie es der Greet-Report der Ford-Foundation als Ergebnis einiger Jahre harter Arbeit getan hat. Dort wurde versucht, den gegenwärtigen Forschungsaufwand im Bereich der Kontrazeptionsforschung weltweit einzuschätzen und den Forschungsbedarf aufzuzeigen. Dabei kam heraus, daß ein großer Bedarf an neuen Studien besteht und zwar nicht nur bezüglich der Entwicklung neuer Kontrazeptionsmethoden, sondern auch und ganz besonders bezüglich der Einschätzung der medizinischen Sicherheit bestehender oder neu aufkommender Methoden. Die Betonung lag sogar mehr auf den Nebenwirkungsuntersuchungen als auf Studien über neue Kontrazeptionsmethoden. Fernerhin stellte sich dabei heraus, daß es bis jetzt nirgendwo auf der Welt ein Institut gibt, das die Bewertung der medizinischen Sicherheit der Kontrazeption als Hauptaufgabe hat. Sie haben in gewisser Hinsicht mein Programm beschrieben. Ich war schon nahe daran, Ihnen meinen Job anzubieten. Der Unterschied liegt nur darin, daß das Programm der NIH, für das ich verantwortlich bin, kein Programm ist, das ich zusammen mit einer Gruppe durchführe im Sinne von Daten-Erheben. Wir haben so eine Art, die anderen unsere Arbeit machen zu lassen, das ist viel einfacher als sie selber zu tun. Ich glaube, daß Sie diese Art von Forschungsaufgabe gemeint haben, die eine Reihe von Jahren zu ihrer vollen Entfaltung braucht und bei der wir auf Sie als die treibende Kraft zählen, um das in Deutschland in Gang zu bringen.

Der Stand der Kontrazeptionsforschung, weltweit

Koordination von Studien durch das NIH

Die geistige Leistung liegt dabei vor allem in der Wahl des vielversprechendsten Ansatzes. Und ich glaube, daß die Bemerkungen von Sid Shapiro in dieser Hinsicht einen bestimmten Aspekt betonen sollten. Ich weiß nicht genau, wo man am besten anfangen sollte. Ich tendiere auch dazu, Fall-Kontroll-Studien zu betonen. Nicht weil sie vom Methodischen her große Schwierigkeiten bieten, sondern weil sie den Vorteil haben, daß man sie innerhalb relativ kurzer Zeit durchführen kann. Fall-Kontroll-Studien sind gut geeignet, um bei Behörden die Stärken dieses statistischen Ansatzes zu verdeutlichen, und aus gesundheitspolitischer

Ansatzpunkte für ein nationales Programm

Sicht mögen sie eine vernünftige Strategie sein, aber langfristig würde ich etwas anderes anstreben, etwas, das es auf der Welt noch nicht gibt.

"Bevölkerungs-labor"

Was den gegenwärtigen prospektiven Studien meines Erachtens fehlt, ist eine abgeschlossene Bevölkerung, ein "Bevölkerungs-Labor". Da könnte man bei den gleichen Personen über Jahre hinweg ceteris paribus den Wechsel der Kontrazeptionsmethoden und den Wechsel in den Zusammensetzungen der Kontrazeptiva verfolgen. Ich würde eine Stichprobe anstreben, in der man den stattfindenden Wechsel im Kontrazeptionsverhalten beobachten kann und ich würde mich in den Auswertungszielen dabei möglichst einschränken. So ein "Bevölkerungs-Labor" wäre wahrscheinlich nicht das Richtige, um Langzeitwirkungen der Pille oder des IUD oder von was auch immer zu untersuchen, aber es könnte sich für die Untersuchung kurzfristiger Wirkungen eignen.

ÜBERLA:

Beide Ratschläge sind für das Projekt sehr wichtig, da es ja ein Ziel des Symposions ist herauszufinden, auf welche Schwerpunkte wir uns konzentrieren sollten. Ich halte es für schwierig, eine konstante Stichprobe im Sinne eines "Bevölkerungs-Labors" zu finden. Man könnte eine größere Kohorte von Frauen eines bestimmten Alters sammeln und dann alles tun, um davon niemand aus der Beobachtung zu verlieren, so daß man zumindest von jeder Frau sagen könnte, ob sie lebt oder nicht. Aber das wäre für Sie wahrscheinlich nicht ausreichend, Sie möchten so etwas wie Nonnen in einem Kloster.

BERENDES:

Trend-kontrolle

Nein, keineswegs. Was ich meinte, war, daß man in Langzeitstudien den Blick für Änderungen der Situation verlieren kann. Wir haben zum Beispiel in Los Angeles eine Studie über die Progressionsrate der Zervixdysplasie bei Pillennehmerinnen und IUD-Trägerinnen abgeschlossen. Die Studie begann, glaube ich, 1968 oder 1969, und der Untersucher benutzte, um den Studienansatz nicht zu komplizieren, ein einziges Kombinationspräparat. Dieses enthielt 100 Mikrogramm Äthinylöstradiol. Alle Ergebnisse sind auf dieses einzige Präparat bezogen. Aber heutzutage nehmen nur sehr wenig Frauen 100-Mikrogramm-Präparate. Die meisten benutzen Präparate mit 50 Mikrogramm oder weniger. Man kann also nicht ohne weiteres von einer Studie auf die nächste extrapolieren.

ÜBERLA:

Sie meinen also, daß bevölkerungs-repräsentative Stichproben zur laufenden Verhaltensüberwachung unbedingt notwendig sind?

BERENDES:

Es ist ein weiterer Ansatz, den ich im nationalen Programm immer wieder in Erwägung gezogen habe und den man einfach im Auge behalten sollte.

KOLLER:

deutsche epidemiologische Studien

Dr. Shapiro, ich möchte noch etwas zu den Ratschlägen sagen, die Sie uns gegeben haben. Natürlich müssen wir lernen, aber ich glaube nicht, daß wir uns noch im ersten Entwicklungsstadium der Epidemiologie befinden. Wir blicken voller Bewunderung auf den Erfolg der Epidemiologie in Ihrem Land. Bei uns ist Spezialisierung anders strukturiert und die Bezeichnung "Epidemiologe" nicht so gebräuchlich. Trotzdem haben wir epidemiologische Arbeiten. Ein Problem liegt sicher darin, daß deutsch geschriebene, wissenschaftliche Literatur in den englisch sprechenden Ländern nicht verbreitet ist. Ich erinnere z.B. an die Arbeiten, in denen das Thalidomid-Problem gelöst wurde; oder an die Studien über chronische Bronchitis, die einen Vergleich mit den englischen Studien nicht zu scheuen brauchen; es gab Krebsstudien, und wir haben die Perinatalstudien, die Schwangerschaftsverlauf und Kindesentwicklung umfassen.

ÜBERLA:

empirische Probleme der Hauptstudie

Ich möchte vorschlagen, daß wir uns jetzt auf empirische Probleme konzentrieren wie etwa die Frage, ob wir Kollumkarzinome untersuchen sollen oder nicht. Ich finde, das Untersuchungsprogramm sollte in dieser Expertenrunde diskutiert werden.

HAMMERSTEIN:

prospektive Breitenstudie

Ich möchte allgemein auf die Ziele der Hauptstudie zurückkommen. Dr. Shapiro, habe ich Sie richtig verstanden, daß Sie eine große Prospektivstudie wie die von Dr. Kay in England für überflüssig halten, weil da nur ganz ähnliche, vorhersehbare Ergebnisse herauskämen?

SHAPIRO: Sie haben mich falsch verstanden, das habe ich nicht gesagt.

HAMMERSTEIN: Sie haben die Untersuchung von 2 Hauptproblemen auf epidemiologischer Basis vorgeschlagen. Das eine war das Krebsproblem, Sie haben es 3 mal erwähnt, das andere war die Wechselwirkung zwischen Kontrazeptiva und anderen Medikamenten oder Risikofaktoren. Für prospektive Breitenstudien in Deutschland sollte man meines Erachtens zwei Zielbündel haben. Zum einen sollte man die Bedeutung der epidemiologischen Daten aus dem Vereinigten Königreich, aus den USA und auch aus Skandinavien für unser Land untersuchen. Zum anderen sollte man, zusätzlich zu den von Ihnen vorgeschlagenen Programmen, zu klären versuchen, ob der Typ des oralen Kontrazeptivums für die Epidemiologie von Bedeutung ist. Es gibt bis jetzt nur 2 oder 3 Studien, in denen der Einfluß der Östrogenkomponente, aus quantitativer Sicht, auf das Auftreten von, insbesondere kardiovaskulären, Nebenwirkungen untersucht wurde. Ich finde, dieser Punkt sollte viel sorgfältiger untersucht werden, als es in Ihrer Studie geschehen ist. Der Anteil der Östrogene ist stark gesunken. Als Sie mit der Studie begannen, enthielten Kombinationspräparate meist 100 Mikrogramm Mestranol oder Äthinylöstradiol. Jetzt sind wir bei 50 Mikrogramm angelangt und glauben immer noch, daß auch 50 Mikrogramm Äthinylöstradiol eine hohe Östrogenkonzentration darstellen. Ich meine, man sollte klären, ob man durch Dosierungssenkung von Bestandteilen der Pille das Auftreten von Nebenwirkungen vermindern kann. Das kann in einer solchen prospektiven Studie untersucht werden. Auch der Einfluß von Progesteron auf das Östrogen in der Pille ist meines Wissens noch nirgendwo auf der Welt überprüft worden.

Untersuchungen über Pillenzusammensetzungen

Östrogenkomponente

Östrogen-Gestagen-Relation

Wir sind sehr offen in dieser Diskussion. Sie können nicht in der Milligramm-Dimension diskutieren, wie Sie (Dr. Kay?) das bei Ihrer Studie getan haben, das ist nicht korrekt.

KAY:

Sie haben meine späteren Publikationen nicht gesehen.

HAMMERSTEIN:

Es ist schwierig, die Progestagenaktivität festzulegen. Vor einer solchen Studie gibt es noch eine Reihe von Problemen, aber ich denke, wir sollten eine normal dosierte Kombinationspille, eine niedrig dosierte Kombinationspille, eine Mini-Pille und eine 3-Monatsspritze miteinander vergleichen, und in der Kontrollgruppe müßten IUDs erlaubt sein. Mein besonderes Interesse gilt der Tatsache, daß man den Komponenten der vorhandenen Kontrazeptiva in Zukunft viel mehr Aufmerksamkeit schenken muß. Bei der Studienplanung sollte man sich überlegen, ob man nicht nur einige wenige Kombinationspräparate zuläßt. Wenn man das tut, kann man es meines Erachtens nur mit qualitativ gleichen Typen von Kombinationspräparaten tun. Es gibt zum Beispiel Lynestrenol mit einem Anteil von 2,5 Milligramm in der Normalkombination, und in einer anderen Pille ist nur 1 Milligramm davon zusammen mit 50 Milligramm Äthinylöstradiol enthalten. Das wären also zum Beispiel zwei Pillentypen aus den gleichen qualitativen Komponenten, aber ohne Zweifel ist die eine mehr gestagen- und die andere mehr östrogenbetont. Man kann natürlich auch mit einer entsprechenden Minipille vergleichen. Außerdem kommt jetzt die Mikropille mit 37,5 Mikrogramm Äthinylöstradiol und, ich glaube, 1 Milligramm Lynestrenol auf den Markt. Das sind nur als Anregung gedachte Beispiele. Ich fände es eine ausgezeichnete Idee, eine Studie mit z.B. 4 Pillentypen durchzuführen.

Untersuchung verschieden komponierter oraler Kontrazeptiva

Man kann natürlich auch das Modell von Äthinylöstradiol plus Norethisteron-Azetat nehmen, da gibt es auch genügend verschiedene Präparatetypen für so eine Studie. Ich meine, die Untersuchung des Einflusses der Komponenten und der quantitativen Aspekte der Komponenten sollte mit zu den Hauptzielen einer Hauptstudie zählen. Das halte ich für wichtig, weil der praktische Arzt oder der Gynäkologe, der die Pille verschreibt, zumindest in unserem Land im allgemeinen die normal dosierte Pille mit 50 Mikrogramm Äthinylöstradiol wählt, ohne sich viel um die Progestagen-Komponente Gedanken zu machen. Wir wissen nicht, ob das gerechtfertigt ist. Deshalb sollte meiner Meinung nach eine prospektive Breitenstudie besonders auch die verschiedenen Pillentypen berücksichtigen; dann können wir, glaube ich, Ergebnisse von großer epidemiologischer Tragweite erwarten.

BERENDES: Ich möchte mich zu einer Reihe von Punkten äußern. Die Epidemiologie ist keine sehr exakte Wissenschaft. Die Probleme, die hier oder bei anderen derartigen Konferenzen diskutiert werden, sind gravierend aus dem Blickwinkel des öffentlichen Gesundheitswesens. Deshalb müssen normalerweise erst eine Reihe von Studien in verschiedenen Ländern zu ähnlichen Schlüssen kommen, ehe ein Ergebnis akzeptiert wird. Man braucht ja z.B. nur an die Vielzahl von Studien über den Zusammenhang zwischen Zigarettenrauchen und Lungenkrebs zu denken; erst als wiederholt eine sehr, sehr enge Assoziation gezeigt wurde, wurde dieses Ergebnis akzeptiert.

mehrfache Bestätigung von Ergebnissen in der Epidemiologie

Ich glaube nicht daran, daß irgendein Land eine Marktnische haben wird, in der es seine Studien durchführen kann, um dann zu behaupten, seine Ergebnisse seien auf andere Länder direkt übertragbar. Ich bin überzeugt davon, daß wir eine Mischung von Studien brauchen, und zwar breit gestreut über verschiedene Länder. Manche der Studien werden ähnliche Probleme zum Inhalt haben und sich teilweise wiederholen, in anderen wieder wird man neue Wege beschreiten.

Internationale Mischung von Studien

Nehmen wir z.B. das Problem, das Dr. Hammerstein eben dargestellt hat. Wir haben meines Wissens dazu in unserem Land auch nichts.Wir wissen nicht, ob die niedrig dosierten Präparate aufgrund der Annahme entwickelt wurden, daß es ein erhöhtes Risiko für thromoembolische Erscheinungen in Abhängigkeit von der Östrogendosis gibt. Wir wissen auch nicht genau, in welchem Umfang die niedrig dosierten Präparate dieses Risiko gesenkt haben. Das Problem ist natürlich, daß die Untersuchung der Risikounterschiede zwischen verschiede-

Untersuchung verschiedener Kombinationspräparate

nen Kombinationspräparaten enorme Fallzahlen erfordert. So eine Studie wäre sehr wünschenswert, aber wahrscheinlich auch schwer durchführbar. Wir haben auch an so etwas gedacht, haben es aber nicht so recht zustande gebracht. Ich wollte die Frage aufwerfen, ob es irgendwelche nur in Deutschland bestehenden Bedingungen gibt, und da ist mir etwas eingefallen, was hier untersucht werden könnte und was wir in unserem Land nicht mehr haben. Meines Wissens sind Sequenzpräparate in Deutschland noch auf dem Markt. Mir ist nicht bekannt, in welchen Umfang sie benutzt werden.

spezifisch deutsche Studien

VOIGT:

25%.

BERENDES:

Nun, so weit verbreitet waren sie bei uns nie. Sie wissen ja, es besteht der starke Verdacht, daß sie tatsächlich Krebs auslösen. In den Vereinigten Staaten wurden sie aufgrund relativ fadenscheiniger Hinweise aus dem Markt genommen, teils wegen des Verdachts, teils aber auch deshalb, weil sie nur 6-8% der Bevölkerung benutzten. Das wäre ein Thema für eine Fall-Kontroll-Studie, die Sie hier machen könnten und die bei uns nicht mehr durchführbar ist.

Fall-Kontroll-Studie über Sequenzpräparate

DALLENBACH-HELLWEG:

Ich stimme in den meisten Punkten mit Dr. Shapiro überein. Er hat in bester Absicht konstruktive Kritik geübt. Natürlich kann keiner alles untersuchen. Wir müssen uns an eine klare Linie halten und Prioritäten setzen, andernfalls verlieren wir uns zu sehr in Details. Vor allem sollten wir nicht zu viele Variable in die Studie aufnehmen. Ich würde Fall-Kontroll-Studien an verschiedenen Stellen vorschlagen. Sie brauchen nicht alle in München abzulaufen, aber das ist ja wohl auch nicht geplant. Wir haben in der Bundesrepublik verschiedene Zentren für bestimmte Krankheiten, und ich würde empfehlen, dort so detaillierte Fall-Kontroll-Studien anzusetzen wie z.B. die, die wir gerade in Mannheim hauptsächlich über Uteruskrebs, aber auch über Eierstocksveränderungen und die Schwangerschaftsabbruch-Rate durchführen. Wir sollten ähnliche Fall-Kontroll-Studien z.B. über Herzinfarkt

Beschränkung im Untersuchungsprogramm

Fall-Kontroll-Studien an deutschen Zentren

zusammen mit einem Internisten vorsehen. Das ist die eine Linie, die wir verfolgen sollten.

prospektive Hauptstudie in München

Die andere ist die große Prospektivstudie, die Dr. Überla hier in München plant. Wir sollten eine klare Definition der Parameter haben und bei Studienbeginn genau wissen, was wir untersuchen wollen, weil wir zweifellos nicht alles aufnehmen können, was theoretisch interessant wäre.

Entscheidung für eine einzige Pille

Was die oralen Kontrazeptiva anbelangt, meine ich, wir sollten uns auf ein einziges Kombinationspräparat beschränken und dieses testen. Es ist Unsinn, die 30 verschiedenen Präparate für die Hauptstudie zuzulassen, da könnten wir nie Vergleiche anstellen, weil es zwischen den Präparaten große Unterschiede in der Gestagen- und der Östrogenpotenz gibt. Man muß natürlich den Hormonstatus der Patientin berücksichtigen. Überhaupt gibt es schon so viele Einflüsse von seiten der Patientin, daß zumindest das orale Kontrazeptivum die gleiche Zusammensetzung haben sollte.

Entscheidung für das Progestasert-System als einziges IUD

Wir sollten diese Pille dann mit dem IUD vergleichen. Auch da sollten wir uns für einen einzigen IUD-Typ entscheiden. Ich sehe kaum Einwände gegen das Progestasert-System, da dieses unseres Wissens keine systemischen Veränderungen schafft. Es wirkt nur lokal auf das Endometrium. Meines Wissens gibt es davon auch nur ein einziges IUD, das könnten wir für die Studie nehmen. Das Kupfer-IUD ist abzulehnen, da es nach unserer Erfahrung dabei zu viele Schwangerschaften gibt.

mindestens 10 Jahre Laufzeit

Jedenfalls sollten wir mit klar abgegrenzten Parametern in die Hauptstudie gehen. Wenn wir wirklich das Auftreten von Krebs untersuchen wollen, muß die Prospektivstudie mindestens 10 Jahre laufen, und ich würde sogar das noch für zu kurz halten. Wir wissen alle, daß die Latenzperiode für Krebs 10 bis 20 Jahre beträgt, was erwarten wir also nach 10 Jahren? Für andere Fragen mag eine kürzere Laufzeit ausreichen.

ORY:

Ich möchte zusammenfassend zu dem Gesagten einige Anmerkungen machen. Wenn Dr. Shapiro von der Wiederholung einer Studie redet, dann meint er, daß wir ja bei jeder Wiederholung etwas Neues dazulernen. Meines Wissens wiederholt er Studien, die Dr. Mann in England gemacht hat und vielleicht gibt es danach noch Irrtümer, wegen derer Sie an dem Thema weitermachen wollen. Bei uns hat eine neue Epidemiologin eine Studie über die doch wirklich bekannte Assoziation zwischen oralen Kontrazeptiva und Thromboembolien durchgeführt. Dabei hat sie einen Zusammenhang mit dem Rauchen festgestellt und zwar eine Wechselwirkung zwischen Rauchen, der Pille und der Krankheit, die in dieser Form niemand vorher berichtet hatte. Wenn man eine Studie wiederholt, macht man sie also nicht einfach nach, sondern man verbessert sie. Das war meines Erachtens das, was Sid sagen wollte.

Die Wiederholung von Studien

Ich möchte die Idee der Untersuchung verschiedener Komponenten unterstützen. Sie könnten die Studie wiederholt durchführen und bestimmte Komponenten analysieren. Es ist schwierig, aber machbar.

Die Untersuchung der Pillen - Komponenten

Ich glaube, wir sind alle einer Meinung, daß Krebs und kardiovaskuläre Krankheiten untersucht werden müssen, und zwar in Abhängigkeit von der Benutzungsdauer und Dosierung oraler Kontrazeptiva, wenn möglich getrennt nach Präparaten.

Krebs und kardiovaskuläre Krankheiten als Programm

Ich bin fernerhin wie Sie der Ansicht, daß man buchstäblich alles in Deutschland wiederholen sollte um zu sehen, welche Ergebnisse auch hier gelten. Die Wiederholung ist noch aus einem anderen Gesichtspunkt wertvoll. Ich glaube, Sie dienen Ihrer Sache besser, wenn Sie klein anfangen und so die Dinge in der Hand behalten. Nichts ist so erfolgsträchtig wie Erfolg. Wenn Sie einmal ein Ergebnis zum Vorzeigen haben, haben Sie wahrscheinlich auch weniger Finanzierungsprobleme; zumindest ist das die Art, wie das in den Vereinigten Staaten läuft.

Andere Aspekte der Wiederholung von Studien

FRENTZEL-BEYME:

Viele deutsche Großstudien waren nicht so besonders erfolgreich. Deshalb wäre es nützlich, zuerst Studien anzusetzen, die die Ergebnisse anderer bestätigen oder modifizieren, damit man eine konsistente Hypothese und mehr Vertrauen in die in Deutschland angewandten Methoden bekommt.

Ausgangsbedingungen für die deutsche Prospektivstudie

Es spricht viel für eine Prospektivstudie in Deutschland. Unsere Bevölkerung ist weniger mobil als die der Vereinigten Staaten und aufgrund des gut funktionierenden Meldesystems können wir Leute ausgezeichnet nachverfolgen. Weiterhin haben wir eine verhältnismäßig genaue Dokumentation vieler Sachen inklusive der Verschreibung von Medikamenten. Das sind günstige Bedingungen für die Durchführung einer retrobasierten Prospektivstudie.

'life-style'-Variable

Einige Variablengruppen, die gestern abgelehnt wurden, sollten doch in die Prospektivstudie aufgenommen werden. Ich denke an die 'life-style'-Gruppe oder an die sogenannten psycho-sozialen und sozio-ökonomischen Indikatoren. Da könnte es zwischen den Benutzern verschiedener Kontrazeptiva beträchtliche Unterschiede geben. Die Erhebung dieser Variablen wird besonders wichtig, wenn die Randomisierung nicht möglich ist.

randomisierte Studien

Aber auch in einer randomisierten Studie kann man nicht garantieren, daß die Patienten für allezeit der Methode treu bleiben, der sie anfänglich zugeteilt wurden. Nachlassende Motivierung von seiten des Arztes, auftretende Nebenwirkungen oder erst später zur Verfügung stehende Informationen führen zum Wechsel der Methode. Deshalb sind randomisierte Studien so schwierig, eine Prospektivstudie in der diskutierten Form ist sicher besser durchführbar.

ÜBERLA:

Brustkrebs und Herzinfarkt als Ziele der Prospektivstudie

Ich möchte auf die Frage nach den Zielen der Prospektivstudie zurückkommen. Wir sind alle der Meinung, daß kardiovaskuläre Krankheiten, insbesondere Herzinfarkt, untersucht werden sollten. Und wir denken wohl alle, daß Brustkrebs eines der Themen ist, mit denen wir uns befassen sollten. Diese beiden Probleme sind wichtig, ich glaube, wir sollten sie noch mehr im Detail diskutieren.

Untersuchung des Zervixkarzinoms als Nebenziel

Ich bin mir nicht sicher, ob wir so eine schwierige Aufgabe wie die Untersuchung des Zervixkarzinoms angehen sollten. Ich stimme Dr. Shapiro darin zu, daß hier das Risiko, trotz umfangreichen Mitteleinsatzes zu keiner klaren Schlußfolgerung zu gelangen, groß ist. Vielleicht sollten wir uns dafür entscheiden, Zervixkarzinome mitzuerheben und in diesem Bereich die Erfahrungen anderer Länder nachzuvollziehen, ohne die Untersuchung des Zervixkarzinoms zu einem der Hauptziele zu machen.

KAY:

Gesamt-Morbidität sammeln

Einer der Gründe, warum wir die gesamte Morbidität sammeln, ist, daß man, wenn man die Hälfte davon braucht, genausogut gleich alles sammeln kann. Es ist wahrscheinlich sogar einfacher,den praktischen Arzt alles dokumentieren zu lassen und hinterher auszuwählen. Entscheidend ist nunmehr, wie weit das auf Ihre Situation zutrifft. Offensichtlich gilt es nicht annähernd so weit wie bei uns. Wenn die Studie über Gynäkologen abgewickelt wird, dürfte es sehr schwierig sein, Daten über kardiovaskuläre Krankheiten zu sammeln, da man damit ja nicht zum Gynäkologen geht. Wenn auf der anderen Seite Daten über Zervixkarzinom so problemlos zur Verfügung stehen, wäre es dumm, sie nicht zu erheben.

klares Untersuchungsprogramm

Lassen Sie mich einen Gesichtspunkt betonen, der uns Gäste sehr beschäftigt: Ein einfaches, überschaubares Untersuchungsprogramm ist von überragender Bedeutung. Wir hatten bei der Darstellung der Studien wohl alle den Eindruck, daß das Ganze ungeheuer komplex ist. Ich wiederhole, auf die Klarheit der Vorstellungen kommt es an.

Dem Gedanken, daß wir die Komponenten der Pille unter-

Untersuchung der Pillenkomponenten

suchen sollten, um eine sicherere Pille zu entwickeln, stimme ich voll und ganz zu. Wir sind uns ja zunehmend darüber im klaren, daß es mit der gegenwärtigen Pillengeneration große Probleme gibt. Wenn wir Dosis-Wirkungs-Beziehungen finden und eine optimale Kombination zwischen Wirksamkeit und Sicherheit definieren könnten, wäre das ein riesengroßer Schritt nach vorne. Andererseits könnte auch herauskommen, daß es die Idealkombination an Wirksamkeit und Sicherheit gar nicht gibt. Dann bräuchte man einen ganz neuen biologischen Ansatz und eine ganz andere Art von Studie. Deshalb meine ich, wir sollten die Untersuchung der Komponenten der Pille unbedingt vorsehen. Das hat allerdings beträchtliche logistische Folgen. Die Fallzahl muß dafür 3-, 4- oder 5-fach erhöht werden.

Krebs und kardiovaskuläre Krankheiten als Schwerpunkte

Ich bin auch überzeugt davon, daß Krebs und kardiovaskuläre Krankheiten die Untersuchungsschwerpunkte bilden sollten. Nicht weil sie die einzigen denkbaren Nebenwirkungen sind, sondern weil diese Nebenwirkungen, wenn sie bestätigt werden, die Verwerfung der Pille bedeuten werden. Sie entscheiden über das Bestehen der Pille, deshalb wird bei einer Bestätigung in diesen Bereichen alles andere unwichtig.

sich auf Todesfälle konzentrieren

Ich komme nochmal auf die Klarheit des Ansatzes zurück. Sie brauchen klare Ergebnisse, und das einzige vollkommen definierte Ergebnis ist der Tod. Ich würde empfehlen, daß Sie Ihre Anstrengungen darauf konzentrieren.

ÜBERLA:

Ergebnisse der "Mini-Befragung"

Ich möchte als Zwischeninformation zur Diskussion die Ergebnisse unserer Mini-Umfrage bekanntgeben:
16 Experten haben den Fragebogen ausgefüllt, 14 halten weitere Studien zu Nebenwirkungen oraler Kontrazeptiva für notwendig, 2 von Ihnen sind nicht dieser Meinung. Für die Untersuchung von kardiovaskulären Krankheiten und Herzinfarkt stimmten 14 von Ihnen, 13 Nennungen entfielen auf Brustkrebs, ebenso 13 auf Gesamt-Mortalität. Andere vorgegebene Gebiete werden von 7-10 Befragten befürwortet, in 5 Fällen werden noch verschiedene

andere Untersuchungsinhalte als die vorgegebenen gewünscht. Mit der von uns vorgeschlagenen Liste (incl. drug monitoring) scheinen wir also in etwa richtig zu liegen. Als Studienlaufzeit wurden ganz überwiegend (12 Fälle) 10 Jahre empfohlen. Nur 2 Befragte halten 5 Jahre für ausreichend, einmal werden 20 Jahre genannt. Bezüglich der Fallzahl halten sich die Stellungnahmen für ca. 70.000 Fälle (in 2 Gruppen à 35.000) und für mehr Fälle die Waage (je 6 Nennungen), 3 mal wird eine niedrigere Fallzahl gefordert. Bei den Erhebungsalternativen 'Zufallsstichprobe' und 'niedergelassener Gynäkologe' ergibt sich auch eine fast symmetrische Aufteilung. Überraschenderweise sind 7 von Ihnen der Meinung, daß man in der Hauptstudie auf eine gynäkologische Untersuchung verzichten kann, und zwar 5 ohne Einschränkung, in 2 Fällen werden ergänzend Auszüge aus Krankengeschichten empfohlen. Dies war der Meinungsstand zu Beginn der Diskussion.

ORY:

Warum überrascht Sie das letztgenannte Ergebnis?

ÜBERLA:

Sind medizinische Untersuchungen notwendig?

Meine persönliche Meinung ist, daß man genaue Informationen über die Gesundheit der Personen nur von einem Arzt erhalten kann. Über Fragebogen können Sie eine Menge über jemand erfassen, was jemand einnimmt, konsumiert usw., aber Sie erhalten keine objektive Beurteilung des Gesundheitsstatus.

ORY:

Das hängt von der medizinischen Dedeutung der Ereignisse ab, nach denen Sie fragen, nehmen Sie z.B. die Mastektomie.

ÜBERLA:

Das würde man herausbekommen.

ORY:

Wir haben das überprüft.

SHAPIRO:

Eine weitere Frage wäre z.B. die nach einem Krankenhausaufenthalt im letzten Jahr, dann könnten Sie bei den entsprechenden Fällen die Krankengeschichte beschaffen und feststellen, um was es sich handelte.

BERENDES:

Das ist auch meine Meinung. Ein Interview, ergänzt um harte Daten wie z.B. histologische Untersuchungen während eines Krankenhausaufenthalts oder die Diagnose auf dem Totenschein bei Todesfällen ist meines Erachtens die bessere Strategie als ein Schwerpunkt in jährlichen Reihenuntersuchungen, weil diese immer teuer sind, weil Sie vermutlich beträchtliche Ausfälle haben und vor allem, weil Sie ein paar Krankheiten nur dann ins Material bekommen, wenn die Leute sie gerade zu diesem Zeitpunkt haben. Selbst dann können Sie da noch die eine oder andere verfehlen.

ÜBERLA::

Themen für deutsche Studien

Das ist ein sehr nützlicher Hinweis. Haben Sie noch andere Themen, die aus internationaler Sicht für solche Studien in Deutschland von Interesse sein könnten?

Sequenzpräparate

Es wurde darauf hingewiesen, daß Sequenzpräparate interessant sein könnten.

BERENDES:

Wir haben keinerlei Möglichkeit mehr, Sequenzpräparate zu untersuchen.

ÜBERLA:

Leberadenome

Wie steht es mit Leberadenomen? Da führen Sie ja schon Studien in Ihren Ländern durch.

BERENDES:

Über Leberadenome brauchen wir sicher mehr Studien. Es gibt da die ausgezeichnete Studie von Howard Ory. Wenn etwas Derartiges in Deutschland gemacht werden könnte, das wäre sehr interessant.

ORY:

Besonders wichtig wäre die Suche nach malignen Lebertumoren.

BERENDES:

Ja, Mr. Ory hat gute Gründe für einen Verdacht auf

maligne Erkrankungen in diesem Gebiet.

KELLHAMMER:

Ist unsere Bevölkerung nicht zu klein für die Untersuchung von Leberadenomen?

SHAPIRO:

Sie müssen eben bei jedem deutschen Krankenhaus anfragen, ob es Patienten mit Leberadenomen gibt und ob Sie sie interviewen können.

ÜBERLA:

Wir könnten eine Studie über Leberadenome folgendermaßen organisieren: Wir könnten alle Patienten eines Gebiets erfassen, bei denen eine Endoskopie gemacht wird. Das sind in jeder Stadt nur ganz wenige Stellen. Dort würden wir dann die Fälle mit Leberkarzinom und Leberadenom identifizieren, eine vergleichbare Gruppe dazu auswählen und eine Fall-Kontroll-Studie durchführen.

TEILNEHMER:

Todesfälle

Ich habe eine Frage an Dr. Kay. Wenn ich mich recht erinnere, war selbst die große Studie der General Practitioners nicht groß genug, um Todesfälle zu untersuchen. Wie groß müßte Ihrer Meinung nach eine Prospektiv-Studie sein, daß man Todesfälle während der Laufzeit als Untersuchungsziel wählen kann?

KAY:

Ich habe es auf den Fragebogen draufgeschrieben. Vor allem sollte man mit älteren Frauen anfangen, dann schätze ich, daß man etwa 100.000 Nehmerinnen und ungefähr gleichviel Kontrollfälle braucht. Aber das setzt voraus, daß man die Todesfälle ermitteln kann. Ich weiß nicht, ob das im deutschen System möglich ist.

ÜBERLA:

Ich denke, es geht.

KAY:

Der Vorteil eines solchen Systems wäre, daß Sie für ein zugegebenermaßen etwas grobes Resultat mit den Eingangsdaten und der dazu in Beziehung gesetzten Information auf dem Totenschein auskämen.

ÜBERLA:

Sie brauchen Daten über den Medikamentekonsum während des Intervalls zwischen Eintritt in die Studie und Tod. Das könnte man weitgehend über Fragebogen erfahren.

ORY:

Ja, aber mit ganz einfachen Bogen, so wie Dr. Kay, der alle 6 Monate ein einziges Blatt verwendet; oder wie Dr. Hennekens, der an 120.000 Krankenschwestern in den USA einmal im Jahr eine Postkarte schickt und darauf Änderungen der Kontrazeptionsanamnese erfaßt. Ich bin entschieden dafür, den Todesfällen nachzugehen, aber außerdem auch den Krankenhauseinweisungen, die wollte Dr. Kay wohl nicht ausschließen.

Krankenhausaufenthalte

KAY:

Doch, vollständige Information darüber wäre bei 200.000 Fällen pro Jahr wohl zu viel verlangt.

ORY:

Aber es ist nicht schwierig, solche Informationen zu bekommen. Schließlich ändern sich ja die ganzen demographischen Daten nicht; Alter, Parität, Gewicht braucht man nur einmal zu erheben.

FRENTZEL-BEYME:

Mortalität als Untersuchungsziel in deutschen Studien

Die mortalitäts-bezogenen Studien sind meines Erachtens in Deutschland die einzigen, die erfolgreich durchgeführt wurden, und zwar konnten sie deshalb erfolgreich sein, weil wir ein gutes Registrierungssystem für Todesfälle haben, und weil sogar ein beachtlicher Teil der Totenscheine valide und reliable Daten enthält. Ein vorhandener Krebs wird auf dem Totenschein fast immer erwähnt, selbst wenn er nicht primäre Todesursache war. Ich halte eine Mortalitäts-Studie für wichtig, aber das Problem sind die Fallzahlen. Man müßte mit einer großen Gruppe von Nehmerinnen eines bestimmten Alters beginnen und sie mit Nichtnehmerinnen vergleichen. Auf Dosierung und Konsumdauer müßte man verzichten. Eventuell könnte man über Apotheken die Nehmerinnen von Medikamenten bekommen. Aber eigentlich hätte man damit vor 10 Jahren schon anfangen müssen, wenn man jetzt die Mortalität im Bezug zu

Medikamenten beobachten will.

SHAPIRO:

Sie könnten zuerst die Todesfälle und die Überlebenden ermitteln und dann in die Apotheken gehen. So ist es billiger und einfacher.

KELLHAMMER:

Morbidität

Ich bin nicht sicher, ob wir uns so ausschließlich auf Todesfälle konzentrieren sollten. Sollten wir nicht bei einem Medikament, das Frauen 20 oder 30 Jahre ihres Lebens benötigen, auch der Morbidität stärkere Beachtung schenken?

KAY:

Normalerweise sterben die Leute an einer Form von Morbidität.

JAHN:

Meine Damen und Herren, aus organisatorischen Gründen müssen wir um 12 Uhr schließen. Lassen Sie mich Dr. Überla für einige Abschlußbemerkungen das Wort erteilen.

ÜBERLA:

Ich möchte mich für Ihre hilfreichen Bemerkungen und für Ihre Vorschläge bedanken. Ihre Anregungen ermöglichen es uns, die Ziele weiterer Studien in diesem Land viel genauer zu umreißen. Sie haben uns eine Reihe wertvoller Empfehlungen gegeben, und wir werden uns bemühen, die Vorträge und die Diskussion so rasch wie möglich zu veröffentlichen.
Noch einmal vielen Dank.

ORY:

Wir möchten Ihnen danken.

4. PERSONEN-VERZEICHNISSE

Autoren:

Autoren mit * waren Teilnehmer des Symposions

* HEINZ W. BERENDES — M.D., M.H.S., Chief, Contraceptive Evaluation Branch, Center for Population Research, National Institute of Child Health and Human Development, National Institutes of Health, Bethesda, Maryland 20014

WILLARD CATES, JR. — M.D., M.P.H., Family Planning Evaluation Division, Bureau of Epidemiology, Center for Disease Control, 1600 Clifton Road, N.E., Atlanta, Georgia 30333

VEEBA R. GERKINS — M.P.H., University of Southern California, School of Medicine, Department of Pathology, 2025 Zonal Avenue, Los Angeles, California 90033

ANNLIA HILL — Ph.D., University of Southern California, Department of Community and Family Medicine, Los Angeles, California 90033

DAVID W. KAUFMAN — B.A., Drug Epidemiology Unit, Boston University Medical Center, 10 Moulton Street, Cambridge, Mass. 02138

* CLIFFORD R. KAY — M.D., Ph.D., F.R.C.G.P., Director, Manchester Research Unit, The Royal College of General Practitioners, 8 Barlow Moor Road, Manchester M 20 OTR,

* URSULA KELLHAMMER — Dipl.-Volksw., Studie "Nebenwirkungen oraler Kontrazeptiva - Entwicklungsphase", Ludwig-Maximilians-Universität, Marchioninistr. 15, 8000 München 70

* FRITZ KRAUSS — Dr.Ing., Dipl.-Math., Studie "Nebenwirkungen oraler Kontrazeptiva - Entwicklungsphase", Ludwig-Maximilians-Universität, Marchioninistraße 15, 8000 München 70

* HEINZ LETZEL — Dr.med., Studie "Nebenwirkungen oraler Kontrazeptiva - Entwicklungsphase", Ludwig-Maximilians-Universität, Marchioninistr. 15, 8000 München 70

THOMAS M. MACK — M.D., Associate Professor, University of Southern California, Department of Community and Family Medicine, Los Angeles, California 90033

HERMAN MENCK — M.B.A., University of Southern California, School of Medicine, Department of Pathology, 2025 Zonal Avenue, Los Angeles, California 90033

OLLI S. MIETTINEN — M.D., Department of Epidemiology and Biostatistics, Harvard School of Public Health, Boston, Mass. 02115

* HOWARD W. ORY	M.D., Chief, Epidemiologic Studies Branch, Family Planning Evaluation Division, Bureau of Epidemiology, Center for Disease Control, 1600 Clifton Road, N.E., Atlanta, Georgia 30333
* RALF PFEIFER	Diplomierter Dokumentar, Studie "Nebenwirkungen oraler Kontrazeptiva - Entwicklungsphase", Ludwig-Maximilians-Unviersität, Marchioninistr. 15, 8000 München 70
* WILLIAM F. PRATT	Ph.D., Chief, Family Growth Survey Branch, Division of Vital Statistics, Health Services and Mental Health Administration, National Center for Health Statistics, United States Department of Health, Education and Welfare, 3700 East-West Highway, Hyattsville, Maryland 20782
ROGER W. ROCHAT	M.D., Deputy Director, Family Planning Evaluation Division, Bureau of Epidemiology, Center for Disease Control, 1600 Clifton Road, N.E., Atlanta, Georgia 30333
LYNN ROSENBERG	M.S., Drug Epidemiology Unit, Boston University Medical Center, 10 Moulton Street, Cambridge, Mass. 02138
* RONALD K. ROSS	M.D., University of Southern California, School of Medicine, Department of Pathology, 2025 Zonal Avenue, Los Angeles, California 90033
* CHRISTINA SATTLER	Dr.med, I. Universitäts-Frauenklinik, Maistraße 11, 8000 München 2
* INGOLF SCHMID-TANNWALD,	Dr.med., II. Universitäts-Frauenklinik, Lindwurmstr. 2, 8000 München 2
* SAMUEL SHAPIRO	M.B., F.R.C.P., Co-Director, Drug Epidemiology Unit, Associate Professor of Medicine, Boston University Medical Center, 10 Moulton Street, Cambridge, Mass. 02138
DENNIS SLONE	M.D., Drug Epidemiology Unit, Boston University Medical Center, 10 Moulton Street, Cambridge, Mass. 02138
PAUL STOLLEY	M.D., Associate Professor of Epidemiology, Johns Hopkins School of Public Health, Baltimore, Maryland
CARL W. TYLER, JR.	M.D., Director, Family Planning Evaluation Division, Bureau of Epidemiology, Center for Disease Control, 1600 Clifton Road, N.E., Atlanta, Georgia 30333

* KARL ÜBERLA Prof.Dr.med., Dipl.-Psych., Vorstand des Instituts für Medizinische Informationsverarbeitung, Statistik und Biomathematik, Leiter der Studie "Nebenwirkungen oraler Kontrazeptiva - Entwicklungsphase", Ludwig-Maximilians-Universität, Marchioninistr. 15, 8000 München 70

* HANNSJÜRGEN WALLNER, Privatdozent, Dr.med., Maximilianstr. 25, 8000 München 22

* WILHELM WARNCKE Dipl.-Math., Studie "Nebenwirkungen oraler Kontrazeptiva - Entwicklungsphase", Ludwig-Maximilians-Universität, Marchioninistr. 15, 8000 München 70

Teilnehmer:

BRIGITTE VON ARNIM	Dr.med., Chemie Grünenthal GmbH, Abt. Med. Forschung, Zweifaller Str., 5190 Stolberg
REINHARD ASCHENBRENNER	Prof.Dr.med.,Dr.h.c., Max-Brauer-Allee 186, 2000 Hamburg 50
GISELA DALLENBACH-HELLWEG,	Prof.Dr.med., Städt. Krankenanstalten Mannheim, Frauenklinik - Morphologie, Postfach 23, 6800 Mannheim 1
KLAUS DETERING	Dr.med., Schering AG, Medizinisch-wissenschaftl. Abteilung, Postfach 650311, 1000 Berlin 65
PETER DIRSCHEDL	Dipl.-Informatiker, Studie "Nebenwirkungen oraler Kontrazeptiva - Entwicklungsphase", Ludwig-Maximilians-Universität, Marchioninistraße 15, 8000 München 70
SAHEL DURRA	Apotheker, Chemie Grünenthal GmbH, Abt. Medizinische Forschung, Zweifaller Str., 5190 Stolberg
WILHELM VAN EIMEREN	Prof.Dr.med., Dipl.-Psych., Institut für Medizinische Informationsverarbeitung, Statistik und Biomathematik, Ludwig-Maximilians-Universität, Marchioninistr. 15, 8000 München 70
RAINER FRENTZEL-BEYME	Dr.med., Deutsches Krebsforschungszentrum, Institut für Dokumentation, Information und Statistik, Im Neuenheimer Feld 280, 6900 Heidelberg 1
KLAUS-HARTMUT GEISSLER	Dr.med., Organon GmbH, Mittenheimer Str. 62, 8062 Oberschleißheim b. München
JÜRGEN HAMMERSTEIN	Prof.Dr.med., Direktor der Abteilung für gynäkologische Endokrinologie, Klinikum Steglitz, Hindenburgdamm 30, 1000 Berlin 45
EGON HANNECK	Dr.med.vet., Deutsche Forschungs- und Versuchsanstalt für Luft- und Raumfahrt e.V., Linder Höhe, Postfach 906058, 5000 Köln 90
EDZARD HARTMANN	Dr.med., Schering AG, Dept. BST, Postfach 650311, 1000 Berlin 65
GEORGES ANDRÉ HAUSER	Prof.Dr.med., Chefarzt, Frauenklinik des Kantonhospitals, CH-6004 Luzern
RENATE JÄCKLE	Redaktion Forschung, Wissenschaft u. Technik, Süddeutsche Zeitung, Sendlinger Straße 80, 8000 München 2
ERWIN JAHN	Prof.Dr.med., Bundesgesundheitsamt Berlin, Thiel-Allee 88-92, 1000 Berlin 33

L. CLARK JOHNSON	Ph.C., Studie "Nebenwirkungen oraler Kontrazeptiva - Entwicklungsphase", Ludwig-Maximilians-Universität, Marchioninistr. 15, 8000 München 70
SIEGFRIED KOLLER	Prof.Dr.med.Dr.phil., Institut für Medizinische Statistik und Dokumentation der Universität Mainz, Langenbeckstr. 1, 6500 Mainz
KLAUS KORNFELD	Dr.med., Ministerialrat, Bundesministerium für Jugend, Familie und Gesundheit, Postfach 490, 5300 Bonn-Bad Godesberg
DIETRICH LEIS	Dr.med., II. Universitäts-Frauenklinik, Lindwurmstr. 2a, 8000 München 2
WALTHER PRINZ	Dr.med.vet., Reg.Dir., Bundesministerium für Forschung und Technologie, Stresemannstr. 2, 5300 Bonn
HERBERT REMMER	Prof.Dr.med., Institut für Toxikologie der Universität Tübingen, Wilhelmstr. 56, 7400 Tübingen
KURT RICHTER	Prof.Dr.med., Direktor der II. Universitäts-Frauenklinik, Lindwurmstr. 2a, 8000 München 2
HANS-KONRAD SELBMANN	Privat-Dozent, Dr.rer.biol.hum., Institut für Medizinische Informationsverarbeitung, Statistik und Biomathematik, Ludwig-Maximilians-Universität, Marchioninistr. 15, 8000 München 70
ROSEMARIE STEIN	Süntelsteig 5, 1000 Berlin 37 (Zehlendorf)
IRMENTRAUD VOIGT	Dr.med., Chemie Grünenthal, Zweifaller Straße, 5190 Stolberg
SYLVIA WALLNER	Dr.med., Organon GmbH, Mittenheimer Str. 62, 8042 Oberschleißheim b. München
GÜNTHER WEILAND	Dr.med., Organon GmbH, Mittenheimer Str. 62, 8042 Oberschleißheim b. München
JOSEF ZANDER	Prof.Dr.med., Direktor der I. Universitäts-Frauenklinik, Maistr. 11, 8000 München 2